Orbis

Bibulus

1x1 des guten Weins

Orbis Verlag

Autoren: Gerhard Fierhauser und Dr. K. M Hoffmann
Karten und Zeichnungen: Günter Mattei
Layout: Paul Wollweber
Redaktion: Ernö Zeltner

Sonderausgabe 1990
Orbis Verlag für Publizistik GmbH, München
Satz: Filmsatz Schröter GmbH, München
Druck und Bindung: Mohndruck Graphische Betriebe GmbH, Gütersloh
Printed in Germany · ISBN 3-572-01733-5

Inhalt

Vorwort

Da liegen sie, nicht immer sachgemäß gelagert, in den Regalen der Weinhandlungen, Supermärkte, Warenhäuser, Delikateßhandlungen, Kolonialwarengeschäfte, Kettenläden, ja selbst im kleinen »Tante-Emma-Laden«, die guten Weine dieser Erde, und fordern dazu auf, daß man sie trinke. Oder sie kommen auf Prospekten und Offerten zu uns ins Haus, für den Kenner eine immer wiederkehrende Verlockung, für den Nichtkenner häufig ein Buch mit sieben Siegeln. Wer weiß denn schon, was es mit Ausdrücken wie Trokkenbeerenauslese oder Ausbruch, Grand Cru oder Erzeugerabfüllung, Château oder Eiswein oder blumig, rassig, kernig, trocken, edelsüß auf sich hat. Schließlich die Weinkarten der Hotels und Gaststätten, manchmal dicke Bücher in kostbaren Ledereinbänden, in denen die gleichen, rätselhaften Ausdrücke und Bezeichnungen wiederkehren. Man könnte den Kellner oder Wirt um Rat fragen. Diese aber sind nicht selten darauf bedacht, ihr Lager im Keller von selten verlangten Weinen zu räumen, und legen dann weniger Wert darauf, den Gast aufzuklären. In seiner Unwissenheit entscheidet er sich vielleicht für einen »Ladenhüter«.
Welchen Wein also bestellen oder welchen Wein kaufen, wenn Gäste kommen, die man nicht enttäuschen möchte? Das Angebot war immer riesig, ist noch größer geworden, seitdem die Länder der Europäischen Gemeinschaft ihre Zollschranken geöffnet haben. Zu den deutschen Weinen aus Baden und Württemberg, aus der Pfalz und Rheinhessen, aus Franken, von der Nahe, aus dem Rheingau, vom Mittelrhein, von der Mosel, von der Ahr und zu den schon länger vertrauten französischen Weinen aus Burgund und aus dem Bordelais kamen die den deutschen Weinen artverwandten aus Österreich, die Südtiroler, Oberitaliener in den mächtigen Zwei-Liter-Flaschen, die Chiantis und Orvietos in ihrem Bastkleid, die spanischen Riojas in den schmucken Jutehüllen, die Weine aus Tunesien in Gefäßvasen, nicht zuletzt Weine aus Argentinien und

Chile, Marokko und Algier, den Balkanländern und Südafrika.
Mit Weingeographie allein, auch wenn sie dazu gehört, ist es aber nicht getan, wenn man den Anspruch erheben will, etwas von Weinen zu verstehen. Dazu ein guter Rat: Man lasse sich von den großen »Oenologen«, den Wissenschaftlern nicht einschüchtern, sondern bleibe auch dem Wein gegenüber ein liebevoller, allerdings auch verständnisvoller Liebhaber, Verehrer oder Freund. Es ist keine Schande, wenn man die vielen Bordeauxweine mit dem Namen Château – es gibt deren dreitausend – nicht genau nach Lage, Wachstum und Jahrgang zu unterscheiden weiß. Und es ist ebenso keine Schande, wenn man mit verbundenen Augen einen Riesling von der Nahe als Moselwein deklariert. Ein paar Grundkenntnisse sind allerdings nötig.
Im Gespräch mit Menschen verschiedenster Alters- und Berufsgruppen erlebt der Fachmann immer wieder, daß der Wunsch nach mehr Wissen über den Wein weit verbreitet ist; das beweisen auch die steigenden Teilnehmerzahlen bei den Weinseminaren, die es heute in allen Anbaugebieten gibt.
Dieses Buch soll Grundwissen vermitteln, einen allgemeinen Überblick über die Kultur der Rebe bis zur Flaschenfüllung, die gesetzlichen Grundlagen der Weinbezeichnung, den Umgang mit Wein, über die Rebsorten, die Weinlandschaften und Weinländer geben.
Das Buch ist gedacht für den Weinfreund, und den, der auf dem Weg dazu ist, einer zu werden.

Kurze Kulturgeschichte des Weins

Die Gattung Vitis (Rebe), zu der unsere Weinrebe *(Vitis vinifera)* gehört, läßt sich erdgeschichtlich bis an die Wende der Kreidezeit (Jura) zur Braunkohlenzeit (Tertiär) zurückverfolgen. Das sind 65 Millionen Jahre. Im mittleren Tertiär besiedelten 40 heute meist ausgestorbene und nur in Blattabdrücken und Samen überkommene Rebarten weit ausgedehntere Gebiete, als es die heutigen Kulturreben vermögen, neben Deutschland z. B. Regionen wie Irland, Grönland, Alaska und Japan.

Im Jungtertiär (Miozän) vor 25 Millionen Jahren rankte die Europäische Wildrebe *(Vitis silvestris),* Vorfahre unserer Kulturreben, in den feuchtwarmen Auenwäldern vielerorts in Europa dschungelartig bis in die Wipfel von Mammutbäumen und Sumpfzypressen und trug im Lichte ihrer Kronen kleine, herbe, blauschwarze Trauben.

In der Eiszeit (Diluvium) wurden die Reben vernichtet oder in die eisfreien Mittelmeerländer und den Orient zurückgedrängt. In der nacheiszeitlichen Wärmezeit wanderten sie nach Westen und Norden zurück und gelangten durch die Flußtäler von Rhône, Rhein und Donau zu uns.

Unser Vorfahre, der homo erectus, fand bei seiner Menschwerdung zum homo sapiens vor noch nicht 3 Millionen Jahren die Weinrebe bereits vor und hat sie als Kulturpflanze in seine Obhut genommen. In prähistorischen Pfahlbauschichten, wie am Neuenburger See am Schweizer Jura, hat man Massen von Edelrebkernen gefunden, die auf Preßrückstände von Trauben schließen lassen.

Unser Weinstock stammt aus den weiten Gebieten zwischen Kaspischem Meer, Zweistromland von Euphrat und Tigris und Persischem Golf, der Heimat von zahlreichen anderen Kulturpflanzen, wie Weizen, Gerste, Hirse, Hülsenfrüchte und Obstarten. Unter der entscheidenden Mithilfe des Menschen breitete sich die Weinrebe in einem Jahrzehntausend mit dem Ackerbau über ein mehr als 20 Grad breites Band um die nördliche Erdhalbkugel aus, reicht vom

30. bis zum 52. Grad nördlicher Breite und erobert den gemäßigt warmen Lebenskreis. Eine fortlaufende Weinbauzone erstreckt sich vom Atlantischen bis zum Stillen Ozean, von Spanien und Marokko bis nach Zentralasien und Kaschmir über die alte Welt.

In den ältesten Kulturreichen der Menschheit am Jordan, an Euphrat und Tigris und am Nil sind die Wildreben in Kultur genommen worden und als Kulturformen (Rassen) nach Süd- und Mitteleuropa gelangt. In der Unterart *Vitis vinifera* ssp. *sativa*, der Europäischen Kultur- oder Edelrebe, sind sie zusammengefaßt worden. Das ursprüngliche und wesentlichere Traubenerzeugnis ist jedoch zunächst nicht, wie man annehmen könnte, der Wein gewesen, sondern der aus dem Beerenfleisch eingekochte Dicksaft oder Traubensirup. Er diente als kräftigende Nahrung und war neben dem mengenmäßig unbedeutenden Wildhonig der Stoff zum Süßen der Speisen, somit der Vorläufer des Rohr- und Rübenzuckers.
Auch die Weinbereitung ist offenbar früh geübt worden, in Mesopotamien wahrscheinlich schon vor 10000 Jahren. Aufgefundene größere Mengen Traubenkerne in Jericho, der ältesten Stadt der westlichen Menschheit, bezeugen dieses Alter, und Traubenpressen in Kleinasien sind mehr als 8000 Jahre alt. Die ältesten Tontafeln der Sumerer im Zweistromland künden von zwei damals bereits aktuellen Themen: Dem Weinbau und der Weinbereitung und andererseits, ebenso alt, der Weinverfälschung.
Der Mittelmeerhandel des Altertums bestand im wesentlichen aus den drei ältesten Kulturpflanzen und ihren Erzeugnissen: Weintrauben, Weinen, Traubensirup, Rosinen und Korinthen sowie Weizen und Oliven und deren Öl.

Vorderasien gilt als Wiege der Weinkultur. Jeder neuen Landnahme durch den Menschen, ob Phönizier, Etrusker, Griechen oder Römer, folgten Rebe und Wein. Nichts wirkte auf die befriedeten Völker so zivilisierend wie eigene Weinberge, die seßhaft machten und ständige Pflege erforderten. Der Wein wurde darüber hinaus zum mitbestimmenden Element beim Wachsen einer festgefügten Gesellschaft.
Bei den intensiven Kulturmaßnahmen, wie dem schon den Kelten und Römern vertrauten Selektionieren der Reben, wuchs die Sortenzahl überaus schnell. Der weinkundige römische Schriftsteller Vergil spricht von den Rebsorten als so »zahlreich wie der Sand in

der Wüste«. Offenbar hat er dabei die Zahl von mehr als 10 000 Sorten der Europäischen Edelrebe im Laufe der Jahrtausende hochgerechnet. Aber noch nicht ein Zehntel von ihnen hat sich in der ganzen Welt als wirtschaftlich anbauwürdig erwiesen.
Völker brachten die Weinreben und verschwanden wieder. Den größten Niedergang im Weinbau bedeutete die Völkerwanderung. Das große Weinerbe der Römer übernahmen für mehr als ein Jahrtausend die Kirchen mit den Klöstern und Orden, vor allem den Zisterziensern und Benediktinern, aber auch weltliche Fürsten, wie KARL D. GR., der eifrige Förderer des Weinbaus.
Deutschland glich im Mittelalter einem großen Weingarten von Süddeutschland bis Ostpreußen. Seine größte Ausdehnung erreichte er im 16. Jahrhundert mit schätzungsweise 350 000 ha. Der Dreißigjährige Krieg, die Französische Revolution, die Auflösung der Klöster, die Einführung billiger und gefälligerer Weine aus Südländern, die Konkurrenz durch neue Getränke, wie Kaffee, Tee und Kakao; die eingeschleppten Rebkrankheiten und Rebschädlinge, wie der Echte und der Falsche Mehltau und die Reblaus, drängten die Weinrebe in den letzten beiden Jahrhunderten auf die für den Weinbau geeignetsten Lagen zurück.
In der Neuen Welt ist die Europäische Weinrebe im Gegensatz zu einem halben Hundert anderer Rebarten nicht beheimatet. Aber bei der Missionierung, der Kolonisierung und der wirtschaftlichen Erschließung nahm der Mensch sie überall hin mit und pflanzte sie an, wo immer sie gedieh. Als Meßwein für Missionare und Mönche, als Verpflegungswein für Soldaten, als Tafelwein für die Gouverneure in den neuen Hofhaltungen bedurfte man ihrer dringend.
Die Europäische Edelrebe nimmt heute mit zahlreichen Sorten ein weiteres, kaum halb so breites Rebband zwischen dem 30. und 40. Breitengrad auf der südlichen Halbkugel ein. Die Weinbaugebiete von Südafrika, Argentinien und Australien sowie Neuseeland gehören dazu. Während aber die klassischen Weine aus den Weinländern um das Mittelmeer über Jahrtausende Landschaft, Kulturen und Menschen mitgeformt haben, tragen die Weine in der Neuen Welt mehr merkantilen Charakter.

Unter den Kulturpflanzen, die nur ein Prozent der Wildpflanzen ausmachen, nehmen nur zwei, die Weinrebe und das Getreide, eine Sonderstellung ein. Der Wein und das Brot erfahren in der christlichen Kirche eine geistige Erhöhung im Dienste des höchsten Mysteriums. In der Messe verwandeln sie sich unter dem Gebet in das Opferblut und den Leib Christi. Durch Christus wird der Wein uns zum heiligen Getränk. Er selbst identifiziert sich mit dem Weinstock, und die Seinen sind die Reben. Mit ihnen hält er das allen verständliche Mahl: das Abendmahl mit Brot und Wein.

Auch andere Völker verehren in ihren Religionen einen Gott im Wein und heiligen den Wein durch ihn: Er heißt Osiris bei den Ägyptern, Dionysos bei den Griechen und Bacchus bei den Römern. Durch den vielgesichtigen Dienst an ihm erwächst die höchste Kunstgattung der Antike: die Tragödie.

Die Kulturgeschichte des abendländischen Menschen ist untrennbar mit der des Weins verbunden. Lebenskultur, Bildung, Geselligkeit und Weinkultur bilden eine natürliche Einheit. Vom Ursprung bis zur Gegenwart lassen sich ihre Wege als gemeinsame aufzeichnen. Der Wein verkörpert ein wertvolles Stück abendländischer Kulturgeschichte. Die Weinkultur ist zu allen Zeiten Ausdruck der Lebensfreude gewesen. Der Wein gehört heute allen, ist allen zugänglich, er verspricht, wieder Volksgetränk zu werden: als Genußmittel, als Kraftspender und Arznei, als Lebensmittel im ursprünglichen Wortsinn.

In der bildenden Kunst, Musik, Dichtung und Brauchtum begegnen uns die Weinrebe und der Wein in vielerlei Gestalt. Das älteste europäische Epos, HOMERS »Ilias«, feiert den Wein als das Hausgetränk seiner Helden. Kleinasiatische Weinkrüge, ägyptische Skulpturen, griechische Tonvasen, israelitische Münzen künden von Traubenernte, Kelter, Weingenuß und Weinkultur.

Die kulturschöpferischen Wirkungen durch den Wein bezeugen Dichter, Denker und Komponisten. GOETHE bekennt: »Er löst die sklavischen Zungen.«

Die zahlreichen Kunstmotive von Rebe und Wein reichen von Eva mit der Schlange und der Traube, von der Riesentraube der biblischen Kundschafter, vom mystischen Christus in der Kelter bis zum Neptun mit dem Weingefäß und Dreizack, bis zum flötespielenden Pan im Weinberg.

Die zahlreichen Weinheiligen wirken als Nothelfer gegen die Fährnisse, die den Weingärten und dem Wein widerfahren können. Die Schar der Traubenmadonnen in den Weinbergen kündet von Maria als höchster Schutzpatronin der Winzer und von der immerwährenden Wertschätzung durch den gläubigen Menschen.

Von der Rebe bis zur Flasche

Pflege des Rebstocks

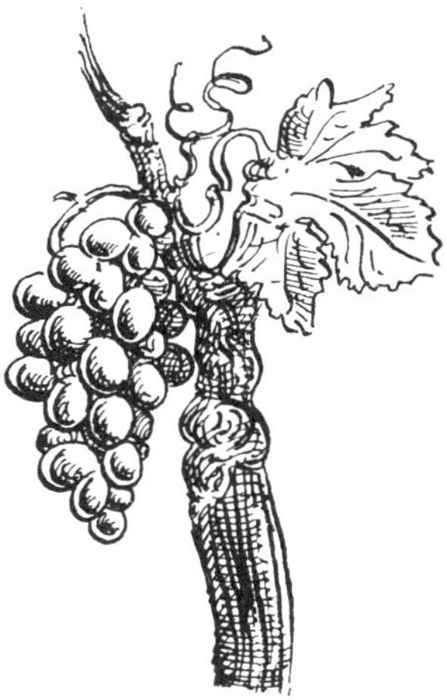

Bis der Winzer von seinen Rebstöcken Trauben ernten kann, muß er viel und hart arbeiten. Das ist heute zwar nicht mehr ganz so schlimm wie noch vor 50 Jahren, weil ihm inzwischen eine ganze Reihe von Maschinen zur Verfügung stehen, aber auch das Traktorfahren ist keine Spazierfahrt, und ein großer Teil an körperlicher Arbeit ist eben immer noch zu tun übrig.

Das beginnt schon mit dem Pflanzen, der Winzer spricht vom »Rebensetzen«. Die Rebsetzlinge sind heute Pfropfreben, die früher verwendeten Wurzelechten pflanzt niemand mehr. Eine solche Pfropfrebe besteht aus der Unterlage und dem Edelreis. Die Unterlagsreben werden extra gezüchtet und dienen ausschließlich als Unterlagenholz; Trauben, die für die Weinproduktion verwendet werden könnten, tragen sie nicht. Auf eine solche Unterlagsrebe wird ein Edelreis, d. h. ein einziges Auge einer traubentragenden Europäersorte, also z. B. Riesling, Silvaner, Ruländer usw. gepfropft, man spricht vom »Veredeln«. Die Einführung dieser Pfropfreben war notwendig geworden, nachdem sich im 19. Jahrhundert, aus Amerika kommend, bei uns die Reblaus breitmachte. Sie schädigte die Wurzeln der Europäersorten derart stark, daß in kurzer Zeit in weiten Teilen Europas – Frankreich war besonders stark betroffen – der Weinbau fast zum Erliegen kam. Es gelang aber bald, durch Kreuzung der in Amerika heimischen und reblausresistenten Sorten, brauchbare Unterlagsreben für die heimischen Europäersorten zu gewinnen. Der Weinbau war gerettet – ohne Chemie!

Nach dem Pflanzen dauert es in der Regel drei Jahre, bis die Reben einen vollen Ertrag bringen. Damit sie das dann regelmäßig tun, müssen sie in jedem Jahr geschnitten werden. Das erledigt der Winzer im Winter oder im zeitigen Frühjahr. Er schneidet dabei alle einjährigen Triebe ab – bis auf einen einzigen, den er »Bogrebe« nennt. Bogrebe deshalb, weil er diesen Trieb einige Wochen später

vorsichtig knickt, der Winzer spricht vom Biegen, und ihn am Draht oder Pfahl festbindet. Ob Draht oder Pfahl, das hängt von der Unterstützungsvorrichtung ab, meistens ist heute der Drahtrahmen in Gebrauch, die Pfahlerziehung findet man nur noch selten, etwa noch an den Steilhängen der Mosel oder am Genfer See.

Der Boden wird im Laufe des Jahres gepflügt, gegrubbert oder gefräst, also mechanisch bearbeitet, und nur unter den Stöcken, also dort, wo man schlecht hinkommt, werden Herbizide eingesetzt. Gelegentlich sieht man aber auch Weinberge, die dauerbegrünt sind, d. h. der Winzer hat ein Gras-Kleegemisch eingesät, das er im Laufe des Jahres mehrmals abmäht, das Abgemähte bleibt liegen; mulchen nennt der Winzer diese Art der Bodenpflege.

Die aus der Bogrebe wachsenden Triebe werden laufend zwischen den Drähten der Unterstützungsvorrichtung – dem Drahtrahmen – hochgesteckt, damit sie nicht in die Rebgassen hineinhängen und das Durchfahren erschweren, aber auch damit alle Blätter gleichmäßig von der Sonne beschienen werden. Zum Schutz vor pilzlichen Krankheiten und tierischen Schädlingen muß der Winzer 4–6mal im Jahr eine Behandlung mit chemischen Mitteln durchführen. Danach, die letzte Spritzung ist etwa Anfang August, herrscht Ruhe im Weinberg, die Trauben können reifen.

Traubenlese

Der Beginn der Traubenlese, das Herbsten, wird im wesentlichen durch die Entwicklung der Trauben, ihrem Reifegrad bestimmt. Der Gesetzgeber hat festgelegt, daß Weintrauben erst gelesen werden dürfen, »wenn sie unter Berücksichtigung der Witterung, der Rebsorte und des Standorts die in dem Erntejahr erreichbare Reife erlangt haben«. Der Winzer muß also nicht warten, bis seine Trauben Spätlesequalität haben, in vielen Jahren wäre das gar nicht möglich, weil die Trauben vorher verfaulen würden. Allgemein wird heute mit der Lese begonnen, wenn die Trauben die qualitativen Voraussetzungen für die Einstufung als Qualitätswein erreicht haben.

Die Reifeentwicklung verfolgt der Winzer, indem er in kurzen Zeitabständen das Mostgewicht bestimmt. Die dafür verwendeten Geräte – Mostwaage oder Refraktometer – geben das Mostgewicht in Grad Öchsle an. Dabei wird festgestellt, um wieviel Gramm ein Liter Saft schwerer ist als ein Liter Wasser. Multipliziert man Grad Öchsle mit der Zahl zwei, erhält man in etwa den Zuckergehalt. Ein

Liter Traubensaft von 80 Grad Öchsle enthält demnach ungefähr 160 Gramm Zucker. Bei Trockenbeerenauslesen, sie wiegen mehr als 150 Grad Öchsle, besteht etwa ein Drittel des Saftes aus Zucker!
Mit der Traubenlese hat das Jahr des Winzers seinen Höhepunkt erreicht. Jetzt erntet er, wofür er ein Jahr lang geschuftet, um das er in so mancher Frostnacht gezittert – und manchmal auch gebetet hat. Die ganze Verwandtschaft hilft, vielfach auch Freunde und Bekannte, die eigens Urlaub genommen haben. Und manch einer, der zum ersten Mal an der Lese teilnimmt, ist erstaunt, mit welcher Sorgfalt gearbeitet wird. Im ersten Arbeitsgang, der Vorlese, werden früh gefaulte Trauben herausgeschnitten, sie sollen die gesunden nicht anstecken, die noch einige Tage hängenbleiben können, damit die Sonne ihnen »die letzte Süße« gibt. Etwa eine Woche später beginnt die Hauptlese. Jetzt werden alle Trauben abgeerntet, allerdings nicht wahllos, vielmehr unterscheidet man sorgfältig zwischen vollreifen und weniger ausgereiften Trauben. Ja, selbst das Abschneiden einzelner kranker Traubenteile wird praktiziert. Nicht alle Flächen werden zur Zeit der Hauptlese abgeerntet; in besonders guten Lagen läßt der Winzer die Trauben noch etwas länger hängen und versucht, dort Spätlesequalität zu erreichen.
In manchen Jahren gelingt es, durch das Aussondern von edelfaulen Trauben, Auslesen zu ernten. Macht sich der Winzer die Mühe und schneidet von der Traube jeweils den Teil ab, der ausschließlich edelfaule Beeren enthält, dann bekommt er eine Beerenauslese. Diesen Vorgang kann er noch weiter verfeinern, indem er nur einzelne edelfaule und eingeschrumpfte Beeren aussondert, was

dann die Trockenbeerenauslese gibt. Notwendig ist jedoch, daß der Botrytispilz die Trauben erst befällt, wenn sie schon im Zustand einer fortgeschrittenen Reife sind; nur dann kommt es zu der gewünschten Edelfäule und den hohen Zuckerkonzentrationen.

Trauben ernten ist harte Arbeit, und das viele Bücken und das Kraxeln an steilen Rebhängen macht manchem, der körperliche Arbeit nicht gewohnt ist, ganz schön zu schaffen. Trotzdem geht es dabei fröhlich zu, auch wenn es gelegentlich kalt und naß ist; und abends, nach getaner Arbeit, bei neuem Wein, Speck und Bauernbrot sind alle Strapazen vergessen, und man fühlt sich zur großen Winzerfamilie zugehörig.

Die hier geschilderte Handlese wird jedoch nicht mehr überall praktiziert. In manchen Weinbaugebieten, z. B. in Frankreich oder in Kalifornien, aber auch in einigen Anbaugebieten Deutschlands (insbesondere in der Pfalz und in Rheinhessen) ist der Traubenvollernter im Einsatz, vergleichbar dem Mähdrescher bei der Getreideernte. Diese Maschinen sind natürlich viel leistungsfähiger als der Mensch. In etwa 5 Stunden hat ein solcher Vollernter einen ganzen Hektar abgeerntet; der Winzer benötigt dazu mit 10 Hilfskräften 3 Tage! Die Romantik der Traubenlese allerdings, die ist dahin, ebenso die Möglichkeit, differenziert zu lesen, denn die Maschine schneidet alles ab, gesunde und kranke, reife und unreife Trauben, und wirft alles in einen Topf. Es läßt sich leicht ausmalen, daß die Qualität so nicht gefördert wird. Qualitätsorientierte Betriebe lehnen deshalb bislang noch den Einsatz der Traubenvollernter ab.

Eiswein

Eine Besonderheit stellen die Eisweine dar. Sie werden in der Regel nach Beendigung der allgemeinen Lese eingebracht. Um Eisweine gewinnen zu können, müssen die Trauben am Stock hart gefrieren, wozu Minustemperaturen von mindestens 8 Grad Celsius notwendig sind. Bei solch tiefen Temperaturen beginnt das Wasser im Saft der Beeren zu gefrieren, während der Zucker in Lösung bleibt. Werden nun die Trauben abgepreßt, bevor das gefrorene Wasser wieder aufgetaut ist, erhält man einen hoch konzentrierten Traubensaft. Wie hochgradig, das hängt von der Temperatur ab, nicht von der Qualität der Trauben vor dem Gefrieren. Das heißt: je tiefer die Temperatur, um so hochgradiger der Saft.

Die so gewonnenen Eisweine sind immer sehr süß und haben auch immer eine hohe Säure, da durch das Gefrieren nicht nur der Zucker, sondern auch die Säure konzentriert wird. Das prägt auch den Geschmack dieser Weine, die wie Auslesen, Beeren- und Trockenbeerenauslesen den Dessertweinen zuzuordnen sind. Im übrigen dürfen Eisweine nur gewonnen werden, wenn die Trauben am Stock gefrieren. Es wäre technisch durchaus machbar, Eisweine »künstlich« zu erzeugen. Dazu braucht man nur Trauben in einer Tonne mit Kohlensäureschnee zu mischen, was die Trauben gefrieren läßt. Aber diese Art der Eisweinbereitung ist verboten.

Mahlen – Abbeeren – Entrappen

Nach der Ernte werden die Trauben gemahlen und abgebeert bzw. entrappt. Man sagt zwar »mahlen«, in Wirklichkeit ist es jedoch ein vorsichtiges Quetschen zwischen zwei Walzen. Das ist notwendig, weil sich ganze Trauben bzw. Beeren nur unvollständig auspressen lassen. Nach dem Mahlvorgang spricht der Fachmann nicht mehr von Trauben, sondern von »Maische«.
Gleichzeitig erfolgt das Abbeeren, auch Entrappen genannt. Bei diesem Vorgang werden in einem rundlaufenden Sieb die Beeren vom Stielgerüst, dem Kamm, abgetrennt. Das Entrappen hat seinen Ursprung in der Rotweinbereitung. Um nicht zuviel Gerbstoff zu erhalten, hat man vor der Maischegärung die Stielgerüste entfernt. Heute werden in Deutschland alle Trauben entrappt, auch die für die Weißweingewinnung vorgesehenen. Da dies eine Selbstverständlichkeit ist, wird damit heute auch nicht geworben.

Keltern

In den frühen Kulturen des Mittelmeerraumes bediente man sich der Füße, um die Beeren auszupressen. Man schüttete die Trauben in einen Trog und trat sie mit bloßen Füßen aus. Durch eine Abflußrinne floß der Saft in ein darunter gestelltes Gefäß. Die Ägypter steigerten die Saftausbeute noch dadurch, daß sie die zerstampften Trauben in Säcke füllten, die sie zu zweit auswanden. Bereits die Römer gebrauchten Keltern aus Holz, mächtige Baumkeltern, in denen die Traubenmaische dem Druck eines 12–14 Meter langen Stammes aus Eichenholz ausgesetzt war. Diese »Trotten« oder »Torkel« wurden, technisch kaum verändert, das gesamte Mittelalter hindurch verwendet; in einigen Gegenden, so zum

Beispiel am Bodensee, arbeitete man mit ihnen sogar noch Anfang dieses Jahrhunderts. Heute sind sie nur noch als Museums- und Ausstellungsstücke zu bewundern. An ihre Stelle sind die mechanischen Pressen getreten. Sie verfügen über eine wesentlich höhere Leistungsfähigkeit. Am schnellsten geht es in den Schneckenpressen, mit denen man kontinuierlich arbeiten kann, das heißt: ununterbrochen beschicken und pressen. Mit diesen modernen Keltersystemen können bis zu 50 Tonnen Trauben in einer Stunde verarbeitet werden. Auch die Saftausbeute ist um vieles höher als bei den alten Keltern; aus 100 Kilogramm Maische erhält man etwa 80 Liter Saft. Der Nachteil der modernen Keltern ist die starke Beanspruchung der Maische. Das führt zu sehr trübem Most, der dann wieder geklärt werden muß. Auch gehen bei dieser starken Beanspruchung viele unerwünschte Inhaltsstoffe aus den Beerenhülsen und den Kernen in den Traubenmost über.

Gärung

Seit vielen Jahrtausenden wird auf der Erde Wein erzeugt, aber erst seit den grundlegenden Arbeiten von Pasteur im Jahre 1860, also seit etwas mehr als einhundert Jahren, weiß man, daß die Gärung von winzig kleinen Organismen, den Hefepilzen, verursacht wird. Sie erzeugen Stoffwechselprodukte – Enzyme – die den Zucker des Traubensaftes in Alkohol und Kohlendioxid umwandeln. Dabei entsteht aus einem Gramm Zucker ein halbes Gramm Alkohol und ein halbes Gramm Kohlendioxid.

Die Hefepilze, der Fachmann spricht einfach von Hefen, finden sich in großer Anzahl im Weinberg. Sie überwintern in den oberen Bodenschichten und gelangen im Herbst durch Wind, Regenspritzer oder auch Insekten auf die Weinbeeren und von da in den Most. Sie vermehren sich dort und wandeln den Zucker in Alkohol um. Der Winzer braucht also nichts zu tun, um die Gärung in Gang zu bringen, die Natur macht das für ihn. So war es wenigstens bis vor wenigen Jahren gewesen. Die immer stärker um sich greifende Behandlung des Bodens mit chemischen Unkrautbekämpfungsmitteln sowie der Einsatz immer schärferer Pilzbekämpfungsmittel zum Schutz der Trauben, verringerten jedoch die Zahl der Hefen im Weinberg beträchtlich. Wenn der Winzer heute den Most sich selbst überläßt, erhält er oft nicht mehr Wein, sondern Essig. Um das zu verhindern, hat man sich einen Trick einfallen lassen. Aus der großen Vielfalt der im Weinberg vorkommenden Heferassen haben die Mikrobiologen einige besonders gärkräftige Stämme ausgesucht. Diese werden im Labor in riesigen Mengen vermehrt, anschließend getrocknet und dem Winzer als sogenannte »Trockenhefen« an die Hand gegeben. Der braucht dann nur noch zwei bis vier Gramm auf hundert Liter Most zuzugeben und die Gärung verläuft ohne Komplikationen. Damit ist zwar wieder ein Stück Romantik aus der Kellerwirtschaft verschwunden, dafür aber ist die Sicherheit bei der Weinherstellung gewachsen. Das bei der Gärung entstehende Kohlendioxid muß laufend abgesaugt werden, sonst gefährdet es das Leben der im Keller arbeitenden Leute. Fast in jedem Jahr hört oder liest man von Todesfällen im Gärkeller. In großen Betrieben ist diese Gefahr gering, weil dort meist automatisch regulierte Entlüftungsanlagen für die Entfernung des Gärgases sorgen. Fehlt eine Entlüftungsanlage, muß das Vorhandensein von Kohlendioxid überprüft werden. Der Winzer kann dies tun, indem er beim Betreten des Kellers eine brennende Kerze in Bauchhöhe vor sich hält. Geht sie aus, besteht Lebensgefahr, und er muß schleunigst den Keller verlassen.

Rotweinbereitung

Um Rotweine zu erhalten, genügt es nicht, die blauen Trauben einfach abzupressen, wie es bei der Weißweingewinnung geschieht. Das deshalb, weil die Rotweinfarbstoffe in der Haut der Beeren eingeschlossen sind, das Beerenfleisch selbst ist farblos. Preßt man Rotweintrauben ab, ohne die Beerenhäute weiter zu zerstören, als es durch mahlen und abbeeren geschieht, wird lediglich ein Teil dieser Farbstoffe freigesetzt und es gibt einen nur leicht rötlichen Wein – Rosé bzw. Weißherbst. Um möglichst viel Farbstoffe aus der Beerenhaut herauszulösen, muß diese zerstört werden. Dazu stehen im wesentlichen zwei Verfahren zur Verfügung: Die Maischegärung und die Maischeerhitzung.

Beim ersten Verfahren läßt man die Gärung auf der Maische erfolgen, das heißt, Saft und Beerenhäute gären zusammen in einem Behälter. Die bei der Gärung entstehende Kohlensäure treibt die festen Bestandteile an die Oberfläche. Sie werden von Hand, oder über eine automatisch gesteuerte Einrichtung, immer wieder untergestoßen – mit dem Saft vermischt, wodurch eine optimale Farbausbeute erreicht wird. Das dauert etwa 3 bis 5 Tage, ist also sehr

zeitaufwendig. Schneller geht es mit dem Erhitzungsverfahren. Dabei wird die Maische in einem Röhren- oder Plattenerhitzer auf 65 bis 85 Grad Celsius erhitzt, bis zu vier Stunden stehen gelassen und anschließend abgepreßt.
In Fachkreisen streitet man sich derzeit noch darüber, welches von beiden das bessere Verfahren ist. Rotweine, die mit dem Erhitzungsverfahren erzeugt wurden, sind meist etwas glatter, weil ihr Gerbstoffgehalt geringer ist. Doch nicht alle Rotweintrinker mögen das. Für viele ist ein deutlich schmeckbarer Gerbstoff wesentlicher Bestandteil eines Rotweins. Ausländische Rotweine, insbesondere die vom Bordeaux, sind besonders gerbstoffbetont. Das hat seine Ursache unter anderem darin, daß im Frankreich in der Regel die Maische nicht entrappt wird, auch die Rotweinmaische nicht, und die Rotweine zum Teil auch noch in frische Eichenholzfässer gelegt werden.

Abstechen
Nach der Umwandlung des Zuckers in Alkohol ist die Nährstoffquelle der Hefe erschöpft, sie stirbt und setzt sich langsam am Boden des Fasses ab. Da es sich um eine organische Masse handelt, setzt dann ein Zersetzungsprozeß ein, während dem eine Vielzahl an geruchlich und geschmacklich relevanten Stoffen gebildet werden, die die Qualität des jungen Weins negativ beeinflussen können. Es ist deshalb üblich, dieses Hefesediment zu entfernen. Man nennt diesen Vorgang den 1. Abstich. Er wird spätestens vier Wochen nach Beendigung der Gärung durchgeführt und meistens mit einer Klärung verbunden. Weitere Abstiche erfolgen dann nur, wenn irgendeine Behandlung des Weins erfolgt und ein Niederschlag entfernt werden muß.
Nicht alle Weine werden abgestochen. In der Schweiz zum Beispiel, im Elsaß, auch im Weinbaugebiet Loire atlantique findet man gelegentlich Weine, die einen Hinweis tragen, daß sie direkt von der Hefe auf die Flasche gefüllt wurden. Der Franzose nennt das »sur lie« (lie = Hefe). Solche Weine sind meist spritzig, weil sie noch viel Gärungskohlensäure enthalten, und schmecken leicht nach Hefe.
Eventuell vorhandene Spritzmittelrückstände werden beim Abstich mit der Hefe aus dem Wein entfernt. Der abgestochene und geklärte Wein enthält keine Spritzmittelrückstände mehr, das haben mehrere Untersuchungen ergeben.

Zuckern

In vielen Jahren reicht der Zuckergehalt der Trauben nicht aus, um aus ihnen selbständige Weine herzustellen. Das Problem löst der Winzer dadurch, daß er dem Most Zucker zusetzt; das tun übrigens fast alle Winzer auf der ganzen Welt. Dieser Zuckerzusatz, der Fachmann spricht von »Anreichern«, ist gesetzlich streng reglementiert, es sind bestimmte Höchstmengen zu beachten, und es ist auch genau vorgeschrieben, in welcher Zeit und welche Weine angereichert werden dürfen. Zum Beispiel können die französischen Winzer sogar ihre Spitzenerzeugnisse anreichern, also auch die Premiers Grands Crus, während die Deutschen dies nur bei den Tafel- und Qualitätsweinen dürfen, nicht jedoch bei Kabinett, Spätlesen und den Auslese-Weinen. Wieviel Zucker zugesetzt werden darf, das hängt vom Ausgangsmostgewicht ab, aber auch von der zulässigen Höchstmenge. Diese ist unterschiedlich geregelt in den einzelnen Weinbaugebieten der EG und reicht von 16 Gramm Alkohol je Liter in Süditalien bis zu 28 Gramm in Deutschland und Luxemburg. Das heißt: Die Höhe der Anreicherungsmöglichkeit ist den Klimabedingungen angepaßt!

In Deutschland hat sich das Anbaugebiet Baden etwas außerhalb der Reihe gestellt. Es hat sich freiwillig in eine Zone mit geringerer Anreicherungsmöglichkeit legen lassen. In dieser Zone befinden sich auch die französischen Anbaugebiete Elsaß und Champagne. Um im Wein den Alkoholgehalt um ein Gramm im Liter zu erhöhen, müssen einem Hektoliter Most 240 Gramm Zucker zugesetzt werden. Bei einer erlaubten Anreicherung von max. 28 Gramm im Liter können also demnach einem Hektoliter Most 6,7 Kilogramm Zucker zugesetzt werden; bei einem 10000-Liter-Faß wären das immerhin 670 Kilogramm. Erlaubt ist nur die Verwendung von technisch reinem Rohr- oder Rübenzucker. Das ist der Zucker, den man auch zum Süßen des Kaffees oder Tees benutzt. Der Zusatz darf nur vor der Gärung erfolgen. Dieser Zucker vergärt dann zusammen mit dem von Natur aus vorhandenen zu Alkohol. Im fertigen Wein ist also von dem zugesetzten Zucker nichts mehr zu finden. Deshalb ist auch der Nachweis einer erfolgten Anreicherung nicht möglich, zumindest bisher nicht.

Der Zucker wird im Traubenmost aufgelöst, nicht in Wasser. Nur die Moselwinzer dürfen zur Zeit noch Wasser verwenden und zwar 10 Prozent. Aber das soll demnächst verboten werden. Die Verwendung von Wasser dient in diesem Fall weniger der »wunderbaren Weinvermehrung« als vielmehr der Verminderung einer zu hohen Säure.

Entsäuern

Der saure Geschmack des Weins beruht auf dem Vorhandensein organischer Säuren (v.a. Weinsäure und Äpfelsäure). Deutsche Weine enthalten zwischen 5 und 9 Gramm Säure im Liter, je nach Sorte, Herkunft und Jahrgang; Rotweine weniger als Weißweine, Riesling mehr als Müller-Thurgau, Moselweine mehr als badische. Je weiter nördlich die Rebe angebaut wird, um so mehr hat der Winzer mit dem Problem einer zu hohen Säure zu kämpfen. In manchen Jahren werden an Rhein und Mosel Riesling-Moste gekeltert mit Säuregehalten von 15 Gramm im Liter und mehr. Weine mit derart hoher Säure wären nicht genießbar, deshalb muß sie verringert werden. Dafür stehen dem Winzer im wesentlichen zwei Möglichkeiten zur Verfügung. Einmal der sogenannte biologische Säureabbau und zum zweiten die Entsäuerung mit kohlensaurem Kalk. Beim biologischen Säureabbau wandeln Bakterien die Äpfelsäure des Weins in die weniger sauer schmeckende Milchsäure um. Nicht umgewandelt wird jedoch die Weinsäure, weshalb bei sehr hohen Säuregehalten die Verringerung durch den biologischen Säureabbau nicht ausreicht. Die Weinsäure kann durch den Einsatz von kohlensaurem Kalk verringert werden. Der Kalk verbindet sich mit der Weinsäure zu weinsaurem Calcium und fällt aus, zusammen mit der Hefe wird es beim ersten Abstich aus dem Wein entfernt.

Schwefeln

Ein heikles Kapitel ist die Schwefelung. Wegen möglicher Gesundheitsschädigung ist die Höhe des Gehalts an schwefliger Säure im Wein durch Gesetz begrenzt. So darf beispielsweise ein trockener weißer Qualitätswein max. 225 Milligramm im Liter enthalten, ein solcher mit Restsüße 275 Milligramm. Deutlich höher ist diese Obergrenze bei Beeren- und Trockenbeerenauslesen festgesetzt, nämlich bei 400 Milligramm. In der Regel enthalten unsere Weine jedoch wesentlich weniger, als eigentlich erlaubt ist – man kann in etwa mit der Hälfte rechnen. Das deshalb, weil in der modernen Kellerwirtschaft der Einsatz einer hochentwickelten Technik schnel-

les und hygienisches Arbeiten ermöglicht, und das spart Schwefel. Warum aber verwendet der Winzer überhaupt Schwefel bzw. schweflige Säure? Dafür hat er mehrere Gründe. Zunächst einmal schützt sie die Trauben und den Most gegen die Tätigkeit unerwünschter Mikroorganismen wie zum Beispiel der Essigbakterien. Dann fördert sie die Vermehrung der echten Weinhefen durch die Unterdrückung anderer, nicht gewollter Heferassen. Das ist möglich, weil die echten Weinhefen recht unempfindlich gegenüber der schwefligen Säure sind. Im Jungwein bindet die schweflige Säure den Acetaldehyd ab, ein Nebenprodukt der Gärung. Dieser Stoff hat einen deutlichen Eigengeruch und kann die spezifische Eigenart eines Weines überdecken. Während des Ausbaues verhindert die schweflige Säure die Oxidation, das heißt das zu frühe Altern.
Es ist also sehr viel, was dieser Stoff leistet, weshalb es auch so schwierig ist, einen Ersatz für ihn zu finden, einen Ersatz, der vielleicht etwas weniger problematisch in bezug auf die menschliche Gesundheit wäre. Es ist immer wieder versucht worden, ganz ohne diese schweflige Säure auszukommen. Vor einiger Zeit erhielt ein Winzer aus der Pfalz sogar ein Patent für die Herstellung von Wein ohne schweflige Säure. Diese Patentierung wird allerdings von den deutschen Weinbauverbänden gerichtlich angefochten. Sie verweisen darauf, daß schon lange vorher Versuche in dieser Richtung gelaufen sind und die Weinwirtschaft immer bemüht ist, den Zusatz von schwefliger Säure zu reduzieren.
Im Grunde genommen ist das alles zum großen Teil keine technische Frage mehr, sondern eine des Geschmacks. Es ist heute nämlich durchaus möglich, gesunde und auch nicht zu früh alternde Weine ohne Zusatz von schwefliger Säure herzustellen, nur: solche Weine schmecken völlig anders, als wir es bisher gewohnt waren; der Sortentyp ist verdeckt, und es fehlt ihnen Frische und Eleganz, also genau das, was wir an den deutschen Weißweinen so sehr schätzen.

Süßen

In Deutschland werden überwiegend süße Weine getrunken im Gegensatz zu anderen Weinbauländern wie Frankreich, Italien oder Spanien. Das ist zum Teil damit zu erklären, daß bei uns der Wein noch immer mehr nach dem Essen als zum Essen getrunken wird. Das kühlere Klima kann ebenfalls eine Rolle spielen, die Vorliebe

für süßeren Wein nimmt von Süden nach Norden zu; in Skandinavien wird fast ausschließlich süßer Wein getrunken.
Wie kommt der Winzer aber überhaupt zu süßem Wein? Diese Frage muß deshalb gestellt werden, weil wir ja im Abschnitt über »Gärung« gelesen haben, daß der Zucker des Traubensaftes, ob von Natur vorhanden oder vom Winzer zugegeben, durch die Hefen in Alkohol umgewandelt wird. Nach der Gärung dürfte demnach der Wein keinen Zucker mehr enthalten, er müßte durchgegoren sein. Das ist er auch, aber der Winzer, der süßen Wein auf den Markt bringen will, zweigt vor Beginn der Gärung einen Teil des Saftes ab und lagert diesen als »Süßreserve«, man könnte auch sagen: Dosage, ein. Um eine Gärung zu verhindern, muß dieser Saft scharf filtriert, eventuell erhitzt, und unter sterilen Bedingungen in speziellen Kühltanks aufbewahrt werden. Erst bei der Flaschenfüllung wird dem fertigen Wein dann etwas von dieser Süßreserve zudosiert, die Menge hängt vom Kundengeschmack ab.
Als man Anfang der 50er Jahre in Deutschland begann, süßen Wein herzustellen, war diese Methode des Süßens noch nicht entwickelt. Damals wurde süßer Wein durch das Abstoppen der Gärung produziert. Bevor der Zucker ganz in Alkohol umgewandelt war, nahm der Winzer eine scharfe Filtration vor und stabilisierte den restsüßen Wein mit hohen Mengen schwefliger Säure. Diese Weine verursachten des öfteren bei empfindlichen Personen Kopfschmerzen und Unwohlsein. Das hat der Konsument nicht vergessen und noch heute ist die Vorstellung, süßer Wein verursacht Kopfschmerzen, weit verbreitet. Durch die Änderung der Herstellungsmethode müssen süße Weine heute jedoch nicht mehr schweflige Säure enthalten als trockene. Voraussetzung ist allerdings, daß hygienisch einwandfrei gearbeitet wird.

Zum Süßen, das sei noch einmal gesagt, verwendet der Winzer süß gehaltenen Traubensaft, nicht Zucker. Er darf Zucker vor der Gärung zusetzen, um den Alkoholgehalt des späteren Weins zu erhöhen, aber nicht nach der Gärung zum Zweck der Süßung.
In der Regel ist die Süßreserve von der gleichen Sorte gewonnen, aus der gleichen Lage und auch von gleicher Qualität, zumindest bei den besseren Qualitäten. Es sind auch bezeichnungsrechtliche Fragen zu beachten, zum Beispiel verliert ein Kabinettwein sein Prädikat, wenn er mit einer angereicherten Qualitätsweinsüßreserve gesüßt wird.

Verschneiden

Für viele Konsumenten ist das Verschneiden von Wein gleichbedeutend mit Panschen. Das kann es natürlich sein, dann zum Beispiel, wenn ein guter Jahrgang mit einem schlechten verschnitten und unter der Bezeichnung des besseren verkauft wird. Oder, was tatsächlich in der Zeit der Rotweinknappheit vor einigen Jahren passierte, ein Müller-Thurgau mit farbkräftigem, ausländischem Rotwein vermischt, und anschließend als Roter angeboten wird. Aber das sind gesetzlich verbotene Maßnahmen, die die Ausnahme und nicht die Regel darstellen. Wenn der Winzer verschneidet, will er, daß sich die Eigenschaften zweier oder auch mehrerer Weine gegenseitig ergänzen, und das Endprodukt vorteilhaft beeinflussen. Zum Beispiel wird er einem säurearmen Wein einen mehr säurebetonten zusetzen oder einem neutralen einen etwas ausdrucksvolleren.

Der deutsche Winzer verschneidet relativ wenig im Vergleich zu seinen Kollegen im Ausland. Das hat seine Ursache in der völlig anderen Bezeichnungsgewohnheit. Deutsche Weine werden fast immer mit einer Rebsorten- und Lagenbezeichnung in den Verkehr gebracht, und das engt den Verschnittspielraum stark ein, weil 85 Prozent des Weins vom namengebenden Anteil stammen müssen. In Frankreich, oder auch in Italien, werden dagegen die Weine meistens ohne Rebsortenbezeichnung und zum Teil auch mit großräumigen Herkunftsangaben angeboten, was das Verschneiden erleichtert.

Besonders gepflegt wird die »Kunst des Verschneidens« im Bordeaux und in der Champagne. Ein Bordeaux, wie auch ein Champagner, setzt sich immer aus Weinen mehrerer Rebsorten zusammen. Diese Weine werden zunächst, nach Sorten getrennt, eingelagert und erst, wenn ihre Reifung beendet ist, miteinander verschnitten. Es gehört viel Können und besonders Erfahrung dazu, immer das richtige Mischungsverhältnis herauszufinden. Bei der Champagnerherstellung ist es besonders wichtig, über Jahre hinaus den gleichen Geschmackstyp anbieten zu können. Und das ist nur möglich, wenn nicht nur verschiedene Sorten, sondern auch mehrere Jahrgänge miteinander verschnitten werden können. Damit entfällt dann allerdings die Möglichkeit, eine Jahrgangsangabe zu verwenden. Deshalb ist eine solche bei Champagner auch äußerst selten.

Schönen

Das Schönen ist keine Erfindung der Neuzeit, schon im Altertum schönte der Winzer seinen Wein. Es dient gleich mehreren Zwekken: Klärung, Beseitigung von Geruchs- und Geschmacksfehlern und Entfernung von Inhaltsstoffen, die zu einer Trübung führen können. Die Schönungsmittel, die in den Wein eingerührt werden, verbinden sich mit den Trubstoffen des Weins und fallen aus, über einen Abstich holt sie der Winzer dann aus dem Wein heraus.

Die moderne Filtrationstechnik hat die Klärschönung in den Hintergrund gedrängt, während die Schönungen zwecks Entfernung von Geruchs- und Geschmacksfehlern eher zugenommen haben. Wirksame Mittel hierfür sind zum Beispiel die Aktivkohle und die Weinhefe. Mit Eiereiweiß kann der Gerbstoffgehalt verringert werden, was gelegentlich beim Rotwein von Interesse sein kann. Mit Bentonit, einer Tonerde, entfernt man Eiweiß, das unter bestimmten Voraussetzungen Trübungen verursacht. Dem Winzer hat der Gesetzgeber genau vorgeschrieben, welche Mittel, und in welcher Menge, er einsetzen darf.

Kristalle im Wein

Gelegentlich finden sich in der Flasche kristalline Ausscheidungen, und nicht wenige Konsumenten sind der Meinung, es handle sich hierbei um Zucker. Das ist jedoch nicht möglich, denn wenn dem fertigen Wein Zucker zugesetzt würde, ginge er sofort in Lösung. Nein, Zucker ist es nicht, sondern Weinstein (Kaliumhydrogentartrat), eine Verbindung von Weinsäure und Kalium. Weinstein ist relativ schwer löslich und wird durch Erschütterungen und Kälte ausgefällt. Zusätzlich gibt es noch das Kalziumtartrat, eine Verbindung von Weinsäure und Kalzium.

Die Ausfällung des Weinsteins bedeutet keine Qualitätsminderung, lediglich die Säure verringert sich ein klein wenig, geschmacklich ist das jedoch nicht zu erkennen. Die Winzer nehmen normalerweise Flaschen mit Weinstein zurück und liefern dafür andere. Aber eigentlich ist das gar nicht notwendig. Man muß nur beim Einschenken darauf achten, daß der Bodensatz in der Flasche zurückbleibt.

Faß und Tank

Der traditionelle Behälter für den Wein ist das Holzfaß aus Eichenholz. Es war schon den Römern bekannt, wenn es auch nicht als ihre

Erfindung angesehen werden kann; erfunden haben es wahrscheinlich die Gallier. Etwa zwei Jahrtausende lang war es ohne Konkurrenz, und seine Herstellung ernährte eine ganze Handwerkerzunft, die der Küfer. Mitte dieses Jahrhunderts jedoch begann eine sich bis heute noch fortsetzende Ablösung durch den Tank. Das war zunächst der Betontank, fest eingemauert in den Keller und anfänglich mit Glasplatten und später mit Kunstoffmasse ausgekleidet. Auch der reine Kunststofftank wurde angeboten, hergestellt meist aus Polyester-Harzen und verstärkt durch Glasfasergespinste. Aber beide Formen konnten sich nicht durchsetzen. Erst der Stahltank löste das Holzfaß wirklich ab. Hergestellt aus Edelstahl ist er unempfindlich gegenüber Rost und der korrodierenden Wirkung der Weinsäure wie auch der schwefligen Säure, eine Auskleidung innen oder ein Anstrich außen ist deshalb nicht notwendig.
Diese Tanks findet man heute überall in den Kellern, selbst der kleine Weingutsbetrieb schafft heute kaum noch ein Holzfaß an. Auch in den Kellern der traditionsbewußten Châteaus des Bordeaux oder Burgund sind sie zu finden, manchmal schamhaft versteckt in verschlossenen Nebenräumen, während der Besucher an endlosen Reihen kleiner Holzfässer entlanggeführt wird.

Warum diese Veränderung? Nun, das hat mehrere Ursachen. Eine ist sicherlich die immense Pflegebedürftigkeit des Holzfasses. Das beginnt schon mit dem »Weingrünmachen«. Mit Dampf und heißem Wasser wird die Lohe, das sind im Holz eingelagerte Gerbstoffe, herausgeholt. Unterläßt man das, kann der Wein einen »Lohegeschmack« annehmen, der bei deutschen Weinen als Fehler angesehen wird, bei Bordeaux-Weinen dagegen erwünscht ist, weshalb man im Bordeaux-Gebiet auch immer wieder neue, nicht gedämpfte Fässer aus Eichenholz verwendet. Liegt das Holzfaß längere Zeit leer, muß es laufend mit Schwefelschnitten eingebrannt oder aber mit Wasser, dem schweflige Säure zugesetzt ist, vollgehalten werden. Unterläßt man das, beginnt das Holz zu schimmeln. Wesentlich weniger Arbeit macht der Stahltank, nach dem Entleeren wird er einfach ausgespritzt, weiter bedarf es keiner Pflege.
Ein weiteres Problem ist die schlechte Raumausnutzung, Holzfässer brauchen viel Platz. Dagegen kann die äußere Form des Stahltanks genau den Maßen des Kellerraumes angepaßt werden.
Holzfässer sind nie ganz geschmacksneutral. In den feinen Poren des Holzes setzen sich Hefe- und Schmutzreste ab, die auch durch noch so intensives Bürsten nicht vollständig zu entfernen sind. Bei ihrer Zersetzung entsteht ein spezifischer Geschmack, der vom Wein zum Teil angenommen wird. Weine, die längere Zeit im Holzfaß lagen, sind fast immer davon geprägt. Die besondere Eigenart der Weine holzfaßausbauender Betriebe, vom Stammkunden oft hochgeschätzt, hat hierin seine Hauptursache. Der Edelstahl hingegen ist absolut geschmacksneutral, und Schmutz kann sich nirgendwo festsetzen, dafür ist die Oberfläche zu glatt.

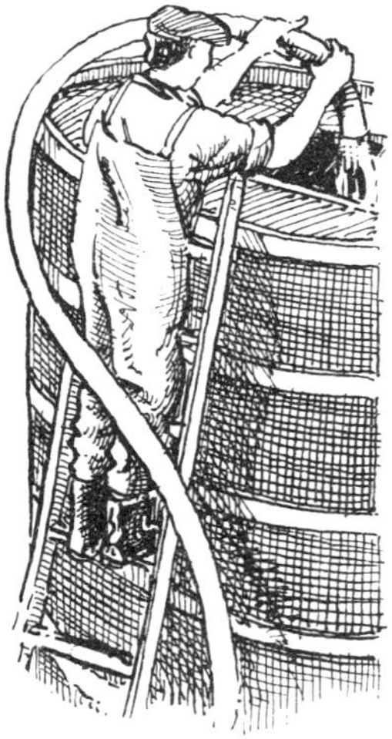

Die Entwicklung des Weins, seine Reifung, verläuft im Holzfaß schneller, wahrscheinlich nimmt er mehr Sauerstoff auf als im Stahltank. Manche Betriebe machen sich diese Eigenschaft zunutze und planen das Holzfaß auch heute noch in den Weinausbau mit ein. Sie legen den jungen Wein nach der Gärung für ein bis zwei Monate in das Holzfaß, bis der Reifeprozeß im wesentlichen abgeschlossen ist. Danach wird er bis zur Füllung im Stahltank gelagert, der ihn wie eine große Flasche umgibt und ihm die Frische erhält.

Abfüllen

Nach Beendigung des Ausbaus wird der Wein auf Flaschen gefüllt. Das kann sehr früh sein, zum Teil schon vier Wochen nach der Ernte,

wie es zum Beispiel beim Beaujolais primeur üblich ist. Auch deutsche Weine werden manchmal so früh gefüllt, immer dann, wenn der Wein knapp ist oder der Kunde den neuen Jahrgang verlangt. Aber diese frühen Füllungen sind nicht gerade qualitätsfördernd. Um die Weine so schnell füllfertig zu machen, müssen sie arg strapaziert werden; Weinstein, der bei längerer Lagerung meistens von allein auskristallisiert, muß durch Kühlung ausgefällt werden, und das Klären der noch trüben Weine erfordert mehrere, kurz hintereinander folgende Filtrationsgänge. Das alles setzt den Weinen zu, sie verlieren oft dabei viel von der fein gelösten Gärungskohlensäure, und manche nicht ganz so stabile Aromakomponente bleibt auf der Strecke. Der qualitätsorientierte Winzer wird deshalb seinem Wein Zeit lassen, und frühestens im Februar, März des auf die Ernte folgenden Jahres mit dem Abfüllen beginnen.
Der Abfüllvorgang ist heute weitgehend automatisiert, selbst bei kleineren Betrieben. In großen Kellereien stehen riesige Anlagen, die stündlich bis zu 20 000 Flaschen füllen können. Weine mit Restsüße müssen steril auf die Flasche gebracht werden. Das heißt, im gefüllten Wein dürfen keine Hefepilze mehr enthalten sein, da diese sonst den Zucker in Alkohol umwandeln. Die Folge wäre: ein trüber und gleichzeitig schäumender Wein!
Die Entfernung der Hefepilze aus dem Wein erreicht der Winzer mit

Weißwein (Schlegelflasche)
Bocksbeutel (Franken)
Bordeaux
Burgunder
Roséwein
Chianti
Champagner
Sherry

der Entkeimungsfiltration. Dabei werden Filterschichten eingesetzt, deren Poren so eng sind, daß darin sogar diese winzigen Organismen hängenbleiben. Aber damit ist es noch nicht getan, auch die Flasche und der Korken müssen steril sein, damit nicht durch sie der Wein von neuem infiziert wird, wenn er den Filter passiert hat.
Das alles macht viel Arbeit und bedingt auch eine recht kostspielige Einrichtung. Einfacher ist es, wenn der Winzer keine Rücksichten nehmen muß auf eventuell vorhandene Hefepilze. Das ist der Fall bei Weinen ohne Restzucker, also den trockenen, weshalb der Winzer liebend gern auf die süßen verzichten würde.

Flasche
Obwohl schon den Ägyptern und Römern bekannt, hat sich die Glasflasche erst im 19. Jahrhundert allgemein als Weinbehälter durchgesetzt. Auch Anfang dieses Jahrhunderts bezogen noch viele Wirte ihren Wein in Fässern, heute ist das noch nicht einmal mehr erlaubt, zumindest was Qualitäts- und Prädikatswein betrifft; diese dürfen nur abgefüllt an den Verbraucher abgegeben werden. Eine Vorschrift allerdings, daß er in Glasflaschen abgefüllt sein muß, gibt es nicht; noch nicht, muß man sagen, denn die deutschen Weinbauverbände haben dieses beantragt. Es ist also derzeit durchaus möglich, Wein auch in Tonflaschen oder Tonkrügen, und auch in Kartonverpackungen (bag in box) abzufüllen. Letztere werden zur Zeit häufig als Behälter für einfache Tafel- und Landweine verwendet. Untersuchungen haben aber gezeigt, daß der Wein in einem solchen Behälter sehr rasch altert, weshalb er sich auf keinen Fall für eine längere Lagerung eignet.
Auch für die Form der Flasche gibt es keine Vorschriften. Weit verbreitet sind Schlegelflaschen sowie die Burgunder- und Bordeaux- Flaschen, weniger dann schon der Bocksbeutel. Letztere Flaschenform ist vereinzelt auf der ganzen Welt zu finden, für das Bundesgebiet ist ihre Verwendung streng reglementiert. Nur die Winzer in Franken, im Badischen Frankenland und in den Ortenau-Gemeinden Neuweier, Umweg, Steinbach und Varnhalt dürfen ihre Weine in den Bocksbeutel füllen.
Weinflaschen gibt es in den Farben grün, braun und weiß, gelegentlich auch mal in blau. Die Farbe ist nicht ganz ohne Einfluß auf die Weinentwicklung. Bei Lichtzutritt altern Weine in weißen Flaschen eher als in grünen oder braunen. Da der abgefüllte Wein jedoch

Die wichtigsten Flaschenformen, die heute im Gebrauch sind.

meistens im Dunkeln gelagert wird, ist das nicht von besonderer Bedeutung. Form, Farbe und Material der Flaschen ist, wie gesagt, nicht vorgeschrieben, wohl aber deren Größe: 5 – 3 – 1,5 – 1 – 0,75 – (in einer Übergangszeit auch 0,7) – 0,5 – 0,375 – 0,25 und 0,1 Liter dürfen nur verwendet werden. Diese Vorschrift gilt allerdings nur im Bereich der EG.

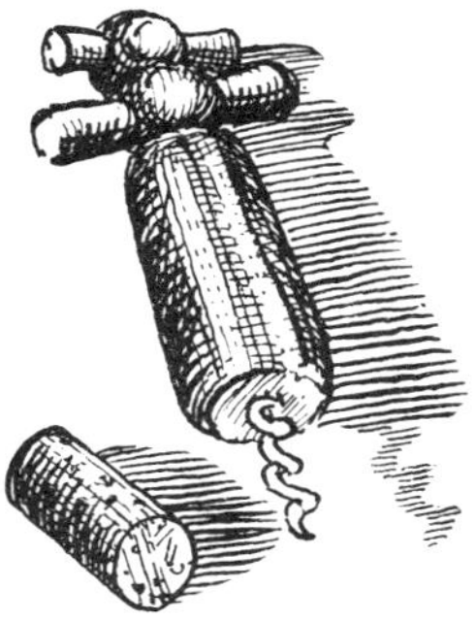

Kork und Schraubverschluß

Seit dem 17. Jahrhundert werden zum Verschließen der Weinflaschen Korken verwendet; sie sind auch heute noch überwiegend als Verschluß in Gebrauch und trotz vieler Neuentwicklungen auf diesem Gebiet sieht es nicht so aus, als ob sie verschwinden würden. Schuld daran sind weniger die besonderen Qualitäten des Korkens, als vielmehr das Traditionsbewußtsein des Konsumenten: Er will seine Flasche entkorken, nicht aufschrauben!

Gegen den Korken läßt sich einiges vorbringen:

1. Geeignete Korkrinde, das Ausgangsprodukt des Korkens, wird immer rarer, während der Bedarf durch eine weltweite Steigerung der Weinproduktion zunimmt.
2. Es besteht immer die Gefahr des Korkgeschmacks, dessen Ursache bis heute nicht ausreichend geklärt ist.
3. Die Gasdurchlässigkeit des Korkens läßt die Weine relativ früh altern.
4. Der Korken kann durch den Korkwurm zerstört werden.

Die Alternative zum Korken ist der Schraubverschluß aus Metall, der billiger und einfacher zu handhaben ist. Darüber hinaus ist er gasundurchlässig, was den Alterungsprozess verlangsamt; das könnte besonders bei längerer Lagerung von Vorteil sein. Als weiteren Vorteil wird auch immer wieder angeführt, daß der Schraubverschluß keine negative Geschmacksbeeinflussung ausüben kann. Doch sollte man mit dieser Aussage vorsichtig sein. Um den Schraubverschluß dicht zu bekommen, wird die Innenseite mit einer Kunststoffmasse ausgegossen, und die ist nicht in jedem Fall geschmacksneutral.

Die Verzögerung des Reifeprozesses auf der Flasche kann auch als Nachteil gewertet werden, dann nämlich, wenn der Wein bald in den Verkauf soll oder man ihn bald trinken will. Es sind also Vor- und Nachteile bei beiden Verschlüssen zu erkennen, warum dann nicht beim traditionellen Verschluß, dem Korken, bleiben?

Das Weinetikett

Das Etikett ist die Geburtsurkunde des Weines. Es gibt Auskunft über Qualität, Jahrgang, Rebsorte, geographische und betriebliche Herkunft. Wenn das Etikettieren der Weinflaschen auch im Interesse des Winzers liegt – weil verkaufsfördernd – ganz freiwillig ist es nicht. Der Gesetzgeber hat nämlich genau vorgeschrieben, welche Angaben auf dem Etikett erscheinen müssen und welche erscheinen dürfen. Bezeichnungen, die nicht ausdrücklich aufgeführt sind, darf er nicht verwenden. Die hier geschilderten Grundsätze gelten für alle Winzer innerhalb der EG, also für den französischen genauso wie für den italienischen oder den deutschen. Im einzelnen jedoch gibt es große regionale Unterschiede. Das trifft insbesondere für die Frage zu, nach welchen Kriterien die Qualitätseinstufung – und damit die Qualitätsbezeichnung – der Weine erfolgt.

Deutschland

Der deutsche Winzer kann in seinem Weinberg – dieser ist als Rebfläche abgegrenzt und kartographisch erfaßt – alle Qualitätsstufen erzeugen. Entscheidend ist zunächst das erreichte Mostgewicht – differenziert nach Rebsorten sind Mindestmostgewichte für das Erreichen der einzelnen Qualitätsstufen festgelegt –, später dann die Prüfung des fertig ausgebauten Produkts. Auf dem Etikett erscheinen die Qualitätsbegriffe: Tafelwein, Landwein, Qualitätswein oder Qualitätswein mit Prädikat (Sammelbegriff: Prädikatswein).
Tafelwein ist die unterste Stufe; es sind einfache Weine mit geringerem Alkoholgehalt. Fehlt die Bezeichnung »deutsch«, dann können auch Weine aus anderen Ländern darin enthalten sein. Der *Landwein* gehört zur Gruppe der Tafelweine. Von ihm wird jedoch verlangt, daß die dafür verwendeten Trauben mindestens 5 Grad Öchsle mehr erbracht haben, als für den einfachen Tafelwein notwendig ist, und daß diese Trauben ausschließlich in bestimmten, exakt abgegrenzten deutschen Weinbauregionen gewachsen sind. Darüber hinaus darf er nur als trockener oder halbtrockener ange-

Etikett zu einem Qualitätswein mit Prädikat

1983er: *Weinjahrgang (Angabe nicht zwingend vorgeschrieben).*

Freiburger Jesuitenschloß: *Einzellage auf Gemarkung Freiburg (Angabe nicht zwingend vorgeschrieben).*

Ruländer: *Rebsortenbezeichnung (Angabe nicht zwingend vorgeschrieben).*

Qualitätswein mit Prädikat Auslese: *Qualitätsstufe (Angabe zwingend vorgeschrieben).*

Erzeugerabfüllung: *100% des Weines stammen aus dem angegebenen Betrieb und wurden auch dort gefüllt (Angabe nicht zwingend vorgeschrieben).*

0,7 l: *Inhaltsangabe (Angabe zwingend vorgeschrieben).*

Baden: *Bestimmtes Anbaugebiet (Angabe zwingend vorgeschrieben).*

Staatliches Weinbauinstitut Freiburg i. Br.: *Erzeugerbetrieb (Angabe zwingend vorgeschrieben).*

A. P. Nr. 402/12/84: *Amtliche Prüfungsnummer (Angabe zwingend vorgeschrieben).*

402 = *Betriebsnummer*

12 = *Fortlaufende Zählung der im Kalenderjahr zur Prüfung angestellten Weine.*

84 = *Jahr der Prüfung, in der Regel nicht identisch mit dem Weinjahrgang.*

boten werden. Auch der Landwein ist noch als leichter Wein anzusprechen, sein Alkoholgehalt bewegt sich zwischen 75 und 85 Gramm pro Liter.

Tafel- und Landweine haben eigene Herkunftsbezeichnungen. Tafelwein darf als »deutscher« bezeichnet werden, wenn er 100% deutschen Wein enthält. Es können jedoch auch engere Herkunftsräume angegeben werden; Voraussetzung ist dann ebenfalls: 100% müssen aus dem genannten Gebiet stammen. Es sind dies folgende, offiziell als »Weinbaugebiete« bezeichnete Herkunftsräume: Rhein-Mosel mit den Untergebieten Rhein, Mosel und Saar, Bayern mit den Untergebieten Main, Donau und Lindau, Neckar – ohne Untergebiete – sowie Oberrhein mit den Untergebieten Römertor und Burgengau.

Für den Landwein stehen folgende Herkunftsbezeichnungen zur Verfügung: Ahrtaler Landwein, Starkenburger Landwein, Rheinburger Landwein, Landwein der Mosel, Landwein der Saar, Nahegauer Landwein, Altrheingauer Landwein, Pfälzerlandwein, Fränkischer Landwein, Regensburger Landwein, Bayerischer Bodensee-Landwein, Schwäbischer Landwein, Unterbadischer Landwein, Südbadischer Landwein, Taubentäler Landwein und Landwein der Ruwer. Zusätzlich kann zur Bezeichnung eines Landweins noch der Bereich angegeben werden. Auch für den Landwein gilt: 100% des Weines müssen in der angegebenen Region gewachsen sein.

Die gehobene Qualität deutscher Weine findet man in der Gruppe der *Qualitätsweine bestimmter Anbaugebiete* (Q. b. A.). Dazu gehören sowohl die Qualitätsweine als auch die Qualitätsweine mit Prädikat. Zwischen beiden besteht ein ganz entscheidender Unterschied: Qualitätsweine dürfen angereichert sein – sie sind es auch in der Regel – Prädikatsweine dagegen nicht. Letztere entsprechen also den früher mit Begriffen wie »Natur« oder »Originalabfüllung« ausgezeichneten Weinen. Der *Prädikatswein* beginnt mit dem *Kabinett;* er ist, vom Tafel- oder Landwein abgesehen, der leichteste deutsche Wein und stellt eine Besonderheit unter den europäischen Weinen dar; Wein mit niedrigem Alkoholgehalt und hohem Geschmackswert. Sein Alkoholgehalt ist fast immer geringer als der des Qualitätsweines. Das erscheint auf den ersten Blick unglaubhaft, ist aber leicht zu erklären. Zur Erreichung der Kabinettstufe ist zwar ein höheres Mindestmostgewicht festgesetzt – etwa 10 Grad Öchsle mehr – was jedoch durch die beim Qualitätswein mögliche Anreicherung mehr als wettgemacht wird.

Erklärung eines typischen deutschen Weinetiketts.

Spätlesen, deren Mostgewichte wiederum etwa 10 Grad Öchsle über denen der Kabinettweine liegen, sind gehaltvolle, kräftige Weine mit ausgeprägter Reife. Es sind die Spitzenweine Deutschlands, in etwa vergleichbar mit den Grand Crus und Premier Crus Frankreichs. *Auslesen, Beeren-* und *Trockenbeerenauslesen* gehören schon in den Bereich der Dessertweine. Sie sind, von wenigen trockenen Auslesen abgesehen, durchweg sehr süß. Ihr Alkoholgehalt ist gering, besonders bei Beeren- und Trockenbeerenauslesen, da die Hefe nur einen Teil des hohen Zuckergehaltes vergären kann.

Wo die Qualitäts- und Prädikatsweine gewachsen sind, sagt uns der Name des Anbaugebiets, des Bereichs, der Lage oder der Gemeinde. Die Herkunftsangaben dürfen nur für Qualitäts- und Prädikatsweine verwendet werden, also nicht für Tafel- oder Landweine. In Deutschland gibt es 11 *Anbaugebiete:* Ahr, Mittelrhein, Mosel-Saar-Ruwer, Rheingau, Nahe, Rheinhessen, Rheinpfalz, Franken, Hessische Bergstraße, Württemberg und Baden. Qualitäts- und Prädikatsweine müssen zu 100% aus einem Anbaugebiet stammen, ein Verschnitt mit Weinen anderer Anbaugebiete ist verboten; Qualitätswein der Mosel darf also keinen aus der Pfalz enthalten.

Jedes dieser Anbaugebiete ist unterteilt in *Bereiche.* Diese umfassen in der Regel die Rebflächen mehrerer Gemeinden. Bei der Abgrenzung ging man davon aus, daß innerhalb eines solchen Bereichs Weine von etwa gleicher Geschmacksprägung wachsen sollen. Prädikatsweine müssen zu 100% aus einem solchen Bereich stammen. Wichtiger als der Bereich ist für den deutschen Konsumenten die *Lage.* Jede Weinbaugemeinde hat ihre traditionellen Lagebezeichnungen, die zum Teil schon seit Generationen bekannt sind. Namen, wie Bernkastler Doktor, Rüdesheimer Rosengarten, Deidesheimer Herrgottsacker, Mundelsheimer Käsberg oder Auggener Schäf, lassen das Herz eines jeden Weinliebhabers höher schlagen. Die Lage ist die engste geographische Bezeichnung; ist sie angegeben, müssen 85% des Weines darin gewachsen sein; der Rest könnte aus einer anderen Lage stammen – beim Qualitätswein mindestens aus dem gleichen Anbaugebiet, beim Prädikatswein mindestens aus dem gleichen Bereich. Einfache Qualitätsweine werden gelegentlich auch nur mit dem Namen der *Gemeinde* gekennzeichnet. Auch in diesem Fall gilt: 85% müssen auf der Gemarkung der angegebenen Gemeinde gewachsen sein.

Karte der 11 deutschen Weinanbaugebiete.

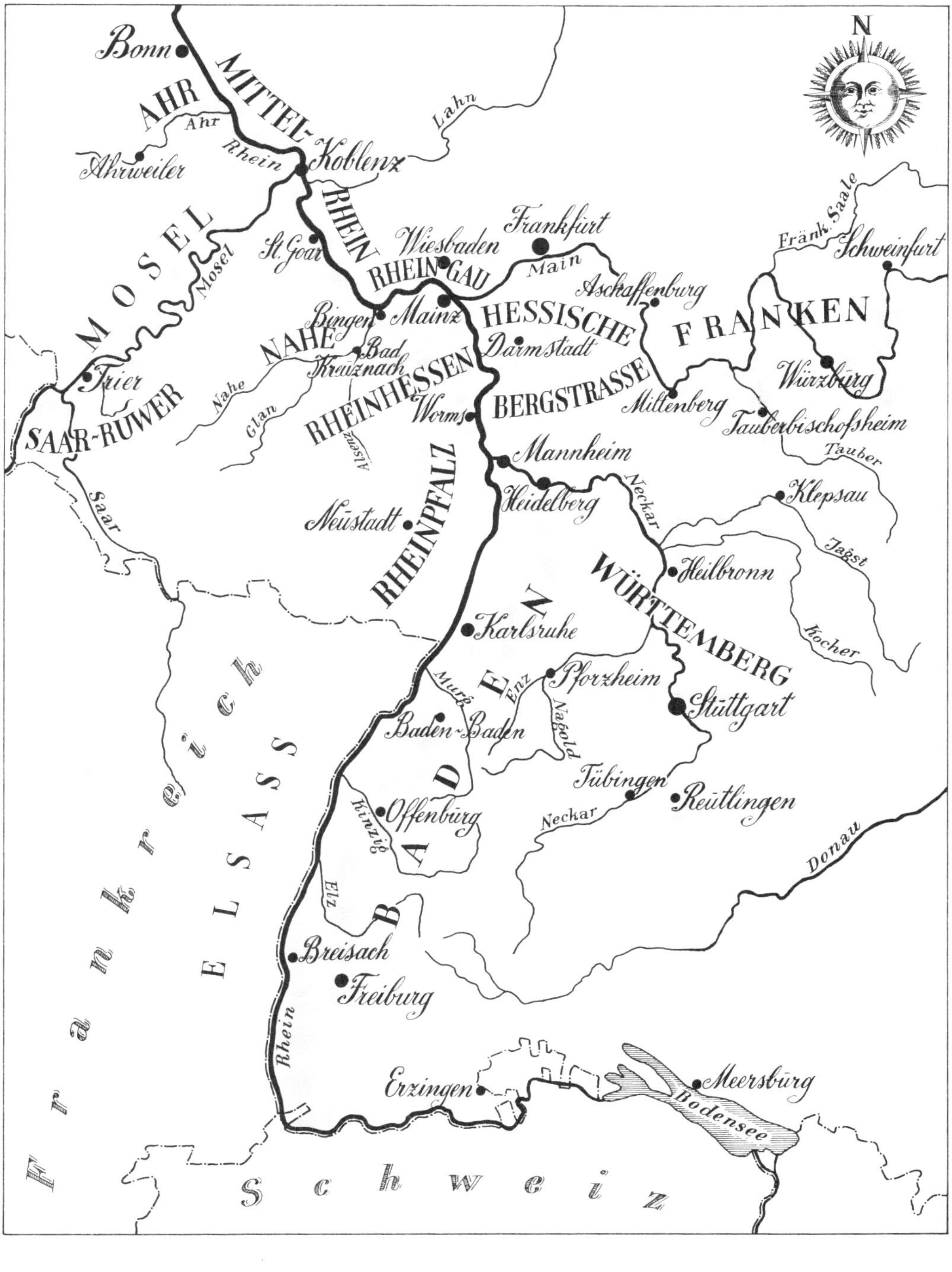
N
Bonn
AHR
Ahr
Ahrweiler
MITTEL-
RHEIN
Rhein
Koblenz
Lahn
MOSEL
Mosel
St. Goar
RHEINGAU
Wiesbaden
Frankfurt
Main
Mainz
Bingen
NAHE
Bad Kreuznach
Nahe
Glan
Alsenz
Trier
SAAR-RUWER
Saar
RHEINHESSEN
Worms
HESSISCHE BERGSTRASSE
Darmstadt
Aschaffenburg
FRANKEN
Fränk. Saale
Schweinfurt
Würzburg
Miltenberg
Tauberbischofsheim
Tauber
Mannheim
Heidelberg
Neckar
Klepsau
Jagst
Neustadt
RHEINPFALZ
Heilbronn
WÜRTTEMBERG
Kocher
Karlsruhe
Pforzheim
Enz
Nagold
Murg
Stuttgart
Baden-Baden
BADEN
Tübingen
Reutlingen
Offenburg
Kinzig
Elz
Donau
ELSASS
Frankreich
Breisach
Freiburg
Erzingen
Meersburg
Bodensee
Schweiz

Verwirrend wird es, wenn die sogenannten *Großlagen* ins Spiel kommen. Sie sind vom Prinzip her mit den Bereichen vergleichbar. Auch sie umfassen immer mehrere Lagen, oft sogar die Einzellagen mehrerer Gemeinden. Im letzteren Fall ist es möglich, irgendeine dieser Gemeinden in Verbindung mit der Großlage anzuführen. Verständlich, wenn auch nicht gerade im Sinne des Verbrauchers, daß der Winzer fast immer die Gemeinde wählt, die am bekanntesten ist. So kann es dann vorkommen, daß ein als Bernkastler Kurfürstlay bezeichneter Wein – Kurfürstlay ist eine Großlage, die 42 Einzellagen von 11 Gemeinden umfaßt – auch nicht einen Tropfen Wein aus der Gemarkung Bernkastel enthält. Die Irreführungsmöglichkeit des Konsumenten über die Großlagenbezeichnung ist der einzige Makel des ansonsten sehr klaren Bezeichnungsrechts. Ist der Konsument mit den Herkunftsbezeichnungen nicht vertraut, kann er zunächst nicht erkennen, ob es sich um eine Einzel- oder Großlage handelt. Er ist dann auf die Auskunft des Produzenten angewiesen, oder er muß in einem Lagenverzeichnis nachlesen.

Es ist in fast allen Anbaugebieten üblich, auf dem Etikett die *Rebsorte* anzugeben, zwingend vorgeschrieben ist es nicht. Früher fand man bei Moselweinen nur selten eine Rebsortenangabe, der Konsument ging davon aus, daß es sich um Riesling handelt. Als aber nach dem Krieg an der Mosel frühreifende Sorten zum Anbau kamen – die Ausweitung der Rebflächen in weniger gute Lagen zwang dazu –, ging man auch an der Mosel dazu über, die Rebsorten auf dem Etikett zu nennen. Ist eine Rebsorte angegeben, müssen 85% von ihr stammen. Gelegentlich findet man auch Weine, dies besonders in Rheinhessen und in der Pfalz, die mit zwei Rebsortennamen gekennzeichnet sind; z. B. Riesling und Silvaner oder Traminer und Riesling. In einem solchen Fall müssen 100% des Weins aus diesen beiden Sorten gewonnen sein.

Auch der *Jahrgang* muß nicht auf dem Etikett stehen. Er wird aber bei deutschen Weinen in der Regel angegeben. Auch hierbei gilt: 85% des Weins müssen aus dem angegebenen Jahrgang stammen.

Von den vier verschiedenen *Weinarten* – Rotwein, Weißwein, Roséwein (Rosee) und Rotling müssen nur die beiden letzteren unbedingt als solche auf dem Etikett gekennzeichnet werden. Man geht eben davon aus, daß jedermann schon rein optisch einen Roten von einem Weißen unterscheiden kann, während das zwischen einem Roséwein und einem Rotling nicht möglich ist.

Weißherbst ist ein Roséwein und muß immer in Verbindung mit der Rebsorte genannt werden, also z. B. Spätburgunder Weißherbst. Die Bezeichnung Weißherbst ist ausschließlich den Qualitäts- und Prädikatsweinen vorbehalten. Das gilt auch für *Schillerwein* und *Badisch Rotgold;* das sind Rotlingweine, wobei die Bezeichnung Schillerwein ausschließlich den württembergischen und Badisch Rotgold ausschließlich den badischen Weinen vorbehalten ist.

Für den Konsumenten wichtig sind auch die sogenannten *Geschmacksangaben,* insbesondere die Kennzeichnung »trocken«. Für den nicht eingeweihten Konsumenten bedeutet das einfach: ein Wein ohne Süße. Aber so einfach ist das gar nicht. Der Winzer hat sich da einiges einfallen lassen, um auch Weine mit einer »leichten Süße« noch als trockene verkaufen zu dürfen. Zunächst einmal sind nach dem Gesetz alle die Weine trocken, die nicht mehr als 4 Gramm im Liter Zucker enthalten; dagegen ist auch nichts einzuwenden. Ob ein, zwei oder drei Gramm, das ist geschmacklich kaum zu unterscheiden. Weine mit diesen Zuckergehalten schmecken auf jeden Fall trocken. Aber: auch Weine bis 9 Gramm im Liter dürfen noch die Bezeichnung trocken tragen, wenn der Zuckergehalt nicht um mehr als zwei Gramm höher ist als der Säuregehalt. Das bedeutet, daß ein Wein mit 6 Gramm im Liter Säure 8 Gramm Zucker enthalten kann und noch immer darf im Etikett das Wort »trocken« erscheinen. Für den passionierten Trockentrinker ist damit allerdings die Toleranzschwelle überschritten. Sicher, der trockene Geschmack ist nicht ausschließlich abhängig vom Zuckergehalt, sondern auch von der Säure beeinflußt, aber es zeigt sich immer wieder, daß Weine über 4 Gramm Zucker auch bei Anwesenheit einer höheren Säure einfach nicht mehr richtig trocken schmecken. Der Liebhaber trockener Weine sollte deshalb vorsichtig sein: Analyse verlangen; jeder ehrliche Winzer wird sie bereitwillig vorlegen.

Die Bezeichnung »halbtrocken« dürfen Weine tragen, die nicht mehr als 18 Gramm im Liter Zucker enthalten. Auch hierbei spielt das Zucker-Säureverhältnis eine Rolle. Es ist festgelegt, daß der Zuckergehalt maximal 10 Gramm höher sein darf als der Säuregehalt. Mit der Geschmacksangabe »lieblich« dürfen Weine bezeichnet werden, die nicht mehr trocken oder halbtrocken sind und höchstens 45 Gramm im Liter Zucker enthalten, darüber ist die Angabe »süß« erlaubt. Steht das Wort »Erzeugerabfüllung« auf dem Etikett, kann der Konsument versichert sein, daß 100% des Weines aus dem angegebenen Betrieb kommen und auch dort gefüllt wurde. Ähnliches gilt, wenn der Betrieb als *Weingut, Domäne, Schloß* oder *Burg* bezeichnet ist. Auch in diesen Fällen müssen 100% des Weines aus selbst produzierten Trauben stammen, allerdings könnte die Füllung in einem anderen Betrieb erfolgt sein. Vorsicht, wenn der Betrieb als *Weingut – Weinkellerei* firmiert; streng nach dem Gesetz müßte auch in diesem Fall der Wein zu 100% aus eigenen Trauben gewonnen sein. Doch leider drücken bei dieser Bezeichnung so manche Weinkontrolleure ein Auge zu. Eine Besonderheit des deutschen Weinrechts ist die Amtliche Qualitätsweinprüfung, praktiziert zum ersten Mal beim Jahrgang 1971. Bevor ein Qualitäts- oder Prädikatswein verkauft werden darf, muß ihn der Winzer einer Prüfungsbehörde vorstellen. Dort wird er zunächst analytisch überprüft und anschließend von einer Kommission verkostet. Ergeben sich durch die Analyse keine Beanstandungen, und ist der Wein geruchlich und geschmacklich frei von Fehlern sowie typisch für die angegebene Rebsorte und die geographische Herkunft, erhält er die *Amtliche Prüfungsnummer,* abge-

kürzt: A. P. Nr. Und diese muß auf dem Etikett deutlich sichtbar erscheinen als Zeichen der erfolgreich bestandenen Prüfung. Sie gibt dem Konsumenten die Garantie einer Mindestqualität und bestätigt die Richtigkeit aller auf dem Etikett gemachten Angaben. Wie schon gesagt, die Amtliche Prüfungsnummer garantiert nur Mindestqualität. Will man die Garantie einer besseren haben, muß man sich an *Weinsiegel, Gütezeichen* und *Medaillen* von Landes- und Bundesweinprämierungen halten. Sie alle werden ebenfalls nach einer Sinnenprüfung vergeben. Das Weinsiegel – gelb für trockene, grün für halbtrockene und rot für liebliche Weine – wird von der Deutschen Landwirtschaftsgesellschaft (DLG) verliehen; Gütezeichen gibt es bisher für badische und fränkische Weine. Weine, die Weinsiegel oder Gütezeichen erhalten haben, können zu den Landes- und Bundesweinprämierungen angestellt werden und erhalten dort, entsprechend ihrer Qualität, Bronze-, Silber- oder Goldmedaille; bei der Bundesweinprämierung – Großer Preis. Weine ohne eine dieser Auszeichnungen brauchen nicht schlechter zu sein als hochdekorierte, manche Betriebe beteiligen sich nicht an diesen freiwilligen Wettbewerben, sei es, weil sie den Aufwand scheuen oder weil sie wissen, daß der Geschmackstyp ihrer Weine nicht den fachlichen Vorstellungen entspricht. Und diese stimmen nicht immer mit denen der Konsumenten überein.

In einigen Anbaugebieten gibt es darüber hinaus zusätzliche Zeichen: z. B. das »Sonnenmännchen« für Badische Genossenschaftsweine, die Herkunftszeichen »Südliche Weinstraße« und »Bereich Mittelhaardt, Deutsche Weinstraße« sowie das »Riesling Zeichen« der Mosel. Es sind alles sogenannte *Herkunftszeichen,* sagen also aus, welcher Region die damit versehenen Weine entstammen, eine Qualitätsaussage ist damit nicht verbunden.

Frankreich

Das französische Weinrecht ist grundsätzlich anders aufgebaut als das deutsche. Im Vordergrund steht nicht so sehr der fertig ausgebaute Wein, als vielmehr die exakt abgegrenzte Lage oder Region, die ausschließlich für die Produktion einer bestimmten Weinqualität vorgesehen ist. Das heißt: nur auf der Fläche, die für die Erzeugung von Qualitätswein anerkannt ist, kann ein solcher gewonnen werden, auf der anderen wird immer nur Tafelwein geerntet, gleichgültig, welche Weinqualität der Winzer erarbeitet; man nennt dies das Prinzip der »geborenen Qualität«. Eine Rebsor-

tenangabe ist selten, sie wird im wesentlichen nur bei den elsässischen Weinen verwendet.
Bei den Qualitätsweinen, die etwa 20% der französischen Weinproduktion ausmachen, kann man zwei Kategorien unterscheiden, die *A. O. C.-Weine* und die *V. D. Q. S.-Weine*. Die Spitzenweine Frankreichs sind ausschließlich bei den A. O. C.-Weinen zu finden.
A. O. C. ist die Abkürzung für Appellation d'Origine Contrôlée und bedeutet »Kontrollierte Herkunftsbezeichnung«. Das Wort »Origine« (Herkunft) wird auf dem Etikett durch das Anbaugebiet, den Bereich, die Gemeinde oder die Lage ersetzt, z. B. Appellation Bourgogne Contrôlée.
Zusätzlich zur Abgrenzung der Fläche sind Höchsterträge festgelegt, in der Regel 40 bis 50 Hektoliter je Hektar. Fällt die Ernte höher aus, wird der Mehrertrag deklassiert, und zwar zunächst zu einer weniger wertvollen A. O. C.-Bezeichnung; wird auch die dafür zulässige Mehrmenge überschritten, wird der Rest zu Tafelwein abgewertet. Theoretisch wäre es also möglich, aus ein und demselben Faß sowohl A. O. C.-Wein als auch Tafelwein zu erhalten.
Weitere Vorschriften betreffen Anbau und Weinbereitungsverfahren sowie Begrenzung auf bestimmte Rebsorten.
Innerhalb der A. O. C.-Abgrenzung dürfen bestimmte Lagen zusätzliche Bezeichnungen führen, im Burgund z. B. Premier Cru und Grand Cru, im Bordeaux Cru Bourgeois, Cru Exceptionel, Cru Classé, Grand Cru Classé und Premier Grand Cru Classé. Auch Clos oder Château kennzeichnen klar abgegrenzte Rebflächen.

V. D. Q. S. ist die Abkürzung für Vin Délimité de Qualité Supérieure und bedeutet »Wein höherer Qualität bestimmter Gegenden«. Auf dem Etikett erscheint der Name des Anbaugebietes oder, seltener, des Bereichs. Wie für die A. O. C.-Weine sind zusätzlich zur Flächenabgrenzung weitere Vorschriften, wie Rebsortenfestlegung, Höchsterträge, Anbau- und Weinbereitungsverfahren zu beachten.
Ein Vergleich mit den deutschen Qualitätsbezeichnungen ist kaum möglich, da von völlig verschiedenen Voraussetzungen ausgegangen wird. Man kann lediglich sagen, daß der A. O. C.-Wein und der Prädikatswein qualitativ vor dem V. D. Q. S.-Wein und dem Qualitätswein rangieren. Aber auf keinen Fall ist A. O. C.-Wein = Prädikatswein. A. O. C.-Wein kann nur auf einem bestimmten Teil der französischen Rebfläche gewonnen werden, während der Winzer in Deutschland überall Prädikatswein erzielen kann, vorausgesetzt, er

erreicht das dafür vorgeschriebene Mindestmostgewicht. Andererseits ist beim Prädikatswein die Anreicherung verboten, während die A. O. C.-Weine in fast allen Jahren angereichert werden.
Bei den Tafelweinen wird unterschieden zwischen dem einfachen *Vin de Table* und dem etwas gehobeneren *Vin de Pays* (Landwein). Der Vin de Pays darf nur aus bestimmten Anbaugebieten stammen, die klar abgegrenzt sind. Hier ist also das gleiche Prinzip zu sehen wie bei den A. O. C.- und V. D. Q. S.-Weinen. Ein Vin de Pays ist also auch immer ein Wein, der zu 100% aus Frankreich stammt. Das muß beim Vin de Table nicht der Fall sein. Ist er nicht ausdrücklich als französischer deklariert, enthält er in der Regel Anteile nichtfranzösischen Ursprungs, z. B. algerischen oder marokkanischen Verschnittwein.

Schweiz

Schweizer Weine sind in erster Linie nach Ursprung und Rebsorte gekennzeichnet. Gelegentlich fehlt die Rebsortenbezeichnung ganz; das ist besonders auffallend bei den Weinen des Kantons Waadt, während die Ostschweizer Weine durchweg eine Rebsortenangabe tragen.
Dôle, so heißt der Rotwein aus dem Wallis, wenn die dafür verwendeten Trauben eine Mindestgradation von 85–86 Öchsle erreicht haben. Dabei kann das Produkt ausschließlich aus dem Pinot noir (Blauer Spätburgunder) gewonnen sein, erlaubt ist jedoch auch ein Verschnitt von Pinot noir mit dem Gamay. Wird die Mindestgradation für Dôle nicht erreicht, heißt der Wein *Goron. Salvagnin* ist ein Rotwein aus dem Kanton Waadt, er kann, wie der Dôle, ein reiner Pinot noir sein wie auch ein Verschnitt von Pinot noir mit dem Gamay. Die Bezeichnung *VITI* (Vini Ticinesi) ist ein Gütezeichen für Tessiner Rotweine, hergestellt aus der Merlot-Traube. Es wird nach analytischer und sensorischer Prüfung verliehen. *Dorin* ist der Name für Waadtländer Gutedel-Weine; besonders gute dürfen die Bezeichnung *Terravin* tragen, welche, das entscheidet eine Prüfungskommission. Als *Perlan* kommt der Gutedel-Wein aus dem Kanton Genf in den Handel.
Viele Schweizer Weine tragen lediglich den Namen der Gemeinde oder der Lage, darunter sind so bekannte wie Dézaley, Yvorne oder Aigle; das sind Gutedel-Weine aus dem waadtländischen Anbaugebiet. Ein *Johannisberger* ist ein Silvaner-Wein aus dem Wallis.
Schillerwein entsteht durch das gemeinsame Keltern eines Gemi-

sches von blauen und weißen Trauben, der Anteil der blauen muß überwiegen. Ein *Süßdruck* bezeichnet einen Wein aus blauen Trauben, der nur kurz auf der Maische gegoren hat, in etwa vergleichbar mit unserem Weißherbst. Ist ein Süßdruck ausschließlich aus inländischen Trauben des blauen Spätburgunders hergestellt, darf er die Bezeichnung *Œil de Perdrix* (Rebhuhnauge) tragen. Den Begriff »Spätlese« gibt es in der Schweiz zwar auch, er findet jedoch nur selten Anwendung, desgleichen die Begriffe *flétri-* oder *mi-flétri-*Weine, die in etwa mit unseren Beeren- und Trockenbeerenauslesen zu vergleichen sind. Weine mit 4 Gramm pro Liter Restsüße und mehr müssen als »leicht süß« deklariert sein.

Italien Das italienische Bezeichnungsrecht ist wesentlich vom französischen beeinflußt. Auch in Italien verfolgt man das Prinzip der »geborenen Qualität«, d. h. nur auf ganz klar abgegrenzten Flächen können Qualitätsweine produziert werden.

Höchste der drei Stufen ist die *D. O. C. G.* (Denominazione di Origine Controllata e Garantita) »Kontrollierte und garantierte Herkunftsbezeichnung«. Für sie gelten in etwa dieselben Bedingungen wie für die französischen A. O. C.-Weine. Daneben gibt es die *D. O. C.*-Weine (Denominazione di Origine Controllata) »Kontrollierte Herkunftsbezeichnung«.

Es folgt dann noch die *Denominazione di Origine Semplice* – »Wein mit einfacher Herkunftsbezeichnung«, das sind die einfachen Tafelweine, die als vino nostrano, vino del paese (Landwein) oder vino da pasto (Tafelwein) auf den Markt kommen.

D. O. C. G.- und D. O. C.-Weine können zusätzliche Prädikate erhalten. Das sind u. a. Bezeichnungen wie »Vecchio«, »Riserva« oder »Riserva Speciale«. Sie besagen, daß der so bezeichnete Wein eine festgesetzte Zeit der Lagerung im Faß oder der Flasche hinter sich hat. Die Bezeichnung »Classico«, die man vor allem vom Chianti her kennt, die aber auch für Weine mit der Herkunftsbezeichnung Kalterer See und Soave zugelassen ist, besagt, daß der Wein aus den besten Lagen des Gebiets kommt. Wein mit der Bezeichnung »Superiore« zeichnet sich u. a. durch höhere Alkoholwerte aus.

Spanien Auch die Spanier haben sich, wie die Italiener, stark vom französischen Bezeichnungsrecht leiten lassen. *D. O. C.* (Denominación de Origen Controlado) entspricht im wesentlichen der französischen

A. O. C.-Regelung. Es gibt 24 genau abgegrenzte D. O. C.-Gebiete, deren Weine nach Rebsorte, Anbau, Herstellungsverfahren und Alkoholgrad ständig überwacht werden. Zusätzlich gibt es in fast allen Anbaugebieten spezielle Bezeichnungen, mit denen insbesondere auf die Lagerung hingewiesen wird, zum Beispiel »Reserva« oder »Gran Reserva«. Reserva bedeutet, daß der Wein mindestens fünf Jahre alt ist, gleichgültig, ob im Faß oder in der Flasche gelagert; Gran Reserva im Rioja-Gebiet muß mindestens 9 Jahre im Keller gelagert sein. Daneben gibt es zahllose vino corriente oder vino de pasto – gewöhnliche Tafelweine.

Österreich

Das österreichische Bezeichnungsrecht entspricht im wesentlichen dem deutschen. Im Vordergrund stehen Lage und Rebsorte und die Qualitätseinstufung erfolgt bei der Lese nach der tatsächlich erreichten Qualität; jede Qualitätsstufe kann auf jeder Rebfläche, ist sie als solche einmal abgegrenzt, erzielt werden. Auch die Qualitätseinteilung ist ähnlich der in Deutschland.

Es gibt den *Qualitätswein* und den *Qualitätswein besonderer Reife und Leseart* in den Stufen *Kabinett, Spätlese, Auslese, Beerenauslese* und *Trockenbeerenauslese,* und, als einzige bei uns unbekannte Stufe, den *Ausbruch.* Ausbruch wird, wie die Trockenbeerenauslese aus überreifen, edelfaulen und eingeschrumpften Beeren gewonnen, die man, um den natürlichen Zuckergehalt zu lösen, mit frisch gekeltertem Most oder Wein übergießt. Ausbruch rangiert noch vor der Trockenbeerenauslese.
Wird die Mindestqualität für Qualitätswein nicht erreicht, gibt es *Tafelwein* bzw. *Tischwein.* Ist dieser zu 100% aus österreichischem Wein hergestellt, geruchlich und geschmacklich einwandfrei, kann er als »Wein aus Österreich – Kontrollierter Tafelwein« in Verkehr kommen.
Besonders gute Qualitätsweine erhalten das *Weingütesiegel Österreich.* Trägt der Wein den Namen einer Gemeinde, so muß er zu mindest 85% daraus stammen, ist er mit der Bezeichnung »Original« versehen, so müssen 100% aus der angegebenen Herkunft sein. Mit dem Namen einer *Riede* (Lage) darf der österreichische Winzer seinen Wein nur kennzeichnen, wenn dieser zu 100% daraus stammt. Als »resch« wird ein säurebetonter Wein bezeichnet, und »pfeffrig« ist ein Ausdruck für den dem Veltliner – der Hauptrebsorte Österreichs – eigenen sortentypischen Geschmack.

Umgang mit Wein

Die Weinprobe

Mit dem Begriff »Weinprobe« umschreibt man das Verkosten eines Weines mit gleichzeitiger Beurteilung. Da dafür unsere Sinne eingesetzt werden – Sehsinn, Geruchssinn und Geschmackssinn – spricht man auch von organoleptischer Probe (= Sinnenprobe) oder, wenn das Ganze wissenschaftlich betrieben wird, von Sensorik oder sensorischer Probe.

Empfindlichkeit der Sinne

Vergleicht man die Sinnenprobe mit der Analytik hinsichtlich ihrer Empfindlichkeit und damit zur Eignung für die Weinbeurteilung, schneidet die Sinnenprobe gar nicht so schlecht ab. Ein Mensch mit normal entwickelten Sinnen kann z. B. Schwefelwasserstoff – er kommt in jedem Wein natürlicherweise vor – schon ab 0,005 bis 0,01 Milligramm im Liter feststellen. Einige Schwefelverbindungen haben sogar Geschmacksschwellenwerte, die unterhalb der bisher erreichten analytischen Nachweisgrenze liegen, das heißt: ein solcher Inhaltsstoff wird schon gerochen oder geschmeckt, wenn er noch gar nicht über eine chemische Analyse nachzuweisen ist.

Aber es gibt auch Grenzen; vieles, was über die Fähigkeit mancher Wein-Koryphäen erzählt wird, gehört in das Reich der Fabel. Es ist z. B. nicht möglich, mit Sicherheit bestimmte Lagen oder Betriebe herauszuschmecken, ja selbst die Zuordnung von Weinen ein und derselben Rebsorte zu bestimmten Anbaugebieten ist sehr schwierig. Schon eher ist es möglich, Rebsorten und Jahrgänge zu bestimmen, obwohl auch dafür unter Fachleuten eine »Trefferquote« von 70% als gutes Ergebnis gilt.

Aber das Erkennen oder Herausfinden von Jahrgang, Lage oder Rebsorte ist auch gar nicht von so großer Bedeutung, weder für den Fachmann noch für den Konsumenten, denn all das steht ja auf dem Etikett.

Warum Weinprobe?

Die Gründe für eine Weinprobe sind auf einer ganz anderen Ebene zu finden. Da ist zunächst der Kellermeister, der nach der Gärung seinen Wein in kurzen Abständen probiert, um rechtzeitig Fehlentwicklungen vorbeugen zu können, oder bei der Zusammenstellung eines Verschnitts die gewünschte Geschmacksrichtung herausfinden muß, aber auch die Prüfer, die nach strengen Regeln Weine nach Punkten bewerten. Das alles sind fachliche Gründe, die für den Konsumenten zwar durchaus von Interesse sein können, die ihn aber nicht direkt berühren. Für ihn ist das Probieren im wesentlichen eine Entscheidungshilfe beim Weineinkauf. Zwar garantiert die amtliche Qualitätsweinprüfung dem Konsumenten eine Mindestqualität, und Siegel, Gütezeichen und Medaillen geben darüber Hinweise auf gehobene Qualität, aber dahinter steckt eine enorm große Vielfalt an Geschmacksrichtungen. Hinzu kommt, daß fachliche Geschmacksvorstellungen und Kundengeschmack nicht in jedem Fall gleichzusetzen ist. Der Konsument ist deshalb gut beraten, wenn er vor den Kauf die Sinnenprobe setzt, er muß seinen ganz persönlichen Geschmack entscheiden lassen. Nur dann, wenn ihm der Wein wirklich schmeckt, wird er beim Trinken den Genuß und die Freude verspüren, die er sich vorher davon versprochen hat. Und auch nur dann wird der maßvolle Weingenuß in Gänze die allseits bekannten und seit Jahrhunderten immer wieder beschriebenen positiven Auswirkungen auf die Gesundheit entfalten.

Voraussetzungen für richtiges Probieren

Soll die Weinprobe »richtige« Ergebnisse bringen, dann müssen einige Voraussetzungen gegeben sein. Der Proberaum sollte hell und geruchsfrei sein. Viele Betriebe haben in den letzten Jahren verstärkt Probierstuben eingerichtet, in denen der Kunde ungestört verkosten kann. Fehlt ein solcher Raum, findet die Probe auch mal im Keller statt, oft sogar auf besonderen Wunsch des Kunden. Eine solche Kellerprobe gehört mit zu den romantischen Erlebnissen, insbesondere bei Kerzenlicht und umgeben von alten Holzfässern. Man muß sich aber darüber im klaren sein, daß in der Kellerluft, die geschwängert ist von vielerlei Gerüchen, eine exakte Probe nicht durchgeführt werden kann. Ein in solcher Umgebung ausgewählter Wein kann leicht enttäuschen. Das wird noch verstärkt, wenn zur Probe irgendwelche Speisen mit starkem Eigengeschmack gereicht

werden, Käse zum Beispiel oder auch Kuchen – Gugelhupf ist dafür besonders beliebt. Der ausgeprägte Eigengeschmack dieser Speisen überdeckt so manches, was dann später deutlich riech- und schmeckbar ist – oft Negatives! Besser ist es, man ißt zwischendurch Brot oder trinkt mal einen Schluck Wasser.

Die Temperatur des Weines ist ebenfalls von großer Bedeutung. Hier wird oft Trink- und Kosttemperatur verwechselt. Zum Probieren sollten Weißweine 12 bis 14° und Rotweine 20 bis 22°C haben. Darunter sind die Weine noch verschlossen, sie zeigen sich nicht ganz dem Probierenden, darüber verflüchtigt sich der Duft zu rasch.

Das richtige Probierglas ist immer ein Stengelglas, farblos und dünnwandig. Der Kelch sollte sich nach oben verjüngen, damit die Duftstoffe möglichst lang zurückgehalten werden. Auch die gesundheitliche und seelische Verfassung des Probierenden ist von nicht zu unterschätzender Bedeutung. Es dürfte jedem klar sein, daß ein Schnupfen erfolgreiches Probieren ausschließt. Aber auch Ärger oder Freude kann die Sinnesempfindungen in eine bestimmte Richtung lenken, weg von der gewohnten Norm. So kann es geschehen, daß im Zustand der Euphorie ein bestimmter Wein gekauft wird, der später, wenn man wieder auf den Boden zurückgekehrt ist, gar nicht mehr so gut schmeckt. Dieses Erlebnis ist jedoch nicht nur an extreme Gefühlszustände gebunden. Selbst unter normalen Umständen kann es passieren, daß man bei einer Probe einen Wein aussucht, der einige Wochen später zu Hause gar nicht mehr so gut schmeckt. Das hat damit zu tun, daß manche Weine sich erst nach längerem Probieren ganz offenbaren. Es gibt Menschen, die länger brauchen, bis sie einen Wein endgültig beurteilen können. Will man sichergehen, gibt es nur eine Möglichkeit: eine Flasche mit nach Hause nehmen und sie in angenehmer Umgebung und in aller Ruhe austrinken. Schmeckt dann der letzte Schluck noch genauso gut wie der erste oder vielleicht noch besser, dann hat man den richtigen Wein gefunden.

Die Kriterien, nach denen ein Wein beurteilt wird, sind Farbe, Klarheit, Geruch und Geschmack. Um sie zu erfassen, benötigt man zunächst einmal normal entwickelte Sinne und eine gewisse Probiertechnik. Der Fachmann hat da ein Ritual entwickelt, das manchmal so ein bißchen nach Show aussieht, das aber durchaus seinen Sinn hat. Das läuft folgendermaßen ab:

Sehen

Man faßt das Probierglas am Stiel und hält es gegen das Licht; so kann Farbe, Klarheit und Flüssigkeitsgrad begutachtet werden. Dann setzt man das Glas in schwingende Bewegung und läßt den Wein »kreiseln«. Dadurch werden Duftstoffe freigesetzt, die sich im Kelch des Glases sammeln.

Riechen

Nun wird das Glas an die Nase gehalten, und man beginnt zu »schnüffeln«. D. h., es wird nicht einfach lang und tief eingeatmet, sondern mehrmals hintereinander die Luft in kurzen Zügen eingesogen. Damit wird erreicht, daß eine größere Menge von Duftstoffen in die oberen Nasenregion strömt, wo sich die Riechzone befindet.

Schmecken

Erst danach wird schlürfend etwas Wein in den Mund genommen. Beim Schlürfen vermischt sich der Wein mit Sauerstoff, was die Freisetzung der Geschmacksstoffe fördert. Man schluckt nun den Wein aber nicht gleich runter, sondern »zerdrückt« ihn mit Zunge und Gaumen, wodurch er auf alle Zungenbereiche verteilt wird. Das ist wichtig, weil die Geschmackspapillen, das sind die Organe der Zunge, die das Geschmackserlebnis vermitteln, am Zungenrand sitzen. Wenn einfach runtergeschluckt würde, käme nur ein kleiner Teil des Weines mit ihnen in Berührung, und man könnte nur den Bruchteil des Geschmacks eines Weines erfassen. Glaubt man, den Wein in seiner Gesamtheit erkannt zu haben, dann wird der Rest runtergeschluckt oder ausgespuckt. Bei fachlichen Proben, bei denen oft 100 Weine und mehr probiert werden, ist es üblich, zu spucken. Dafür stehen den Probeteilnehmern Spucknäpfe oder Spuckbecken zur Verfügung.

Die Weinansprache

Der Fachmann verwendet zur Charakterisierung eines Weines eine oft recht blumenreiche Sprache. Da wird der Duft der Rosen und der Geschmack von Pfirsichen oder frischen Mandeln bemüht, man gebraucht Worte wie fruchtig, rassig und saftig, mancher Wein hat einen Erdgeschmack oder Böckser usw. Vieles ist Brimborium, und manchmal hat man auch den Eindruck, daß, mangels einer klar festgelegten Terminologie, Verlegenheitsausdrücke gebraucht wer-

den. Das ist besonders deutlich bei dem Ausdruck »Erdgeschmack«, auch als Erdgoût oder Bodengfährtle bezeichnet. Natürlich ist jeder Wein vom Boden, auf dem die Reben stehen, geprägt. Er macht seine Art, seinen Charakter aus; ein schwerer Lehmboden zum Beispiel erzeugt kräftigere Weine als ein durchlässiger Sandboden. Weine, denen ein Erdgeschmack zugeschrieben wird, weisen in der Regel einen leichten Fehlton auf, den der Fachmann entweder nicht offen nennen will oder aber nicht eindeutig identifizieren kann.
Hier einige häufig gebrauchte Ausdrücke kurz beschrieben:

Farbe

gelblich grün sind die meisten Weißweine,

goldgelb sind manche Ruländer-Weine sowie höhere Qualitätsstufen und ältere Weine,

cognacfarben sind die meisten Beerenauslesen und Trockenbeerenauslesen und sehr alte Weine,

bernsteinfarben, rötlich-gold oder *rötlich* sind Roséweine (Weißherbste) und Rotling-Weine (Badisch Rotgold, Schillerwein),

ziegelrot sind Rotweine der Sorten Trollinger und zum Teil die des Portugiesers,

rubinrot sollen die Rotweine des blauen Spätburgunders sein,

blaurot, gedecktrot sind die Rotweine des Lembergers und die meisten ausländischen Rotweine.

Flüssigkeitsgrad

dünnflüssig sind die meisten Weine, also Qualitätsweine, Kabinett oder Spätlesen,
dickflüssig, ölig sind manchmal Beerenauslesen oder Trockenbeerenauslesen,
zähflüssig oder gar *schleimig* sind kranke Weine. Meist ist die Zähflüssigkeit hervorgerufen durch Bakterientätigkeit.

Geruch

zartduftig, blumig, weinig sind leichtere Weine mit dezentem, aber sortentypischem Aroma,
würzig, edel, fruchtig sind Ausdrücke für das Aroma wertvollerer Weine, z. B. Spätlesen,
aufdringlich, laut können ausgesprochene Bukett-Weine sein, z. B. die der Scheurebe

Geschmack

klein, arm, flach sind Ausdrücke für leichtere Weine mit niedrigem Alkohol- und in der Regel auch niedrigem Säuregehalt; sie schmecken nicht lange nach,
zart, gefällig kennzeichnen ebenfalls leichte Weine, deren Geschmack jedoch länger anhält,
kräftig, füllig, stoffig sind Weine mit höherem Alkohol- und Extraktgehalt, die geschmacklich lange nachwirken. Man sagt auch, solche Weine haben einen *»Schwanz«*,
feurig sind alkoholbetonte Rotweine mit ausreichender Säure,
klotzig, mastig sind Weine, die schon zu kräftig schmecken, um noch als harmonisch zu gelten
kernig, rassig sind Ausdrücke für Weine mit betonter Säure,
stahlig wird ein Wein bezeichnet, wenn die Säure besonders deutlich in Erscheinung tritt; Riesling-Weine können stahlig sein,
trocken kennzeichnet einen Wein mit wenig oder gar keiner Restsüße,
herb ist nicht gleich trocken, sondern weist auf einen Wein mit deutlich schmeckbarem Gerbstoff hin,
dienende Süße ist einer der am häufigsten gebrauchten Ausdrücke, wenn der Fachmann süßen Wein positiv darstellen will. Damit soll ausgedrückt werden, daß die Süße nicht übertrieben ist, sondern zur Harmonie des Gesamteindrucks beiträgt.
Körper: dieses Wort umschreibt den Geschmack eines Weines im allgemeinen; letztlich steht dieser Begriff für die Inhaltsstoffe eines Weines, je mehr desto kräftiger.

harmonisch sind Weine, die genügend reife Inhaltsstoffe enthalten und diese so aufeinander abgestimmt sind, daß keiner im Vordergrund steht, sondern sich gegenseitig ergänzen.

Die Weinprobe zu Hause

Weinliebhaber möchten gelegentlich ihren Freunden auch selbst eine Weinprobe kredenzen. Dazu einige Empfehlungen:

1. Trockene Weine vor den süßen probieren; ein trockener nach einem süßen schmeckt oft hart und grasig.
2. Rotweine, die einen höheren Gerbstoffgehalt als Weißweine enthalten und in der Regel auch weniger süß sind, stellt man aus den gleichen Gründen an den Anfang der Probe.
3. Bukettweine, wie z. B. Gewürztraminer, Muskateller oder Scheurebe, möglichst an den Schluß stellen, da sie sonst die neutraleren Sorten zu geruchlosen Flüssigkeiten degradieren.
4. Weine mit kräftigem Körper rangieren hinter leichteren Weinen, also ein Ruländer hinter einem Riesling. Das gleiche gilt, wenn Weine unterschiedlicher Herkunft probiert werden; den leichten Mosel stellt man sinnvollerweise vor den Badener.
5. Stehen Weine verschiedener Jahrgänge zur Verfügung, probiert man am besten die jüngeren zuerst. Das Bukett alter Weine kann sehr kräftig sein und überdeckt dann die feine, fruchtige Art des jungen Weines.
6. Normalerweise werden die Qualitätsstufen in aufsteigender Linie vorgestellt. Man beginnt mit dem Qualitätswein, leitet über zu Kabinett und Spätlesen und schließt mit einer Auslese, Beeren- oder Trockenbeerenauslese. Diese Reihenfolge wird man jedoch ändern müssen, wenn z. B. der Qualitätswein süß ist und der Kabinett trocken, oder der Qualitätswein ein Muskateller ist und der Kabinett ein Silvaner.

Die Zusammenstellung einer Weinprobe kann nach sehr verschiedenartigen Gesichtspunkten erfolgen. Man kann gebietstypische Weine aus Europa solchen aus Übersee gegenüberstellen, zum Beispiel Rotweine aus Südafrika und Kalifornien solchen aus Frankreich und Deutschland. Bei Weißweinen ist es besonders interessant, die Vielfalt der verschiedenen Rebsorten kennenzulernen oder innerhalb einer Rebsorte die unterschiedliche Ausprägung durch die klimatischen und geologischen Besonderheiten der einzelnen Anbaugebiete bewußt zu erleben. Auch die Qualität verschiedener Jahrgänge und die Entwicklung eines Weines über einen längeren

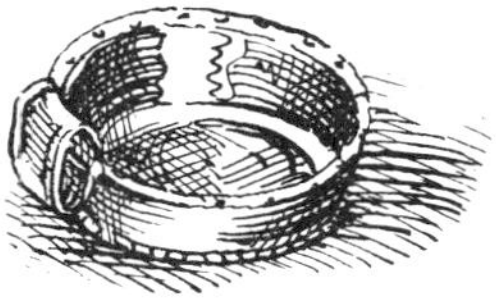

Zeitraum kann Gegenstand einer Probe sein. So könnte man noch lange fortfahren; der Phantasie ist keine Grenze gesetzt.
Im folgenden ein *Vorschlag für eine Probe,* die sich aus typischen Weinen der 11 deutschen Anbaugebiete zusammensetzt:

Ahr
Dernauer Pfarrwingert,
Spätburgunder Rotwein
Württemberg
Haberschlachter Dachsberg,
Lemberger Rotwein
Franken
Escherndorfer Lump,
Silvaner
Rheinhessen
Dalsheimer Sauloch,
Müller Thurgau
Mosel
Trittenheimer Altärchen,
Riesling
Mittelrhein
Bopparder Hamm,
Riesling
Nahe
Langenlohnsheimer Löhrer Berg,
Riesling
Hessische Bergstraße
Bensheimer Kirchberg,
Riesling
Rheingau
Hochheimer Domdechaney,
Riesling
Baden
Achkarrer Schloßberg,
Ruländer
Rheinpfalz
Deidesheimer Herrgottsacker,
Gewürztraminer

Diese Zusammenstellung ist natürlich unvollständig und gibt nur zum Teil die spezifischen Besonderheiten der einzelnen Anbaugebiete wieder. So fehlt zum Beispiel aus Baden ein Weißherbst oder ein Gutedel. Der Kenner wird den Trollinger aus Württemberg vermissen, den Riesling von der rheinhessischen Rheinfront und der Mittelhaardt oder auch den Müller Thurgau aus Franken. Noch viele Weine könnte man nennen, doch sei es jedem freigestellt, diese Proben nach eigenem Gutdünken zu vervollständigen.

Das Sortiment

Die Einrichtung und Pflege eines eigenen Weinkellers gehört mit zu unserer Lebenskultur. Wie umfangreich und differenziert ein solcher ist, hängt von den Ansprüchen des Besitzers ab, aber auch von seinen finanziellen Möglichkeiten. Hier einige allgemein gehaltene Empfehlungen:
Stellen wir uns zuerst einmal eine »Vergleichs-Trinker-Familie« vor,

Vater, Mutter, zwei heranwachsende Kinder. Pro Tag trinkt der Vater einen halben Liter Wein, die Mutter einen Viertelliter und die Kinder nur gelegentlich mal ein Gläschen, zusammen vielleicht einen halben Liter die Woche. Das ergibt einen Gesamtverbrauch pro Jahr von etwa 300 Liter, oder 75 Liter pro Kopf und Jahr. Damit liegt »unsere« Familie deutlich über dem durchschnittlichen Verbrauch der deutschen Bevölkerung, der etwa 26 Liter beträgt; aber wir haben es hier ja auch mit einer weinfreundlichen Familie zu tun.

Zusätzlich zu diesem Wein für den täglichen Bedarf, nennen wir ihn mal den »Haustrunk«, kommt dann noch der Wein für besondere Anlässe, Einladungen, Feiertage, Jubiläen usw. Als Haustrunk, der die größte Menge ausmacht, tut es ein einfacher Land- oder Qualitätswein in der Geschmacksrichtung trocken, halbtrocken oder lieblich, je nach Vorliebe. Es sollte sich dabei nicht um eine ausgefallene Sorte handeln, weder im Hinblick auf Aroma noch auf Körperreichtum, und man legt sich davon auch nur soviel zu, wie man spätestens innerhalb eines Jahres verbrauchen kann. Diese einfachen Weine haben nämlich keine hohe Lebenserwartung, sie sollten deshalb jung und frisch getrunken werden. Sie kosten beim Erzeuger heute zwischen 3,– und 6,– DM, je nach Sorte und Herkunft. Legt man einen Durchschnittspreis von 4,50 DM zugrunde, wird unsere Familie im Jahr 1350,– DM für den Haustrunk ausgeben.

Für die besonderen Anlässe will unsere Familie jedoch etwas Besseres. Da ist zunächst einmal der Wein zum guten Essen; dafür wird ein trockener oder zumindest halbtrockener Weiß- und Rotwein einge-

lagert. Beim Weißwein sind das Kabinettweine und Spätlesen, keine höheren Prädikatsstufen. Beim Rotwein wirken die Kabinettweine oft einfach zu klein, weshalb zu empfehlen ist, darauf zu verzichten und sich an die Qualitätsweine oder gleich an die Spätlesen zu halten. Von diesem »Essenwein«, der natürlich auch sonst getrunken werden kann, legt sich unsere Familie rund 100 Flaschen zu und gibt dafür zwischen 5,– und 12,– DM je Flasche aus. Wieder mit dem Durchschnitt gerechnet, ergibt das 850,– DM im Jahr.
Einige Ausländer sollten in einem solchen Sortiment nicht fehlen, insbesondere Rotweine aus Burgund und Bordeaux, Barolo oder Barbera aus Piemont oder Chianti aus der Toskana könnten das Sortiment abrunden. Für diese Weine muß man schon zwischen 15,– und 25,– DM anlegen, weshalb man sich auf etwa 50 Flaschen beschränkt, was dann eine Summe von 1000,– DM ergibt.
Schließlich sollten auch einige Auslesen, Beeren- und Trockenbeerenauslesen vorhanden sein, für die man zwischen 12,– und 80,– DM ausgeben muß, 10 Flaschen davon dürften genügen. Nimmt man einen Durchschnittspreis von 30,– DM an, ergibt das eine Summe von 300,– DM.
Rechnet man dies alles zusammen, dann gibt »unsere« Familie pro Jahr 3500,– DM für ihren Wein aus. Ein ganz hübsches Sümmchen! Das ist natürlich nicht zwingend. Wem das zuviel ist, der reduziert entweder seinen Verbrauch, oder er hält sich mehr an einfachere Weine, unter denen es heute schon eine sehr große Auswahl verschiedenster Geschmackrichtungen, Sorten und Herkunft gibt.

Trocken oder süß

Trocken oder süß? – keine Frage wird öfter und leidenschaftlicher im Kreis von Weinfreunden diskutiert. Besonders die Weinjournalisten haben sich dieses Themas in den letzten Jahren angenommen und, mehr oder weniger, den trockenen Wein in den Himmel gehoben und den süßen verdammt. Nach ihrer Ansicht ist jemand, der süßen Wein trinkt, ein Banause, wer als Weinkenner angesehen werden will, der hat gefälligst trockenen zu trinken. Das Sprichwort: »Über Geschmack läßt sich nicht streiten«, gilt für diese Leute nicht. Lassen sie sich nicht davon beirren! Entscheidend ist nicht die Meinung irgendwelcher Leute, die glauben, allwissend in Sachen Wein zu sein, sondern ihr ganz persönlicher Geschmack. Und wenn der nach süßem Wein verlangt, dann trinken sie den auch. Vom fachlichen Standpunkt aus gesehen, ist es unsinnig, die Frage trocken oder süß mit der

objektiven Qualität in Verbindung zu bringen; sowohl unter den süßen wie auch unter den trockenen gibt es gute und schlechte Weine. Aber: süße Weine probieren sich leichter und angenehmer, das ist unter Fachleuten auch unbestritten. Unter der Hand geben sie auch zu, daß zum Beispiel bei Prämierungen die süßeren Weine besser wegkommen, deshalb werden die trockenen bei solchen Gelegenheiten in eigenen Gruppen zusammengefaßt. Der Konsument, der zum Winzer geht, um seinen Weinvorrat zu ergänzen, bekommt aber in der Regel neben trockenen auch süße vorgestellt. Und dabei kann es dann passieren, daß er, obwohl vielleicht Trokkentrinker, plötzlich mit einem süßen Wein nach Hause fährt, weil der ihm beim Probieren einfach besser schmeckte. Zu Hause aber, wenn er nicht einen Schluck probiert, sondern halt mehrere Gläser oder gleich eine ganze Flasche trinkt, muß er dann feststellen, daß der Wein überhaupt nicht seinem Geschmack entspricht. Wessen Geschmack in einer bestimmten Richtung festgelegt ist, der sollte sich bei seinem Winzer möglichst nur entsprechende Weine vorstellen lassen.

Die Lagerung

Wer lange Zeit Freude an seinen Weinen haben will, der muß sie fachgerecht lagern. Dazu gehört zunächst einmal ein geeigneter Keller. Der ideale Flaschenkeller ist kühl – um die 10°C –, dunkel, gut durchlüftet und nicht zu trocken. Diese Voraussetzungen sind in unseren normalen Hauskellern in der Regel nicht gegeben, aus mehreren Gründen. Da ist die Zentralheizung, die meist auch den gesamten Kellerbereich erwärmt und der Betonboden, der verhindert, daß Bodenfeuchte durchkommt. Will man den idealen Flaschenkeller, muß er schon bei der Planung des Hauses berücksichtigt werden. Ist das möglich, wird er auf die Nord- oder Ostseite gelegt, möglichst tief in den Boden und weit weg von der Heizung. Der Boden wird nicht betoniert, sondern mit Platten ausgelegt. Am einfachsten ist, man belegt den Boden mit gelöcherten Backsteinen, die Löcher senkrecht. So ist der Boden sauber, gut begehbar und reguliert die Feuchtigkeit wie ein offen gelassener Naturboden.
Bei zu großer Trockenheit schrumpfen die Korken, sie verlieren ihre Elastizität und damit auch einen Teil ihrer Dichtungseigenschaft. Zu feucht sollte er aber auch wieder nicht sein, da sonst die Korken stark schimmeln und die Etiketten unansehnlich werden. Etwa 70% relative Luftfeuchtigkeit ist am günstigsten.

Im Flaschenkeller sollte nichts aufbewahrt werden, das stark riecht, denn der Korken ist auch in bestem Zustand nicht ganz gasundurchlässig, was auch am Schwund zu erkennen ist, und es kann passieren, daß der Wein z. B. den Geruch eines Waschmittels annimmt.

Wein ist lichtempfindlich. Unter Lichteinfluß altern Weine rascher, sie verlieren ihre Frische und Fruchtigkeit. Deshalb muß es im Weinkeller dunkel sein. Flaschen werden liegend gelagert, damit der Korken immer befeuchtet ist und er seine Elastizität nicht verliert. Sind die Flaschen mit Schraubverschlüssen versehen, ist die liegende Lagerung nicht mehr zwingend, desgleichen nicht, wenn die Flaschen nur kurze Zeit im Keller verbleiben; ein halbes Jahr kann Wein durchaus stehend gelagert werden. Erschütterungen, durch Straßenverkehr zum Beispiel oder eine nahe gelegene Eisenbahnlinie, stören die Entwicklung eines Weines. Hat man das Pech, sein Haus an einer solchen Störungsquelle stehen zu haben, sind lange Lagerzeiten nicht zu empfehlen.

Ein besonderes Problem stellen die Korkmotten dar. Das sind Kleinschmetterlinge, die auf den Korken ihre Eier ablegen. Die daraus schlüpfenden Räupchen – die Korkwürmer – fressen sich in den Korken hinein. Ihre Exkremente, vermischt mit Korkmehl, werden auf der Korkoberfläche abgelagert. Wenn es auch selten

vorkommt, daß sie sich bis zum Wein durchfressen, was ein Auslaufen der Flasche zur Folge hätte, so ist ein Korkwurmbefall trotzdem ärgerlich. Meist brechen die Korken beim Rausziehen auseinander, und man hat Schwierigkeiten, den Rest noch herauszubekommen. Darüber hinaus verliert der Korken an Gasdichte, es gibt verstärkten Schwund und die Weine altern rascher. Bestes und einfachstes Hilfsmittel dagegen ist immer noch eine dicht ansitzende Kapsel ohne Löcher. Unter einer solchen Kapsel entwickelt sich allerdings meist ein dichter, schleimiger Pilzbelag – der Schmant – aber der ist mit Wasser einfach zu entfernen. Auf die Qualität des Weins hat er keinen Einfluß. Als vorbeugende Maßnahme gegen Korkwurmbefall dient eine gute Durchlüftung des Kellers.

Als Flaschenlager dienen Regale aus Eisen, Holz, Stein oder Kunststoff. Entscheidend ist nicht so sehr das Material, als vielmehr die Form. Die Flaschen müssen übersichtlich gelagert werden können. Übereinandergeschichtete Tonrohre, Drainageröhren zum Beispiel, sehen zwar recht originell aus, der Nachteil aber ist, daß man die Flaschen jeweils herausziehen muß, will man das Etikett lesen.

Ist es nicht möglich, einen richtig temperierten Keller zu unterhalten, dann sind Flaschenkühlschränke eine mögliche Alternative. Sie werden heute mit Fassungsvermögen von 50 bis 200 Flaschen angeboten. Ausgediente Kühlschränke, deren Temperatur auf die niedrigste Stufe eingestellt wird, tun es auch. Weine, die man über viele Jahre hinweg aufbewahren will und von denen auch eine größere Zahl von Flaschen vorhanden ist, sollten mindestens einmal jedes Jahr verkostet werden. So läßt sich die Entwicklung verfolgen, was ermöglicht, den Zeitpunkt des Verbrauchs am Entwicklungsstand des Weines auszurichten. Handelt es sich um ein reichhaltiges, gut sortiertes Lager, ist es zu empfehlen, ein Probebuch zu führen. Das aber ist schon etwas für den fortgeschrittenen Weinkenner und Weinliebhaber.

Das jährliche Probieren zeigt einem auch, welche Weine eventuell umgekorkt werden müssen; alle 10 Jahre kann das notwendig werden, je nachdem, wie trocken der Keller ist. Dazu wird man allerdings dann den Wein sinnvollerweise zur Kellerei bringen, damit das auch fachgerecht geschieht; bei restsüßen Weinen zum Beispiel muß die Umfüllung unter sterilen Bedingungen erfolgen, die im privaten Keller kaum einzuhalten sind.

Die Frage, wie lange ein Wein gelagert werden kann, ist nicht einfach zu beantworten. Jeder Wein macht eine Entwicklung durch, die von Kindheit und Jugend übers Alter bis zum Tode führt. Wie lange das dauert, ist bei jedem Wein verschieden. Die Voraussetzung für ein langes Leben eines Weins sind: gute Reife und ausreichende Säure. Deshalb liefern die besten Jahrgänge nicht immer auch die langlebigsten Weine, da der Säuregehalt in sehr guten Jahren oft niedrig ist. Andererseits mangelt es in schlechten Jahren zwar nicht an Säure, dafür aber an Reife. Auch die Süße spielt eine wichtige Rolle, je süßer, um so langsamer verläuft der Alterungsprozeß, Zucker konserviert. Die Süße hat darüber hinaus auch noch eine andere Funktion. Weine mit deutlichem Alterston, der Fachmann spricht von »Firne«, schmecken einfach angenehmer, wenn sie süß sind, der Firneton wird geradezu durch die Süße veredelt. Selbst die Trockentrinker akzeptieren bei sehr alten Weinen die Süße, die meisten jedenfalls.

Auch der Alkoholgehalt ist zu beachten, je höher, desto besser. Alkoholarme Weine, wie zum Beispiel Kabinettweine aus kleinen Jahrgängen, verlieren rasch ihre Frische.

Die Beantwortung der Frage, wie lange ein Wein gelagert werden kann oder soll, ist auch deshalb schwer zu beantworten, weil der persönliche Geschmack sehr verschieden ist. Der eine will junge, frische Weine, der andere nur völlig ausgereifte oder gar firne, ein anderer wiederum will mal einen jungen und dann wieder einen alten, je nach Stimmung und Trinkanlaß. Deshalb nur soviel: jugendlich frisch bleiben einfache Qualitäts- und Kabinettweine etwa 1–2 Jahre, Spätlesen 2–4 Jahre. Auslesen, Beeren- und Trockenbeerenauslesen sind nicht in gleichem Atemzug zu nennen, zu verschieden ist ihre Art, ihr Charakter von dem der anderen Weine. Sie sind so süß, daß sie für viele erst genießbar sind, wenn sie deutliche Anzeichen von Firne zeigen, was in der Regel erst nach etwa 10 Jahren Lagerzeit der Fall ist.

Auch die Frage, wann ein Wein frühestens getrunken werden soll, ist in erster Linie vom persönlichen Geschmack abhängig. Wem ein Beaujolais primeur schmeckt, der kaum älter als vier Wochen ist, der soll ihn halt trinken, er muß sich nur im klaren darüber sein, daß er einige Monate später besser – weil ausgereifter – schmecken würde. Das gilt auch für die deutschen Weine. Selbst ein Müller-Thurgau, der allgemein als Frühstarter gilt, braucht ein halbes Jahr, bis er seine Kinderzeit hinter sich gelassen hat, bei großen Bordeaux Weinen dauert das sogar mehrere Jahre.

Das Servieren

Zur Pflege der Weinkultur gehört es auch, seinen Gästen den Wein so vorzustellen, zu kredenzen, daß diese den höchstmöglichen Genuß davon haben. Das beginnt mit der Auswahl des Weins und seiner Temperierung; das Ritual der Flaschenöffnung gehört dazu wie auch die Vorprobe durch den Gastgeber. Aber auch die Wahl des Glases kann mitentscheidend sein.

Temperatur

Die Regel ist: je kräftiger und wertvoller der Wein, desto wärmer, je kleiner, desto kälter wird er getrunken. Schwere Rotweine benötigen 18 bis 20 Grad, erst dann offenbaren sie ihr ganzes Innenleben. Früher sprach man vom »Chambrieren«, d. h. man brachte den Rotwein auf Zimmertemperatur, und damit waren diese 18 bis 20 Grad gemeint. Heute sind unsere Wohnungen jedoch in der Regel wärmer, etwa 22 Grad, und das kann schon etwas zuviel sein. Ängstlichkeit ist aber fehl am Platz, Rotweine können einiges an Wärme vertragen, und lieber etwas zu warm als zu kalt. Holen sie ihn deshalb rechtzeitig aus dem Keller, damit er Zeit hat, sich langsam anzuwärmen. Gelegentlich wird empfohlen, Rotweine kühl oder gar eisgekühlt zu servieren, der junge Bordeaux und der Beaujolais primeur werden so getrunken. Das hat seine Ursache in der Unfertigkeit dieser Weine, vor allem der Gerbstoffgehalt ist noch nicht genügend harmonisiert, schmeckt noch etwas grasig, und das wird durch die tiefere Temperatur etwas verdeckt. Bei den Weißweinen ist es genau umgekehrt: lieber etwas zu kalt als zu warm. Die Empfehlung allerdings, kleine Weißweine bei 7 bis 9 Grad zu trinken, ist unsinnig. Wer das empfiehlt, hat noch nie einen so kalten Wein getrunken, bei solchen Temperaturen tun einem nämlich die Zähne weh. Sinnvoll sind 10 bis 12 Grad für kleine Weine und 12 bis 14 für die besseren. Weine sind lebende Wesen, sie können erschrecken. Deshalb sollte eine Kühlung langsam vonstatten gehen. Der Kühlschrank kann dafür benutzt werden, allerdings nicht das Gefrierfach.

Entfernen der Kapsel

Weinflaschen tragen in der Regel eine Kapsel. Ausnahmen gibt es im Bereich der 1 Liter Flaschen. Diese Kapseln waren früher fast ausschließlich aus Stanniol, heute findet man mehr und mehr auch solche aus Kunststoff. Letztere sind an ihrem oberen Teil entweder perforiert, oder anderweitig so vorbereitet, daß man den Deckel einfach abreißen kann. Bei der Stanniolkapsel muß mit einem Messer der obere Teil entfernt werden. Dazu setzt man die Messerspitze direkt über dem Wulst der Flasche an, das ist etwa ein halber Zentimeter unter der Flaschenöffnung, und trennt das Stanniol durch. So wird erreicht, daß beim Eingießen der Wein nicht mit dem Stanniol in Berührung kommt.

Entkorken

Das Knallen beim Öffnen einer Weinflasche mag zwar dem einen oder anderen ganz angenehm in den Ohren klingen und Vorfreude wecken, im Kreis von Weinkennern ist es jedoch verpönt. Der Weinkenner zieht den Korken so heraus, daß kein Knall zu hören ist und der Wein nicht erschüttert wird. Beim geräuschvollen Entkorken entsteht im Flaschenhals kurzfristig ein Vakuum, und es wird verstärkt Kohlensäure freigesetzt, der Wein schäumt. Das geräuschlose Entkorken ist nicht immer ganz einfach, besonders, wenn man keinen geeigneten Korkenzieher besitzt. Dann muß oft kräftig gezogen werden, bis der Korken endlich rausrutscht, und dann passiert es leicht, daß es knallt. Zu empfehlen ist in einem solchen Fall, den Korken nur zu etwa zwei Drittel mit dem Korkenzieher herauszuziehen, sodann ihn mit der Hand zu umfassen und ihn durch sorgsames Drehen endgültig zu entfernen.

Einfacher geht es mit Korkenziehern, bei denen man zuerst die Spirale in den Korken hineindreht und ihn dann durch das Niederdrücken zweier Hebel herauszieht. Zu empfehlen sind Korkenzieher mit »Seele«. Damit ist gemeint, daß die Spirale innen hohl ist, d. h., sie ist so gebaut, daß in ihre Längsachse ein Zündholz oder ein Zahnstocher gesteckt werden kann. Die Spitze der Spirale sollte nicht zentriert sein, sondern dem Lauf der Windungen folgen. Ein so konstruierter Korkenzieher verursacht zwar etwas mehr Mühe beim Reindrehen, den Korken bekommt man aber in der Regel unbeschädigt aus der Flasche.

Einschenken

Ist die Flasche entkorkt, wischt man eventuell vorhandene Schmutzreste an der Öffnung ab. Das ist in der Regel bei älteren Weinen notwendig, weil sich auf dem Korken im Laufe der Jahre Schimmelpilze entwickeln, die auch den Flaschenhals überwuchern. Bei starkem Schimmelbefall kann es sogar notwendig werden, den Flaschenhals vor dem Entkorken unter fließendem Wasser zu reinigen.

Der Gastgeber schenkt sich den ersten Schluck ein, einmal eventuell vorhandener Korkreste wegen, zum andern, um zu prüfen, ob er einen »Korkschmecker« erwischt hat. Erst dann gießt er seinen Gästen ein, wieviel, das hängt von der Größe der Gläser ab; die kleineren Weißweingläser werden etwa zu zwei Drittel gefüllt, die meist größeren Rotweingläser nur zu einem Drittel. Ob der Gastgeber nachschenkt oder nicht, das ist eine Frage der Tradition, es gibt da landsmannschaftliche Unterschiede. Zum Beispiel wird in Baden grundsätzlich nachgeschenkt, während der Gast an der Nahe oder im Rheingau sein Glas zuerst leeren muß.

Dekantieren

Unter Dekantieren versteht man das Umfüllen von Wein aus einer Flasche in eine Glaskaraffe. Diese Sitte, einen Wein zu kredenzen, stammt noch aus einer Zeit, in der die Klärtechnik noch nicht so weit entwickelt war. Damals konnte man bei fast jeder Flasche, die einige Jahre lagerte, ein Sediment, auch Depot genannt, finden. Besonders ausgeprägt war das bei den Rotweinen. Gelegentlich ist das auch heute noch zu sehen, es ist aber selten geworden. Ein solches Depot besteht aus kristallinen Ausscheidungen, Weinstein zum Beispiel,

Die gebräuchlichsten Wein- und Champagnergläser.

Gläser für Weißwein
Tischglas für Wein
Portwein & Sherry
Rotwein
Römer
Champagner und Sekt

und Gerbstoffgerinnsel. Im Glas hat es nichts zu suchen. Deshalb ist das Dekantieren durchaus sinnvoll, wenn man ein Depot in seinen Flaschen feststellt, aber auch nur dann.
Das gleiche erreicht man allerdings auch, wenn man die Flasche in einem Dekantierkörbchen serviert, in dem sie schräg liegend eingebettet ist. Beim vorsichtigen Ausgießen bleibt das Depot in der Flasche zurück.
Aus ästhetischen Gründen tut man gut daran, das Dekantieren nur mit Rotwein zu praktizieren. Bei Weißwein ist es nicht ratsam, weil der goldgelbe oder grünlich-gelbe Wein in der farblosen Glaskaraffe leicht falsche Vorstellungen oder Assoziationen weckt.
Im übrigen ist es heute nicht mehr zwingend notwendig, da das Depot, wenn überhaupt noch zu finden, kleineren Umfangs ist und es genügt, aus der aufrecht stehenden Flasche vorsichtig auszuschenken, damit der Satz zurückbleibt.

Glas

Wein sollte aus klaren, farblosen Gläsern getrunken werden. Die Prunkstücke aus schwerem, geschliffenem Kristall in den verschiedensten Farben, die gelegentlich noch in den Vitrinen unserer Großeltern zu finden sind, eignen sich dafür nicht. Die ideale Form ist der tulpenförmige Kelch, ein Glas also, dessen Kelch sich nach oben verjüngt. Diese Form hilft, die sich beim Einschenken und Kreiseln freiwerdenden Duftstoffe eine Weile festzuhalten, so daß sie der Trinkende in ihrer ganzen Fülle erleben kann.
Das gute Weinglas ist immer auch ein Stengel- oder Stielglas und wird zum Trinken auch am Stiel angefaßt. Umschließt die Hand nämlich den Kelch des Glases, geht die Körperwärme auf den Wein über. Das kann gewollt sein, wenn der Wein zu kühl serviert wurde. Bei Rotweinen ist das öfter der Fall. Die Ausnahmen vom Stielglas sind die »Kellerprobiergläschen«, der »Gobelet« der Schweizer, das »gerade Glas« der Markgräfler oder das Pfälzer »Schoppenglas«. Das sind Glasformen, aus denen einfache Schoppenweine getrunken werden, sie haben etwas Gemütliches, Anheimelndes und ihren Platz auf dem Stammtisch oder Vespertisch, auf eine festlich gedeckte Tafel gehören sie nicht.
Dickwandige Gläser eignen sich nicht zum Weintrinken. In ihnen geht die Feinheit des Weines verloren, er wird zu einer alkoholischen Flüssigkeit degradiert. Je feiner ein Wein, besser gesagt, je

zarter, um so dünnwandiger sollte auch das Glas sein. Doch das hat seine Grenzen; sie sind erreicht, wenn die Zunge einen scharfen Rand signalisiert.
Das beste und schönste Weinglas kann den Weingenuß schmälern, wenn es nicht geruchsfrei ist. Gläser können Gerüche annehmen, typisch ist ein muffiger, an Karton oder an Kork erinnernder Ton. Da nützt es nicht viel, das Glas mit einem Tuch auszuwischen, solche Gläser müssen mit klarem Wasser ausgespült werden. Auch die Abwaschmittel können den Gläsern Gerüche mitgeben, die die Qualität eines Weines stark beeinträchtigen. Deshalb: Weingläser immer mit klarem Wasser nachspülen.

Wein und Speisen

Das sinnvolle Miteinander von Speise und Wein hat zu allen Zeiten als Lebenskultur die Tafelfreuden genießen und den Wein als Kulturgut in das Leben einbeziehen lassen. Der französische Klassiker der Tafelfreuden BRILLAT-SAVARIN bekennt: Der Wein verschönt jedes Essen, macht die Mahlzeit zum leiblich-seelischen Genuß und erhöht die Bekömmlichkeit. Säure, Gerbstoff, Alkohol und Hunderte anderer Inhaltsstoffe des Weins machen die Speisen schmackhafter und helfen, Fette und Eiweiße abzubauen, große Restsüße dagegen belastet den Körper.
Der Trend zum durchgegorenen, spritzigen, leichten, feinblumigen Tropfen hebt das unumstößlich erscheinende Gebot auf: »Weißer Wein zum hellen Fleisch, roter zum dunklen.« Tolerant gilt heute: »Erlaubt ist, was gefällt!« Im Bordeaux trinkt man Rotwein sogar zum Fisch. Am Plattensee in Ungarn gart man Karpfen in Rotwein zum Schlemmergericht »Karpfen ungarisch«. Der Elsässer »Hahn in Riesling« schmeckt nicht weniger delikat in Spätburgunder. Die Bedingung bleibt jedoch erhalten: Der Wein soll die Speise ebenbürtig begleiten, kein Partner darf den anderen geschmacklich überdecken.
Bei der gelegentlich schwierigen Weinwahl, ob rot oder weiß, ob leicht oder schwer, empfiehlt es sich, auf den leichten, aromatischen Weißherbst (Rosé) auszuweichen. Keine spätere Entscheidung für einen weiteren Wein wird damit erschwert.
Der alte Grundsatz, zum Essen keinen lieblichen Wein zu reichen, bleibt gleichfalls erhalten. Ob jedoch ein ganz trockener einem halbtrockenen vorzuziehen ist, hängt mehr von der gewählten Rebsorte als von der Speise ab. Säurearme Sorten, wie Müller-Thurgau,

entwickeln als trockene durchaus ihre ganze Blumigkeit. Säurebetonte, wie der feinherbe Riesling, zeigen ihren Geschmacksreichtum oft am besten bei etwas verhaltener Restsüße.
Sind für ein größeres Mahl mehrere Weine vorgesehen, so gilt: Weiß vor rot, leicht vor kraftvoll, herb vor mild, zartblumig vor bukettreich und würzig, jung vor alt; trockene bis halbtrockene erweisen sich stets als besonders geeignet. Für jedes Gericht bieten sich geeignete deutsche, geschmacksneutrale bis säurebetonte, trockene und halbtrockene Weine an. Sie begleiten die Speisen ebenbürtig und steigern das Essen zum festlichen Mahl.
Die einzelnen Speisen müssen jedoch zueinander passen und in sich stimmen. Wein und Speise sollen nicht zwei Geschmackseindrücke aneinanderreihen, sondern müssen eine Ganzheit bilden. Wein zum Essen bedeutet mehr als ein beliebig austauschbares Getränk zum Hinunterspülen der Speise.
Wein zum täglichen Essen, möglichst ohne vorherrschende Sauce, soll von mittlerer Qualität sein; es paßt beispielsweise ein kräftiger, trockener Roter. Der landsmannschaftlichen Herkunft der Speise entsprechend berücksichtige man die Weinregion.
Zum kräftigen Fleischgericht gehört ein kräftiger Wein. Hellerem und milderem Fleisch soll auch der Wein entsprechen. Mit Fisch harmoniert meist ein nicht zu säurebetonter Weißer.
Das Festmahl krönen ältere, große Weine. Je aufwendiger die Speisen, desto nobler die Weine. Je feiner und gehaltvoller die Saucen, desto exquisiter die Weine. Der alte, große Rotwein gebührt dem Käsegang als würdiger Abschluß.
Vor dem Mahl soll man als *Aperitif* und appetitanregende Arznei reichen: einen Vermouth Martini extra dry, Sherry Amontillado dry oder eine Weißwein-Auslese bzw. Sekt b. A. brut bis extra dry.
Zur *Vorspeise:* trockener Weißer Burgunder, zur Wild- oder Geflügelpastete gehaltvoller Ruländer.
Zur *Suppe:* kein Wein als weitere Flüssigkeit.
Zum *Fisch:* spritziger Riesling, Silvaner oder Weißer Burgunder.
Zum *Fleisch:* trockener Weißer oder leichter Roter; zum kräftigen Braten oder Wild gehaltvoller Roter oder fülliger Weißer.
Zum *Käse:* alter, körperreicher Roter oder vollmundiger Weißer; je pikanter der Käse – jedoch nicht zu scharf – desto üppiger der Rotwein.
Zum *Dessert:* milder bis lieblicher Weißer oder trockener Sekt. Der-

Aperitif läßt sich reizvoll wiederholen. Zu schokoladehaltiger Nachspeise paßt kein Wein.
Zum *Kaffee:* Weinbrand oder Marc.
Speise und Wein – im passenden Glas und bei richtiger Temperatur – lassen sich derart zur harmonischen Einheit zusammenfinden.

Wein und Gesundheit

Der Wein ist die älteste Medizin der Menschheit, die älteste Arznei zur Beruhigung und Entspannung (Tranquilizer) und die uralte Arznei für psychische Erkrankungen (Psychopharmakon). Bei allen Kulturvölkern gelten als die beiden Grundbedingungen für den Weingenuß: Das vernünftige Maßhalten und der ausschließliche Genuß von Qualitätswein. Die Bibel, die dem Wein zahlreiche Erörterungen widmet, lehrt: »Trinket Wein, aber mit Maßen; gebrauchet ihn, aber mißbrauchet ihn nicht; seid klug und bleibet nüchtern!« PLUTARCH hat erkannt: »Unter den Getränken ist der Wein das nützlichste, unter den Arzneien die schmackhafteste, unter den Nahrungsmitteln das angenehmste.« Der Altbundespräsident THEODOR HEUSS mahnt: »Wer Wein trinkt, betet; wer Wein säuft, sündigt.«
Maßhalten bedeutet Einhalten der Gesundheitsgrenze. Die durch jahrtausendlange Erfahrung hierfür gefundenen Werte hat die Wissenschaft jetzt bestätigt. Beim Wein liegt die Gesundheitsgrenze beim regelmäßigen und jahrelangen Genuß bei einer 0,75 l-Flasche je Tag und Mann eines guten Qualitäts- und Kabinettsweines, bei der Frau allerdings nur bei ⅓ der Menge.
In der modernen Medizin gilt der Wein als vielfältiges therapeutisches Hilfsmittel. Die Säure bietet beim Weingenuß ein deutliches Limit, der Wein belastet den Körper weniger als Bier, läßt sich besser dosieren als Spirituosen und gewährt dadurch eine höhere Lebenserwartung.

Auf Ältere und Rekonvaleszenten wirkt der Wein besonders wertvoll, seit altersher gilt er erprobt als »die Milch der Alten«. Der Weingenuß hilft, körperlich, geistig und seelisch zu entspannen, regt den Appetit an, fördert die Verdauung und den Stoffwechsel, unterstützt Herz, Kreislauf und Nervensystem, mildert Schmerzen und stimmt in den Schlaf ein.
Guter, sauberer Wein ist daher – immer vorausgesetzt er wird maßvoll genossen – für Leute unter 40 eine Arznei, für Menschen über 40 eine Notwendigkeit.

Rebsorten und ihre Weine in Deutschland

Der deutsche Konsument ist es gewohnt, seinen Wein nach Rebsorten einzukaufen. Das hat seine Ursache in der Sortenvielfalt, die in fast allen Anbaugebieten gegeben ist und die ihm durch die Angabe der Rebsorte auf dem Etikett auch immer wieder bewußt gemacht wird. Bei vielen ausländischen Weinen, nicht bei allen, fehlt dagegen ein Hinweis auf die Rebsorte, sie tragen nur den Namen des Anbaugebietes, zum Beispiel »Chablis«, »Bourgogne« oder »Bordeaux« mit zusätzlichen Lagenbezeichnungen, und kaum einer weiß eigentlich, aus welchen Rebsorten sie gewonnen wurden. Die Weglassung der Sorte auf dem Etikett ist bei diesen Weinen üblich, weil der Winzer sie immer aus der gleichen Rebsorte oder dem gleichen Sortengemisch erzeugt. Das macht die Rebsorte für den Konsumenten uninteressant und erhöht gleichzeitig die Bedeutung der Lagenbezeichnung und der betrieblichen Herkunft. Angeblich sind auf der ganzen Welt heute über 8000 Rebsorten bekannt. Darunter sind natürlich viele, die gar nicht für die Weinproduktion in Frage kommen, und auch solche, die wir aus klimatischen Gründen in Deutschland nicht anbauen können. Trotzdem, so an die 100 verschiedene Rebsorten stehen auch bei uns in den Weinbergen. Davon haben allerdings viele nur lokale Bedeutung oder sind Neuzüchtungen, die sich noch in der Erprobung befinden, nur 21 bedecken eine Rebfläche von je 400 Hektar und mehr. Allein die Standardsorten Müller-Thurgau, Riesling und Silvaner nehmen etwa 60% der deutschen Rebfläche ein. Nur 14% unserer Weinberge sind mit Rotweinsorten bepflanzt, ganz im Gegensatz zu den meisten ausländischen Anbaugebieten, in denen der Rotwein dominiert.

Weißweine

Riesling

Die Weine dieser »edelsten Traubensorte« haben dem deutschen Weißwein zu Weltgeltung verholfen. Der Riesling ist zu höchsten Leistungen befähigt, allerdings nur dann, wenn Lage und Klima ihm zusagen. Seine Ansprüche sind hoch, sowohl an den Boden wie auch an die Lage. Er bevorzugt kräftige, jedoch gleichzeitig auch durchlässige Böden und liebt die Sonnenwärme der Südhänge, wo ihm eine lange Vegetationsphase gesichert ist. Denn die braucht der Riesling, ist er doch die spätreifendste Rebsorte, die deutsche Winzer anbauen. In einer langen Wachstumsperiode entwickelt er anregende Fruchtsäuren und feine Würze von unendlich erscheinender Vielfalt. Bei den Rieslingen wird besonders deutlich, daß für deutsche Weißweine der Alkoholgehalt nicht von so großer Bedeutung ist. Denn Riesling-Weine, obwohl als die besten Weißweine der Welt geltend, enthalten in der Regel weniger Alkohol als die anderer Sorten. Man kann also durchaus sagen, es sind leichte Weine, doch hat man beim Trinken nicht den Eindruck, einen leichten Wein zu trinken, wohl der hohen Säure und des Geschmacksreichtums wegen.

Diese positive Umschreibung des Riesling-Weines hat nicht für alle Gültigkeit. In schlechten Jahren, oder von ungeeigneten Standorten, bringt der Riesling auch die kleinsten, unreifsten und sauersten Weine. Das kann bis zur Ungenießbarkeit gehen. Nicht umsonst haben viele Riesling-Betriebe an Rhein und Mosel Verträge mit Sektkellereien, denen sie in schlechten Jahren ihre Ernte ganz oder teilweise abgeben. Riesling-Weine eignen sich für viele Gelegenheiten, besonders jedoch für das gemütliche Beisammensein, wenn man lange und viel trinken will. Trocken oder doch zumindest halbtrocken ausgebaut, sind sie die idealen Begleiter zu gutem Essen. Sie brauchen viel Zeit für ihre Entwicklung, wofür vor allem der hohe Säuregehalt verantwortlich ist, sind aber auch lange lagerfähig; Riesling-Weine gelten als die langlebigsten Weißweine. Am bekanntesten sind die Weine der Mosel und des Rheingaus, von feiner und eleganter Art die einen, kernig und rassig die andern. In der Pfalz sind sie etwas vollmundiger und aromatischer, was auch für die Weine aus der Badischen Ortenau gilt.

Müller-Thurgau

Der Müller-Thurgau wird heute zu den Standardsorten gerechnet, obwohl er durch eine Kreuzung zwischen Riesling und Silvaner entstanden sein soll, das allerdings schon vor über 100 Jahren. Sein Züchter hieß Müller und stammte aus dem schweizerischen Kanton Thurgau, daher der Name. Seine geringen Ansprüche an Boden und

Lage sowie seine Ertragssicherheit machten ihn zum Lieblingskind der deutschen Winzer, ein Viertel aller Weinberge haben sie ihm überlassen. Damit avancierte der Müller-Thurgau zur wichtigsten deutschen Rebsorte. Sein großer Vorteil: er bringt auch in weniger guten Lagen noch annehmbare Qualitäten. Es sind leichte, süffige Weine mit mehr oder weniger ausgeprägtem Muskatton und milder Säure. Sie eignen sich vorzüglich als Schoppenweine und stellen keine besonderen Ansprüche an den Verbraucher: Auch der Nichtweinkenner findet schnell Zugang zu ihm.

Die ausgeprägtesten Müller-Thurgau-Weine findet man in den südlichen Anbaugebieten, Franken, Baden und Württemberg. An Mosel, Mittelrhein und Rheingau, auch an der Nahe, entwickeln sie meist nur ein schwaches Bukett, so daß die Sorte oft nicht zu erkennen ist. Ihre Lagerfähigkeit ist begrenzt, länger als 2–3 Jahre sollte man sie nicht aufbewahren. Immer öfter werden Müller-Thurgau-Weine des neuen Jahrgangs schon vor Weihnachten angeboten; die Welle der »Primeur«- und »Nouveau«-Weine hat auch den bundesdeutschen Winzer erfaßt. Nun stimmt es zwar, daß der Müller-Thurgau früh reift, sowohl seine Trauben als auch sein Wein, aber wenige Wochen nach der Ernte hat auch die Reifung des Müller-Thurgau-Weins bestenfalls begonnen, frühestens nach einem halben Jahr ist sie abgeschlossen.

Silvaner

Der Silvaner ist eine unserer ältesten Rebsorten und war früher in den deutschen Anbaugebieten weit verbreitet. Der Müller-Thurgau hat ihn jedoch in den letzten dreißig Jahren fast überall vom ersten Platz verdrängt. Schuld daran war die Hinwendung des Konsumenten zu bukettreichen Gewächsen, die überall beobachtet werden konnte. Der Silvaner konnte solche Weine nicht liefern. Silvaner sind eher neutral, zeigen meist nur wenig Sortenart, und es fehlt ihnen die Rasse und die Eleganz eines Rieslings, und es sind milde Weine. Der derzeit wieder erkennbare Geschmackswandel, eine Rückkehr zum einfachen Wein, zum Teil sicherlich durch die »Trockenwelle« ausgelöst, könnte dem Silvaner wieder etwas auf die Beine helfen.

In guten Lagen und Jahren ist der Silvaner durchaus in der Lage, auch Spitzenweine hervorzubringen, die sich durch Vollmundigkeit und reife Säure auszeichnen.

Die Lagerfähigkeit ist bei den einfachen Qualitätsweinen beschränkt, mehr als zwei Jahre sollte man sie nicht aufbewahren. Von Spätlese an aufwärts jedoch sind sie nicht weniger haltbar als zum Beispiel die Weine des Ruländers.
Die ausgeprägtesten Silvaner wachsen auf den Gipskeuperböden des fränkischen Steigerwaldes. Ihnen stehen die Gewächse aus Ihringen am Kaiserstuhl kaum nach. Rheinhessen, das auch heute noch über die größte Silvanerfläche verfügt, liefert etwas leichtere, nicht ganz so ausgeprägte, aber sehr süffige Weine. Das gilt auch für die Pfalz.

Ruländer
Er gehört zur Burgunder-Familie, daher auch seine synonyme Bezeichnung »Grauer Burgunder« oder »Pinot gris«. Sein Name geht auf den Kaufmann Ruland zurück, der ihn Anfang des 18. Jahrhunderts als erster in einem verwilderten Garten in Speyer entdeckt haben soll. Die Elsässer nennen ihn »Tokayer«, was ihnen das europäische Weingesetz inzwischen allerdings untersagte, die Schweizer »Malvoisie«. Beide Bezeichnungen sind irreführend, der Ruländer hat weder etwas zu tun mit dem »Furmint«, aus dem die Ungarn ihre berühmten Tokajer Ausbruch-Weine gewinnen, noch mit der Rebsorte »Malvasier«, die in Italien angebaut wird.
Seine Weine sind vollmundig und körperreich mit ausgeprägtem, weinigem Aroma. Auch in weniger guten Jahren wirken sie reif, nie hart oder gar grasig. Es sind keine Schoppenweine, dazu haben sie zuviel Stoff. Sie eignen sich mehr für den stillen Genuß oder, wenn trocken ausgebaut, als Begleiter eines kräftigen Essens. Die Auslese-Weine, die der Ruländer in fast allen Jahren in großer Zahl und Menge liefert, beeindrucken durch große Fülle und ausgeprägten Edelfäuleton. Der Ruländer ist eine typisch badische Spezialität, nirgendwo sonst hat er eine so starke Verbreitung gefunden. Und in Baden ist er in allen Bereichen mehr oder weniger stark vertreten, am meisten jedoch am Kaiserstuhl. Hier bringt er auch die ausgeprägtesten Weine hervor. Die besten wachsen auf den Vulkanverwitterungsböden des Achkarrer Schloßbergs. Sie sind der Maßstab für alle Ruländer-Weine.
Die Lagerfähigkeit des Ruländers ist gut, selbst einfache Qualitätsweine probieren sich nach 3–4 Jahren noch sortentypisch, Spätlesen können ohne Bedenken noch längere Zeit gelagert werden.

Weißer Burgunder

Wäre die Farbe der reifenden Beeren nicht, niemand könnte ihn im Weinberg vom Ruländer, dem »Grauen Burgunder« unterscheiden, denn Trauben und Blattform sind völlig gleich. Wahrscheinlich ist er auch ein Abkömmling des Ruländers. Dieser ist außerordentlich mutationsfreudig, immer wieder sind an Ruländer-Stöcken Triebe mit weißen anstatt graubraunen Trauben zu finden. Wird ein solcher Trieb zur Weitervermehrung verwendet, erhält man Weißen Burgunder.

Seine Weine werden immer wieder an denen des Ruländers gemessen, die einen weit höheren Bekanntheitsgrad vorweisen können. Sie brauchen jedoch den Vergleich nicht zu scheuen. Die Weine des Weißen Burgunders verfügen zwar nicht über die Fülle der Ruländer, dafür sind sie aber meist eleganter und, dank ihres höheren Säuregehaltes, auch rassiger.

Sie eignen sich besonders für den trockenen Ausbau. Trockene Weiße Burgunder sind vielleicht die am besten geeigneten Weine, die man zum Essen servieren kann.

Es sind »Spätzünder« wie die Riesling-Weine, frühestens ein Jahr nach der Ernte erreichen sie ihren geschmacklichen Höhepunkt. Dafür ist ihre Lagerfähigkeit außerordentlich gut, fünf Jahre können sie unbedenklich gelagert werden. Die besten wachsen in Baden – am Kaiserstuhl, im Kraichgau und im Markgräflerland. Besonders die Markgräfler bestechen durch fruchtige Art und Rasse.

Gutedel

Der Gutedel gehört zu den am weitesten verbreiteten Rebsorten, aber nur in wenigen Gegenden werden seine Trauben auch zu Wein verarbeitet; innerhalb Deutschlands zum Beispiel nur im Badischen Markgräflerland. In der Schweiz, wo er »Chasselas« oder »Fendant« genannt wird, steht er an den Ufern des Genfer Sees und an den Gebirgshängen des Wallis und liefert so bekannte Weine wie den »Aigle« oder den »Dézaley«. Ins Markgräflerland kam der Gutedel im 18. Jahrhundert durch den Markgrafen Karl Friedrich, der ihn am Genfer See kennengelernt hatte. Seine milden Weine fanden rasch viele Freunde und wurden als »Markgräfler« bald über die engeren Grenzen hinaus bekannt. Auch heute noch ist der Gutedel einer der beliebtesten badischen Weißweine, trotz oder gerade wegen seines bescheidenen Charakters.

Er zeigt nur einen zarten, weinigen Duft, man kann eigentlich kaum von Bukett reden, so wenig ist das, und auch geschmacklich gibt er wenig her, gering im Körper und nur wenig Säure. Aber gerade deshalb ein idealer Zechwein, nicht fordernd, nicht belastend und für viele Gelegenheiten geeignet. Exquisite Gewächse sind von ihm nicht zu erwarten, meist bringt er nur einfache Qualitätsweine, ganz selten mal eine Spätlese oder gar eine Auslese.
Daß Gutedel-Weine fast ausschließlich trocken ausgebaut werden, ist für die Markgräfler Betriebe geradezu selbstverständlich, bei keiner anderen Sorte ist der Anteil der Trockenen so hoch. Gutedel-Weine sollten jung getrunken werden, so innerhalb von zwei Jahren nach der Ernte. Für eine positive Altersentwicklung fehlt es ihnen, von wenigen Ausnahmen abgesehen, an Reife und Säure.

Traminer und Gewürztraminer
Keine Einigkeit herrscht unter Fachleuten darüber, ob die beiden nun zwei verschiedene Rebsorten darstellen oder die eine nur eine Selektion aus der andern ist. Äußerlich sind sie nämlich nicht voneinander zu unterscheiden. Der Traminer bringt in der Regel die höheren Erträge, der Gewürztraminer die bukettreicheren Weine. Beiden eigen ist ein hoher Gehalt an Extrakt und Alkohol – es sind also recht schwere Weine – und geringe Säure. Das Aroma ist meist stark ausgeprägt, wenn auch nicht aufdringlich. Trotzdem, zu den Bukettsorten müssen Traminer und Gewürztraminer gerechnet

werden. Das schränkt auch ihre Verwendungsmöglichkeiten stark ein. Es sind keine Weine für den täglichen Bedarf, dafür sind sie zu körperreich und zu bukettbetont. Seit einigen Jahren gibt es auch im Bundesgebiet wieder trockene Traminer und Gewürztraminer, nachdem man lange die Ansicht vertrat, diese Weine müßten unbedingt eine gehörige Portion Süße erhalten.
Die ausgeprägtesten Weine dieser beiden Sorten liefern die Pfalz, Baden und Württemberg. Im badischen Durbach und Umgebung wird der Traminer unter der synonymen Bezeichnung »Clevner« in den Handel gebracht.
Das typische Aroma ist meist schon kurz nach der Gärung zu erkennen, es sind also »Frühstarter«. Sie erreichen schon bald den Höhepunkt ihrer geschmacklichen Entwicklung, halten sich aber erstaunlich lang in diesem Stadium und das auch dann, wenn sich die Säure im unteren Bereich bewegt, was oft vorkommt.

Kerner

Justinus Kerner, der schwäbische Arzt und Dichter, hat dieser Kreuzung aus Trollinger und Riesling seinen Namen gegeben, ein Weißwein trotz der Geburtshilfe einer Rotweinsorte. Der Kerner ist die erfolgreichste Neuzüchtung der letzten dreißig Jahre und heute in allen Anbaugebieten vertreten, besonders stark in Württemberg, seinem Geburtsland, in der Pfalz und in Rheinhessen. In den genannten Gebieten nimmt er schon fast ein Zehntel der Rebfläche ein.
Die Weine des Kerners sind rassig, kernig und zeigen ein nicht aufdringliches, aber doch deutliches Aroma mit leichtem Muskatton ohne besondere Raffinesse. Sie eignen sich durchaus für den täglichen Konsum und als Essenbegleiter. Im Abgang, beim Nachschmecken, ist meist eine kleine Herbe zu erkennen, die nicht jedermanns Geschmack ist.

Scheurebe

Sie ist benannt nach dem erfolgreichen Rebenzüchter Georg Scheu und entstammt einer Kreuzung aus Silvaner und Riesling. Ihr Hauptanbaugebiet ist die Pfalz, wo sie immerhin ein Zehntel der Rebfläche bedeckt. In den anderen Anbaugebieten ist sie zwar überall zu finden, hat aber nirgends eine größere Bedeutung.
Ihre Weine sind säurebetont, rassig – und bukettreich. Bei den einfachen Qualitätsweinen ist das Bukett oftmals etwas aufdringlich

und erinnert an den Geruch von schwarzen Johannisbeeren. Die Auslese-Weine dieser Sorte jedoch können wahre Wunder an Feinfruchtigkeit und Raffinesse sein, nicht selten sogar denen des Rieslings überlegen. Sie brauchen lang für ihre Entwicklung, die frühestens ein Jahr nach der Ernte auf ihrem Höhepunkt anlangt.

Bacchus
Gleich drei Rebsorten – Silvaner, Riesling und Müller-Thurgau – waren an der Zeugung dieser Neuzüchtung beteiligt. Sie wird überall dort angebaut, wo die klimatischen Verhältnisse den Anbau der Standardsorten erschweren. Ihre Weine ähneln etwas denen des Müller-Thurgau, sind aber säurebetonter und bukettreicher, man muß sie also schon zu den Bukettsorten zählen.
Die Qualität ist relativ eng begrenzt, meist werden nur einfache Qualitätsweine geerntet, die der Winzer auf der Literflasche vermarktet.

Muskateller
Der Muskateller ist eine unserer ältesten Rebsorten und in viele Varietäten aufgespalten. Im Bundesgebiet wird heute fast überall der Gelbe Muskateller angebaut. Wieder angebaut, so muß man sagen, denn er wäre beinahe ausgestorben. Nur in Baden und Württemberg standen noch einige Stöcke. Von diesen aus erfolgte eine gezielte Weitervermehrung und heute sind Muskateller-Weine wieder auf vielen Weinkarten zu sehen. Sie zeichnen sich durch ein ausgesprochen feines Muskat-Aroma aus, sind säurebetont bei nur mäßigem Alkoholgehalt. Die Zuckerleistung ist eng begrenzt, weshalb meist nur Qualitätsweine geerntet werden, Prädikatsweine sind selten.

Morio-Muskat
Diese Neuzüchtung entstammt einer Kreuzung aus Silvaner und Weißem Burgunder. Sie wurde insbesondere in der Pfalz und Rheinhessen angepflanzt und erreichte innerhalb kurzer Zeit eine große Anbaufläche. Der Konsument nahm die daraus gewonnenen Weine zunächst gerne an, lehnte sie jedoch schon nach kurzer Zeit wegen ihres aufdringlichen und plumpen Aromas ab. Heute sind diese Weine nur schwer abzusetzen und viele Anlagen verschwinden wieder.

Elbling

Noch in den zwanziger und dreißiger Jahren war er in Deutschland weit verbreitet, heute findet man ihn nur noch an der Obermosel. Er liefert große Erträge, aber nur geringe Qualität. Seine Weine sind neutral, es fehlt ihnen an Würze und Art, und im Abgang probieren sie sich sehr kurz. Angenehm ist ihre frische Säure, wegen der sie auch gern als Grundweine für die Schaumweinherstellung verwendet werden.

Auxerrois

Er ist ein naher Verwandter des Weißen Burgunders und wird fast nur in der Umgebung von Weingarten, einem Weindorf im Nordbadischen Kraichgau angebaut. Seine Weine ähneln denen des Weißen Burgunders, erreichen aber nicht deren Rasse und feine Art.

Freisamer

Der Freisamer ist das Ergebnis einer Kreuzung von Silvaner und Ruländer und fast ausschließlich im Badischen zu finden. Er liefert recht reife, körperreiche Weine mit feinem Aroma, das an Ruländer erinnert.

Nobling

Eine Neuzüchtung – Silvaner und Gutedel waren die Kreuzungspartner – die speziell für das Badische Markgräflerland als Zusatzsorte zum Gutedel geschaffen wurde. Die Weine sind etwas aromatischer als die des Gutedels und vor allem säurebetonter.

Muskat-Ottonel

Der Muskat-Ottonel ist keine Neuzüchtung, sondern wahrscheinlich eine Spielart des Gutedels, weshalb er gelegentlich auch als Muskat-Gutedel bezeichnet wird. Er ist fast nur im Badischen zu finden, wohin er aus dem benachbarten Elsaß gekommen ist. Seine Weine sind sehr bukettbetont und ähneln stark denen des Muskatellers, wirken aber im allgemeinen etwas runder und vollmundiger.

Rotweine

Blauer Spätburgunder
Wie der Riesling bei den Weißweinsorten, so wird der Blaue Spätburgunder bei den roten gern als die »edelste« bezeichnet. Diese Sonderstellung ist allerdings nur berechtigt in den nördlichen Anbaugebieten, zum Beispiel im Burgund, wo sein Name »pinot noir« lautet, in der Schweiz, in Südtirol und natürlich in Deutschland. In den südlicheren Anbaugebieten mit wärmerem Klima gedeihen späterreifende Rotweinsorten, die durchaus mit dem Spätburgunder konkurrieren können. In Deutschland ist er weit verbreitet. Am bekanntesten sind die Rotweine von der Ahr, von Aßmannshauen und von der Acher und Bühler Gegend in Baden. Die besten wachsen auf den Granit- und Porphyrverwitterungsböden von Kappelrodeck und Waldulm im Achertal. Sie zeichnen sich durch eine besondere Fruchtigkeit und feine Herbe aus. Sie mit den großen französischen Gewächsen zu vergleichen, ist wenig sinnvoll, weil sie in der Zusammensetzung der Inhaltsstoffe doch stark differieren, was unterschiedliche Geschmacksprägungen zur Folge hat. Die französischen Rotweine enthalten insbesondere deutlich mehr Gerbstoffe, was zum Teil durch andere Rebsorten, noch mehr aber durch eine andere Gewinnungs- und Ausbautechnik zu erklären ist. Diese gerbstoffbetonte Note macht sie geeignet als Begleiter zu gutem Essen, weniger gut jedoch für das Trinken in geselliger Runde, dafür eignen sich unsere Spätburgunder besser.
Die Haltbarkeit deutscher Spätburgunder-Rotweine ist nicht so gut wie die der französischen Gewächse, bis zu vier Jahren Lagerzeit vertragen sie aber allemal.

Schwarzriesling
Wegen ihrer weißwollenen Triebspitze, die aussieht, als ob sie mit Mehl bestäubt wäre, wird diese Rebsorte auch »Müllerrebe« genannt. Sie steht auch in der Champagne, wo sie einen der drei Grundweine für die Champagnerherstellung liefert. In Deutschland finden wir sie in Württemberg und im Badischen Kraichgau, seit einigen Jahren auch im Badischen Taubertal. Der Schwarzriesling bringt gute Durchschnittsqualitäten, Weine mit nur leichtem Gerb-

stoffcharakter und mittlerer Säure. Sie können mit den Spitzenqualitäten des Blauen Spätburgunders nicht konkurrieren, dafür fehlt es ihnen an fruchtiger Ausprägung, sie sind aber den mittleren Qualitäten dieser Sorte ebenbürtig und den kleineren sogar überlegen.

Trollinger
Er liefert den Zechwein der Schwaben, ein nur hellroter, sehr frischer und süffiger Wein, der eher als »roter Wein« denn als Rotwein bezeichnet werden sollte. Angebaut wird er nur in Württemberg, von einigen wenigen Anlagen im benachbarten badischen Kraichgau abgesehen. Es ist die gleiche Rebsorte, aus der in Südtirol der »Kalterer See« gewonnen wird.
Die relativ leichten Weine sind früh füllfertig und haben wegen ihres geringen Körpers auch nur eine eng begrenzte Lagerfähigkeit, länger als zwei bis drei Jahre sollte man sie nicht aufbewahren.

Lemberger
Als »französischster deutscher Rotwein«, so könnte man ihn bezeichnen, seines kräftigen Körpers und seines gerbstoffbetonten Geschmacks wegen. Lemberger-Rotweine aus guten Lagen und guten Jahren gehören mit zum Feinsten, was deutsche Winzer erzeugen. Eigentlich nur die württembergischen, denn der Lemberger ist eine württembergische Spezialität. Nur im angrenzenden Badischen Kraichgau findet man einige kleinere Anlagen von dieser Rebsorte. Unter dem Namen »Blaufränkisch« ist er in Österreich und in Ungarn bekannt, von Österreich ist er wahrscheinlich auch nach Württemberg gekommen. Die Trauben reifen spät, was auch für den Wein zutrifft. Es ist deshalb zu empfehlen, Lemberger-Rotweine mindestens ein Jahr reifen zu lassen.

Portugieser
Er ist der Massenträger unter den in Deutschland angebauten Rotweinsorten und liefert auch nur leichte, einfache Konsumweine. Am bekanntesten sind die Portugieser von den hitzigen Sandböden des Dürkheimer Feuerbergs. Portugieser-Weine haben ein schlechtes Image, weshalb sie oft ohne Rebsortenbezeichnung auf den Markt kommen. Wenn man irgendwo einen deutschen Rotwein findet, der keine Sortenangabe trägt, dann ist das in der Regel ein Portugieser.

Die deutschen Weinbaugebiete

Gemessen an anderen europäischen Weinbaugebieten ist das deutsche relativ klein, 100 000 Hektar gegenüber 1,2 Millionen in Frankreich, 1,4 Millionen in Italien oder gar 1,7 Millionen in Spanien. Trotzdem ist es den deutschen Winzern gelungen, ihrem Wein weltweit einen guten Ruf zu verschaffen. Das gilt allerdings in erster Linie für die Weißweine, weniger für die Rotweine. Deutscher Riesling-Wein ist für die meisten Weißweinproduzenten der Welt Maßstab für Qualität. Diese Sonderstellung ist der geografischen Lage zu verdanken. Deutschland ist das nördlichste Weinbaugebiet Europas, sieht man von den mengenmäßig unbedeutenden Erzeugerländern Luxemburg und England ab; in vielen unserer Weinbergslagen kann gerade noch Weinbau betrieben werden. Das Klima ist geprägt von mäßiger Sonnenwärme und reichlichem Niederschlag. Das Reifen der Trauben verläuft deshalb in der Regel bei niedrigen Temperaturen und zieht sich meist bis weit in den Herbst hinein. Dieser langsam verlaufende Reifeprozeß begünstigt die Ausbildung feiner Säuren und fruchtiger Aromastoffe. In südlicher gelegenen Gebieten ist das Klima geprägt von großer Sommerhitze und geringem Niederschlag. Das verursacht eine schnelle Reifeentwicklung, hohe Zuckereinlagerung und damit hohe Alkoholgehalte, aber auch einen starken Abbau der organischen Säuren. Diese Klimaunterschiede bedingen, daß die fruchtigsten und feinsten Weißweine in Deutschland, die ausgeprägtesten und kräftigsten Rotweine aber in Frankreich, Italien oder Spanien wachsen.

Aber auch innerhalb des deutschen Weinbaugebietes bestehen große klimatische Unterschiede, denken wir nur an die beiden Extreme Mosel und Kaiserstuhl. Auch die geologischen Verhältnisse differieren stark, vom leichten Sandboden bis zum schweren Letten ist so ziemlich alles vertreten. Diese Vielfalt klimatischer und geologischer Gegebenheiten finden ihren Ausdruck in der Verschieden-

artigkeit deutscher Weine. Die Weinberge Deutschlands sind an den Ufern des Rheins und seiner Nebenflüsse Neckar, Main, Nahe, Mosel und Ahr zu finden. Die meist bewaldeten Mittelgebirge – Schwarzwald, Taunus, Hunsrück oder Eifel – halten die kalten Winde ab und die Flußspiegel reflektieren die Sonne und dienen als Wärmespeicher.
Das deutsche Weinbaugebiet ist in 11 Anbaugebiete unterteilt, es sind von Norden nach Süden

Ahr
Mosel-Saar-Ruwer
Mittelrhein
Nahe
Rheingau
Hessische Bergstraße
Rheinhessen
Rheinpfalz
Franken
Württemberg
Baden

Von den Bundesländern besitzt Rheinland-Pfalz den Löwenanteil mit etwa 60000 Hektar Rebfläche, gefolgt von Baden-Württemberg mit etwa 24000 Hektar. Der Rest verteilt sich auf die Länder Bayern und Hessen. Sogar Nordrhein-Westfalen kann ein kleines Weinbaugebiet vorweisen, das Siebengebirge, das aber kein eigenständiges Anbaugebiet darstellt, sondern dem Mittelrhein zugerechnet wird. In der Deutschen Demokratischen Republik wird Weinbau in Sachsen und Thüringen betrieben auf einer Fläche von etwa 600 Hektar. Er findet sich in den Taleinschnitten der Saale und der Unstrut, bei Höhenstedt am Süßen See sowie im Elbtalkessel.

Ahr Tief eingeschnitten in die wellenförmige Eifelhochebene zwischen Bonn und Koblenz liegt das Ahrtal, das zweitkleinste und nördlichste deutsche Anbaugebiet. Es ist das Ausflugsziel des Köln-Bonner Großraums, und an den Wochenenden ist in den engen Gassen der malerischen Weindörfer ein Gedränge wie bei einem Fastnachtsumzug in Köln oder Mainz. In den Lokalen geht es hoch her, es wird gesungen und geschunkelt – und viel getrunken. »Wer an der Ahr war und weiß, daß er an der Ahr war, der war nicht an der Ahr. Wer aber an der Ahr war und nicht weiß, daß er an der Ahr war, der war an der Ahr«, so heißt ein beliebter Zungenbrecher.
Der Weinkenner, der in Ruhe seinen Wein probieren und genießen will, entsetzt sich über diesen Rummel und wendet sich mit Grau-

sen. Die Winzer jedoch setzen sich über solche Bedenken hinweg, sie interessiert insbesondere der Absatz, und der ist an der Ahr hervorragend; der größte Teil des Weins wird hier von den Wochenendtouristen getrunken.

Nicht nur wegen des Weins kommen die Menschen an die Ahr, es lockt auch die Schönheit der Landschaft und der malerischen Dörfer. Es ist besonders der Wechsel in der Geländeformation, die das Auge entzückt, schroffe Steilhänge aus Vulkan- und Schiefergestein mit den darin eingebetteten Weinbergen und dazwischen immer wieder kleine Waldgebiete. Sie begleiten das Flüßchen Ahr, das bei Blankenheim in der Eifel entspringt und schon nach 25 Kilometern bei Sinzig in den Rhein mündet. Auf diesem Weg berührt sie die berühmten Weindörfer Altenahr, Rech, Mayschoß, Dernau, Walporzheim, Marienthal, Ahrweiler, Bachem, Bad Neuenahr und Heimersheim.

Die Weinbergslagen sind meist sehr steil, zum Teil steiler als an der Mosel, und sehr steinig. Vornehmlich besteht der Boden aus Schiefer- und Vulkanverwitterung, nur am Hangfuß der Steillagen ist gelegentlich auch Löß und Lehm anzutreffen. An der Ahr herrscht der Kleinbesitz vor, und die Flächen sind stark parzelliert. Nur wenige Winzer können vom Ertrag ihrer Reben allein leben, sie betreiben deshalb den Weinbau meist im Nebenerwerb. Viele dieser kleinen Betriebe, für die der Eigenausbau und die Selbstvermarktung kaum rentierlich wären, schlossen sich in Winzergenossenschaften zusammen. Heute erfassen und vermarkten diese etwa 90% der Traubenproduktion. Das Genossenschaftswesen hat an der Ahr eine lange Tradition: 1868 wurde in Mayschoß die erste Winzergenossenschaft Deutschlands gegründet.

Bekannt geworden ist die Ahr insbesondere durch seine Rotweine. Wahrscheinlich wurde schon im Mittelalter hier überwiegend Rotwein erzeugt, es läßt sich allerdings heute nicht mehr feststellen, aus welchen Rebsorten. Einen Hinweis auf die Einführung des Spätburgunders gibt ein Schreiben des Kellners Delhees aus Altenahr an den Erzbischof von Köln aus dem Jahre 1788. Darin heißt es u. a.: »... Ich habe daher in Erwägung gezogen, ob nicht eine andere und bessere Art Trauben ... auf die so ausnehmend gute Plätze angepflanzt werden könnte und dann befunden, daß der Rothe Burgunder Traube, der zu Aßmannshausen sich häufig vorfindet, am nützlichsten auch in besagter Ecke eingeführt werden könnte ... Die

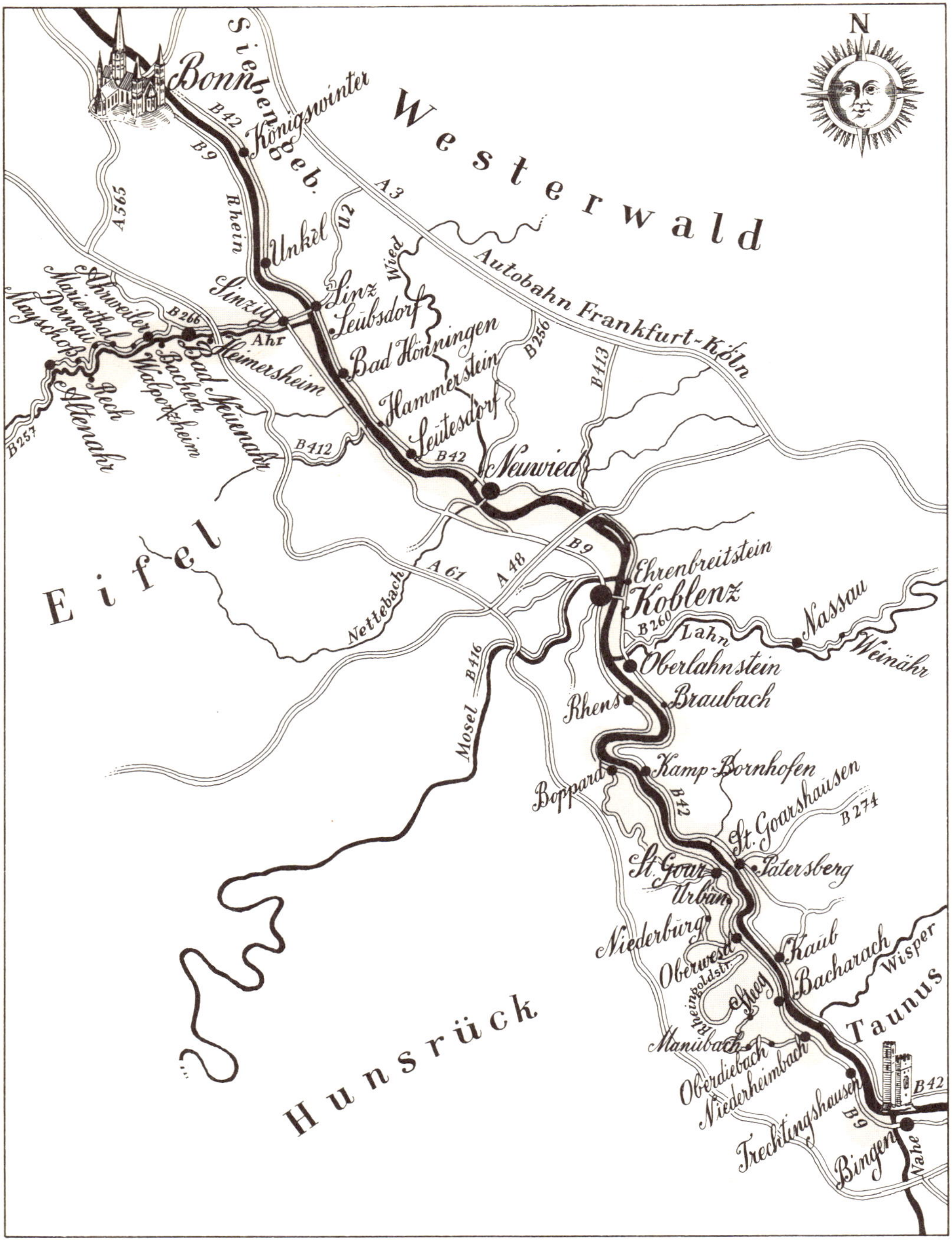
N
Bonn
Siebengeb.
Königswinter
Westerwald
Unkel
Linz
Leubsdorf
Sinzig
Ahr
Bad Hönningen
Hammerstein
Leutesdorf
Neuwied
Autobahn Frankfurt-Köln
Ahrweiler
Marienthal
Dernau
Mayschoß
Heimersheim
Bad Neuenahr
Bachem
Walporzheim
Rech
Altenahr
Eifel
Ehrenbreitstein
Koblenz
Lahn
Nassau
Weinähr
Oberlahnstein
Rhens
Braubach
Nettebach
Mosel
Boppard
Kamp-Bornhofen
St. Goarshausen
St. Goar
Patersberg
Urbar
Niederburg
Oberwesel
Kaub
Bacharach
Wisper
Taunus
Steeg
Rheingoldstr.
Manubach
Oberdiebach
Niederheimbach
Trechtingshausen
Bingen
Nahe
Hunsrück
Rhein
Wied
A565
A3
A61
A48
B9
B42
B257
B266
B412
B256
B413
B260
B416
B274
U2

Güte der von diesen Trauben gemachten Weine ist bekannt.« Anfang des 20. Jahrhunderts nahmen die roten Rebsorten etwa 90% der Rebflächen ein. Dieser hohe Anteil ging im Laufe der folgenden Jahrzehnte etwas zurück, als Folge der Degeneration des Blauen Spätburgunders und der geringeren Nachfrage nach Rotweinen. Als die Erfolge der Rebenzüchtung die Ertragssicherheit des Blauen Spätburgunders festigte und auch die Nachfrage nach Rotweinen wieder zunahm, konnte diese Rückwärtsentwicklung gestoppt werden. Heute sind etwa 60% der Fläche mit roten Rebsorten bestockt, und zwar mit etwa gleichem Anteil Blauem Spätburgunder und Portugieser. Vor 1971, als das Bezeichnungsrecht noch nicht so klar formuliert war, mischten die Ahrwinzer gern etwas vom reichtragenden Portugieser unter den Spätburgunder; »Porto-Burgunder« nannten ihn die Kollegen aus den anderen Anbaugebieten augenzwinkernd. Heute ist diese Möglichkeit eingeschränkt, wird eine Rebsorte angegeben, muß ihr Anteil mindestens 85% betragen.
Die Rotweine werden, dem Kundengeschmack entsprechend, auch heute noch überwiegend süß ausgebaut, die Auswahl an trockenen ist nicht besonders groß. Die Ahrrotweine bestechen durch ihre feine Art, sie sind nicht so körperreich und auch nicht so farbkräftig wie die Badener oder die Württemberger, und sie enthalten in der Regel nicht soviel Gerbstoff. Mit anderen Worten: es sind süffige Weine, die dazu verleiten, viel zu trinken.
Vergessen darf man aber nicht, daß an der Ahr auch Weißweine erzeugt werden – Riesling und Müller-Thurgau. Sie entsprechen in ihrer Art etwa denen des Mittelrheins, haben also nicht ganz die feine Eleganz der Moselweine, wirken aber meist kerniger.
Eine touristische Besonderheit ist der Rotweinwanderweg, der 1972 eröffnet wurde. Er führt von Altenahr bis nach Lohrsdorf, und es gibt in jedem Weindorf eine Verbindung zum Auf- oder Abstieg. Er ist gekennzeichnet durch eine rote Traube und führt auf seinen 30 Kilometern durch alle bekannten Weinlagen der Ahr.

Mittelrhein

Das Weinbaugebiet Mittelrhein gehört sicherlich zu den am besten bekannten Landschaften Deutschlands. Kaum ein Verein versäumt es, seinen Mitgliedern irgendwann einmal eine Schiffsreise von Bingen nach Koblenz zu »verordnen«. Und die große Zahl der ausländischen Besucher, die in jedem Jahr diese Strecke befahren, beweist den hohen Bekanntheitsgrad auch im Ausland. Wer wo auch

Karte: Ahr und Mittelrhein.

immer vom Rhein schwärmt und von der Schönheit der ihn begleitenden Landschaft, der meint in der Regel den Mittelrhein, meint Bacharach, Kaub, Oberwesel, St. Goar und St. Goarshausen, Boppard – und vor allem die Loreley. Jener Felsen, der das Bett des Rheins eng macht und um den sich die Sage der Jungfrau mit dem goldenen Haar rankt, die Brentano in das bekannte Märchen umgearbeitet hat. Es sind nur etwa fünf Prozent der Flußlänge, um die es hier geht, aber auf dieser Strecke ist so ziemlich alles zu finden, was das Herz des Romantikers höher schlagen läßt: Burgen und Schlösser auf beiden Seiten, malerische Dörfer mit oft mittelalterlichem Kern, schmucke Kirchen, hoch aufragende Felswände und natürlich viele Weinberge an steilen Hängen.
Die steile Lage erschwert die Bearbeitung, was durch das Fehlen eines ausreichenden Wegenetzes verstärkt wird. Das hat in den letzten Jahren viele Winzer veranlaßt, den Weinbau in den allerschwierigsten Lagen aufzugeben. Durch Flurbereinigungsmaßnahmen in Verbindung mit dem Bau von Weinbergswegen und mächtigen Stützmauern wird versucht, diese Rückentwicklung aufzuhalten. Der Staat unterstützt großzügig diese Maßnahmen mit finanziellen Zuschüssen, weil man sich bewußt ist, daß diese Landschaft viel von ihrem Reiz und damit auch viel von ihrer Anziehungskraft auf die Touristen verlieren würde, wenn die Reben verschwänden. Aus dem engen Tal des Rheins erstreckt sich der Weinbau auch in die kleinen, zum Teil sehr schmalen Nebentäler bis zu vier Kilometer aufwärts; im Lahntal ist heute noch Weinbau bis 25 Kilometer von der Mündung flußaufwärts bei Obernhof und Weinähr zu finden.
Typisch für den Mittelrhein-Weinbau sind die vielen Terrassen mit kunstvoll gefügten Stützmauern, die auch nach den Flurbereinigungsmaßnahmen erhalten blieben. Die Reben stehen überwiegend auf Tonschieferböden, zum Teil auch auf Löß, Lehm und sandigem Kies.
Der Landstrich am Mittelrhein gehört mit zu den wärmsten Gegenden Deutschlands, an 40 – 48 Tagen im Jahr erreicht die Temperatur 25°C. Milde Winter, früh einsetzendes Frühjahr und eine bis in den Spätherbst hineinreichende Vegetation sind die besonderen Merkmale. Die große Wasserfläche des Rheins gleicht Temperaturunterschiede aus, so daß es selten zu den vom Winzer so gefürchteten Frühjahrsfrösten kommt.
Ähnlich wie an der Mosel ist auch am Mittelrhein der Riesling die

dominierende Rebsorte, wenngleich sein Anteil in den letzten Jahren etwas zurückgegangen ist. Heute sind etwa 77% der Rebfläche mit dieser Sorte bestockt. Die Riesling-Weine des Mittelrheins sind bekannt für ihre kernige, rassige Art – und für ihre betonte Säure. Die Säure ist es auch, die den Winzern gelegentlich zu schaffen macht, weshalb in den weniger guten Lagen der Riesling säureärmeren Sorten weichen mußte. Es sind das meist Neuzüchtungen, die selten sortenrein auf die Flaschen kommen, sondern mehr dem Verschnitt dienen, sie sollen die manchmal etwas harte Säure des Rieslings mildern. Als zweite wichtige Sorte ist der Müller-Thurgau zu nennen, dessen Anteil etwa 12% beträgt. Er liefert am Mittelrhein Weine mit zartem Duft. Das Bukett ist nicht besonders stark ausgeprägt, so daß die Weine nur schwer als Müller-Thurgau zu erkennen sind. Sie werden oft ohne Sortenangabe auf dem Etikett verkauft, natürlich mit dem Hintergedanken, daß der Konsument meint, einen Riesling zu trinken.

Bei Patersberg in der Nähe von St. Goarshausen, rund um Unkel am unteren Mittelrhein sowie an der Lahn bei Obernhof sind kleine Rotweininseln zu finden. Hier bauen die Winzer auf einer Fläche von insgesamt nur etwa 14 Hektar Blauen Spätburgunder und Portugieser an. Wenig bekannt ist, daß am Mittelrhein auch Silvaner angebaut wird, der hier milde Weine mit leichter Säure und zartem Bukett liefert. Wertvolle Silvaner-Weine sind jedoch selten.

Die Weine werden der hohen Säure wegen größtenteils mit dienender Süße ausgebaut, aber auch wegen der Vorliebe der Touristen für diese Art von Weinen, trockene muß man suchen.
Am Mittelrhein überwiegt der Kleinbesitz. Trotzdem haben sich viele selbstausbauende und selbstvermarktende Weinbaubetriebe entwickelt. Das hängt ganz eng mit dem Fremdenverkehr zusammen. Die zahlreichen Besucher trinken den hier erzeugten Wein an Ort und Stelle in den vielen Ausflugslokalen und Straußwirtschaften, so daß sich der Winzer wenig Gedanken um den Absatz machen muß und auch einen guten Preis für seinen Wein erzielt. Rund 70% der Ernte werden von diesen kleinen Weingütern vermarktet, nur 25% von Winzergenossenschaften.
Zum Anbaugebiet Mittelrhein gehört auch der Weinbau am *Siebengebirge* vor den Toren Bonns. In den Gemeinden Oberdollendorf und Königswinter sind heute noch, bzw. wieder, etwa 20 Hektar mit Reben bepflanzt. Auch hier sind es in erster Linie Riesling und Müller-Thurgau, die feinfruchtige und frische Weine liefern. In der Säure sind sie nicht ganz so betont wie die Weine des eigentlichen Mittelrheins, aber auch sie werden in der Regel mit deutlich schmeckbarer Süße abgefüllt.

Mosel Saar Ruwer

Das Anbaugebiet Mosel-Saar-Ruwer kann für sich in Anspruch nehmen, den höchsten Bekanntheitsgrad aller deutschen Anbaugebiete zu besitzen. Das ist nicht auf die Größe zurückzuführen, denn mit 12 000 Hektar Rebland folgt es erst an vierter Stelle hinter Rheinhessen, Rheinpfalz und Baden. Es dürfte vielmehr mit der langen weinbaulichen Tradition zu begründen sein und natürlich auch mit der Qualität der Weine. Wenn in anderen Gebieten oft vergeblich versucht wird, den Weinbau auf römischen Ursprung zurückzuführen, an der Mosel ist er offenkundig. Schon im ersten nachchristlichen Jahrhundert hatte der Weinbau hier einen beachtlichen Umfang, und im vierten Jahrhundert konnte der Dichter AUSONIUS aus Bordeaux eine Beschreibung der Mosellandschaft geben, die heute noch Geltung hat:

> Hoch hinauf bis zum Kamm der schräg ansteigenden Lehnen,
> Unbekümmert um Felsen, Steile, Vorsprung und Faltung,
> Rankt sich die Rebe und füllt das natürliche Amphitheater.
> Welch ein Jubel tönt bei der Lese herab von den Höhen.

Karte: Mosel-Saar-Ruwer.

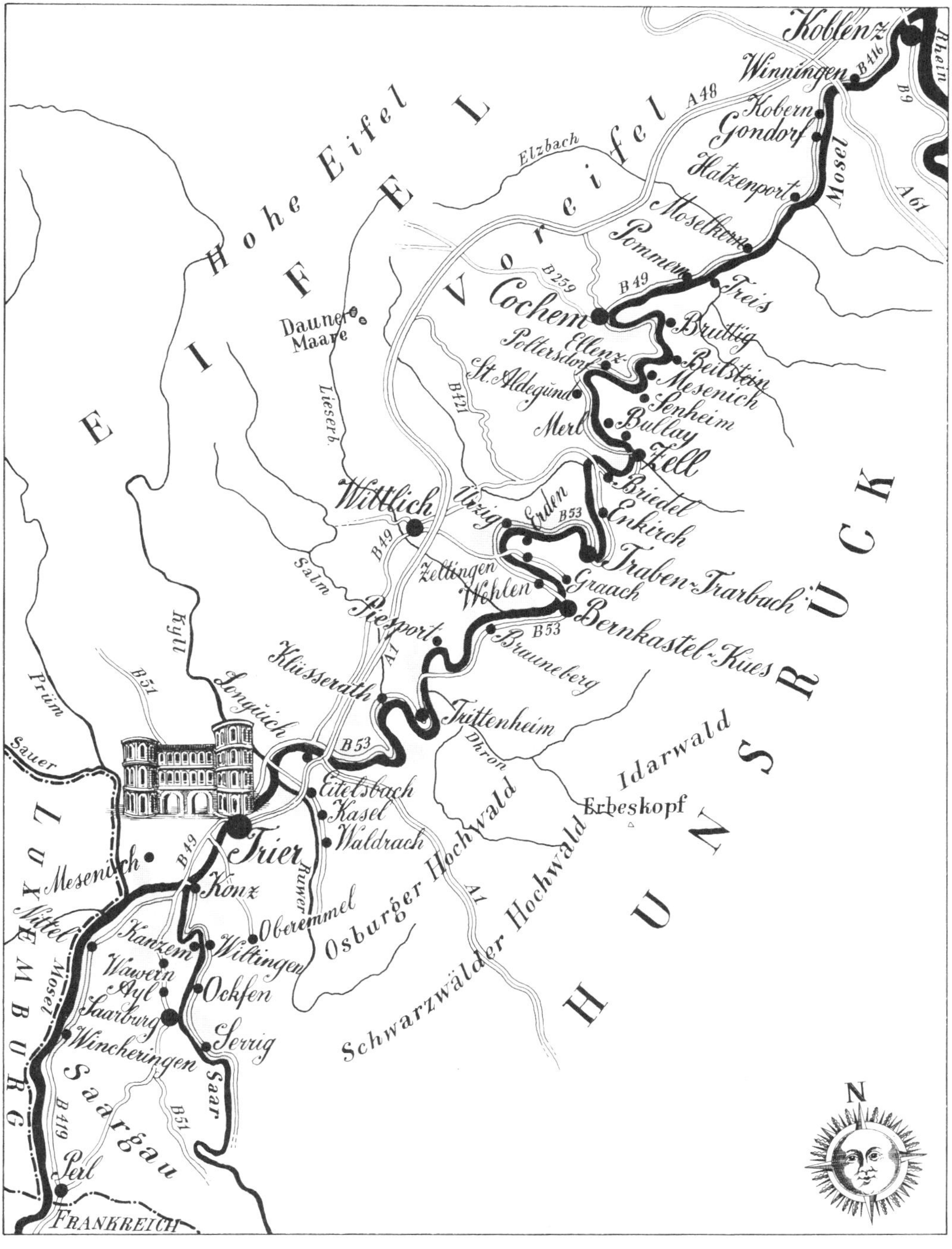
Koblenz
Rhein
Winningen
B416
B9
A48
Kobern
Gondorf
Mosel
Hatzenport
A61
Elzbach
Hohe Eifel
EIFEL
Voreifel
Moselkern
Pommern
Treis
B259
B49
Cochem
Bruttig
Daune Maare
Ellenz
Poltersdorf
Beilstein
Mesenich
St. Aldegund
B421
Senheim
Lieserb.
Merl
Bullay
Zell
Briedel
Wittlich
Ürzig
Erden
B53
Enkirch
B49
Traben-Trarbach
Zeltingen
Wehlen
Graach
Salm
Piesport
Bernkastel-Kues
Kyll
B53
A1
Brauneberg
HUNSRÜCK
B51
Klüsserath
Longuich
Trittenheim
Prüm
Dhron
B53
Idarwald
Sauer
Eitelsbach
Osburger Hochwald
Kasel
Erbeskopf
Waldrach
Trier
Mesenich
B49
Ruwer
Konz
A1
Schwarzwälder Hochwald
Oberemmel
Nittel
Kanzem
Wiltingen
LUXEMBURG
Wawern
Ayl
Ockfen
Mosel
Saarburg
Serrig
Wincheringen
Saargau
Saar
B419
B51
Perl
FRANKREICH
N

Der Moselkenner unterteilt dieses Gebiet in fünf Untergebiete: Obermosel, Saar, Ruwer, Mittelmosel und Untermosel. Als *Obermosel* wird das Gebiet bezeichnet, das sich von Perl im Saarland bis zur Einmündung der Saar erstreckt. Es ist die einzige deutsche Weinlandschaft, wahrscheinlich die einzige in der ganzen Welt, in der noch der Elbling in größerem Umfang angebaut wird. Es ist eine anspruchslose Sorte, die meist große Erträge und kleine, neutrale Weine liefert. Sie fanden bisher immer guten Absatz in der Sektindustrie. Durch die Rückbesinnung auf das Einfache, das Natürliche, das überall zu beobachten ist, bekam der Elbling auch als Stillwein eine neue Chance. Mehr und mehr Betriebe bringen wieder Elbling-Weine auf den Markt.

Auch die Weine der *Saar,* das Gebiet erstreckt sich von der saarländischen Grenze bis zur Einmündung in die Mosel, werden gern zur Sektherstellung verwendet. Das insbesondere der hohen Säure wegen, die den deutschen Sekten die feine, rassige Art gibt, die sie von den Champagnern unterscheidet. Doch die Saar ist mehr bekannt ihrer Weine wegen. Namen wie Ayler Kupp, Scharzhofberg, Ockfener Geisberg, Wiltinger Braunfels, Serriger Vogelsang oder Kanzemer Altenberg lassen das Herz des Weinliebhabers höher schlagen. Die Saar hat mehr als andere Gebiete unter der Ungunst der Witterung zu leiden. Nicht in jedem Jahr kann der Winzer gute Qualitäten erzeugen, und oft wandert der Wein in die Sektkellerei. Wenn jedoch die Natur mitspielt und trockene, heiße Jahre beschert, dann wachsen an der Saar Weine von allerfeinster Frucht und Rasse, die selbst von den Weinen aus den besten Lagen der Mittelmosel nicht übertroffen werden.

Nur sieben Kilometer lang ist das kleine Gebiet der *Ruwer,* wovon die Weine des Karthäuserhofes in Eitelsbach am bekanntesten sind.

Das Herzstück des Moselgebietes ist die *Mittelmosel,* die sich von der Einmündung der Saar kurz vor Trier bis nach Alf unterhalb Bernkastel-Kues erstreckt. Hier sind weltberühmte Weinorte und Lagen zu finden. Es beginnt mit Trier, dem Augusta Treverorum der Römer, das auf eine zweitausendjährige Geschichte zurückblicken kann. Es folgt Schweich auf der linken Flußseite, Mehring mit seinem Plattenberg und Klüsserrath mit der Brüderschaft. Auf der rechten Seite dann Leiwen, das seine Rebfläche so stark ausgeweitet hat, nicht gerade zum Vorteil für die Weinqualität, Trittenheim mit dem Altärchen und auf der anderen Flußseite Neumagen, wo das bekannte römische Weinschiff gefunden wurde mit dem andächtig lauschenden Steuermann. Weiter abwärts folgt Dhron mit dem Hofberg und Piesport mit der Lage Goldtröpfchen. Das Zentrum der Mittelmosel beginnt mit der Brauneberger Juffer und setzt sich fort mit den Lagen von Lieser-Niederberg und Schloßberg. Und dann kommt Bernkastel mit der weltberühmten Doktor-Lage, deren Wein einst dem Erzbischof Boemund II. von Trier das Leben rettete. Nur einen Hektar Rebfläche umfaßt diese Lage, die kleinste im Bundesgebiet, und dementsprechend teuer sind die daraus gewonnenen Weine. Wenige Kilometer flußabwärts folgt Graach mit der kaum weniger bekannten Lage Himmelreich und auf der anderen Seite grüßt Wehlen mit seiner Sonnenuhr. Nicht minder bekannt dann das Zeltinger Himmelreich oder der Ürziger Würzgarten, das Erdener Treppchen und nicht zu vergessen, der Kröver Nacktarsch. Mit Traben-Trarbach, Pünderich, Enkirch und Zell mit seiner Schwarzen Katz, sind wir am Ende der Mittelmosel angelangt. Das Zentrum der *Untermosel* ist Cochem mit dem Cochemer Krampen, der zwanzig Kilometer langen Moselschleife. Aber auch die Weine von Valwig, Eller und Pommern erfreuen sich eines guten Rufes. Winningen mit der Weinhex bildet den Abschluß des Moselgebietes.

Der Weinbau der Mosel ist geprägt durch steile Hänge, die sich den vielen Schleifen des Flusses entlangziehen. Früher wurde Weinbau ausschließlich in diesen Steillagen betrieben. Die Steigerung des Weinkonsums in den Nachkriegsjahren und wirtschaftliche Zwänge führten auch an der Mosel zur Ausweitung der Rebfläche. Der Weinbau erweiterte sich bis in die Flußniederungen und in die

schattenreichen Seitentäler hinein. In diesen zweit- und drittklassigen Lagen war kein Platz für den anspruchsvollen Riesling, der vordem die ausschließliche Rebsorte dieses Gebietes darstellte. Man griff zum Müller-Thurgau und sonstigen Neuzüchtungen, die auch in solchen Lagen noch ausreichende Mostgewichte brachten, die aber den Typ des Moselweins verfälschten. Heute sind nur noch etwa 55% der Rebfläche mit Riesling bestockt. Das Moselgebiet hat damit nicht mehr den höchsten Riesling-Anteil aller deutschen Anbaugebiete, diesen Platz hat jetzt der Mittelrhein und der Rheingau eingenommen. Die Vergrößerung der Sortenpalette hat auch dazu geführt, daß heute, im Gegensatz zu früher, die Rebsorte auf dem Etikett angegeben wird. Fehlt sie, kann man ziemlich sicher sein, daß die Flasche keinen Riesling enthält.

Was den Moselwein so bekannt gemacht hat, und auch so beliebt, das ist insbesondere seine Bekömmlichkeit. Auch heute noch verschreiben viele Ärzte ihren Patienten ein leichtes »Möselchen«. Es ist der leichteste, süffigste und eleganteste deutsche Wein, den die Moselwinzer erzeugen. Er läßt sich in großen Mengen trinken, ohne daß er einen so richtig in Besitz nimmt. Und in guten Jahren entwickelt er eine großartige Frucht und feinste Rasse. Doch Vorsicht ist geboten, nicht alle Moselweine können heute noch so positiv umschrieben werden. Die Gewächse aus den Seitentälern, die Sonnenschein nur vom Hörensagen kennen, und die Massenprodukte aus den Flußniederungen sind oftmals nicht mehr als »kleine Weinchen« ohne Eigenart und Klasse. Man muß sich schon die Lagen seines Lieferanten genau anschauen, will man nicht bös reinfallen. Nirgendwo in Deutschland sind die Qualitätsunterschiede zwischen den Lagen derart groß wie an der Mosel.

Der typische Boden des Moselgebietes ist der Tonschiefer, ein sehr durchlässiger und leicht erwärmbarer Untergrund, der speziell für die besondere Note der Moselweine verantwortlich ist. Der Tonschiefer verwittert sehr leicht und bewirkt dadurch eine laufende Erneuerung des Bodens. Das hat es dem Moselwinzer ermöglicht, zweitausend Jahre lang ohne Unterbrechung auf ein und demselben Grundstück Reben zu kultivieren.

Die nördliche Lage, zwischen dem 49. und 50. Breitengrad, macht dem Winzer manchmal zu schaffen. Das besonders, weil der Riesling eine spätreifende Sorte ist und deshalb eine lange Vegetationsperiode benötigt. Dagegen hat der Moselwinzer nur selten mit

Frühjahrsfrösten zu tun, dafür sorgt die ausgleichende Wirkung der großen Wasserfläche und eine ausgeprägte Luftzirkulation, die die Kaltluft aus den Tallagen hinausweht.
Typisch für den Mosel-Weinbau ist auch die enorme Besitzersplitterung, wofür Bodenknappheit, fehlende Beschäftigungsmöglichkeiten und jahrhundertelang geübte Realteilung verantwortlich zu machen sind. Die Rebfläche ist in über 120 000 Parzellen aufgeteilt. Trotzdem haben sich an der Mosel zahlreiche kleine Weingüter entwickelt, mehr als in allen anderen Anbaugebieten, und nur 18% der Traubenerfassung ist genossenschaftlich organisiert. Auch in der Rebenerziehung nimmt die Mosel eine Sonderstellung ein. Während in allen anderen Gebieten der Drahtrahmen als Unterstützungsvorrichtung üblich ist, findet man in den Steilhängen der Mosel immer noch die Pfahlerziehung. Sie wird in den steilen Terrassen auch in Zukunft beibehalten werden, weil nur sie ein Kreuz- und Quergehen erlaubt, was bei der Steilheit des Geländes eine zwingende Notwendigkeit ist.
Auch im Keller hat der Moselwinzer eine Besonderheit vorzuweisen: das Mosel-Fuderfaß. Es faßt 1000 Liter, ist rund und nur mit einem Spund- und Zapfloch versehen, verfügt also über kein Türchen. Deshalb muß es zum Reinigen vom Lager genommen werden. Dazu wird es mit etwa 50 Liter Wasser gefüllt und durch rhytmisches Hin- und Herbewegen auf einer Schrotleiter ausgeschwenkt.
Den Moselwein trinkt man am vorzüglichsten aus dem Treveris-Glas. Es ist ein Stengelglas, 13–14 cm hoch, mit einem ausladenden Apfelkelch, das im oberen Teil 22 Sterne und, durch eine horizontal verlaufende Rille getrennt, darunter die gleiche Anzahl von links unten nach rechts oben geschliffene Oliven trägt. Die mundgeblasenen Gläser sind recht dünn und trotzdem erstaunlich stabil, so daß sie auch eine Reinigung in der Spülmaschine unbeschadet überstehen.

Nahe

»Nahewein der Krone Edelstein«, so heißt der Werbeslogan der Nahe-Wein-Werbung. Nun, der Nahewein ist nicht der einzige Edelstein in der Krone der Deutschen Weine, das wissen die Verantwortlichen in diesem Gebiet natürlich ganz genau, und wie alle Werbesprüche ist eben auch dieser nicht so ernst zu nehmen. Aber die Nahewinzer müssen schon etwas mehr tun als ihre Kollegen aus anderen Gebieten, um das Image ihres Weins aufzupolieren, denn selbst heute noch ist vielen Konsumenten der Nahewein eine unbekannte Größe. Das liegt nicht an der Qualität, die kann neben der anderer Gebiete durchaus bestehen, auch nicht an der Größe, mit 4500 Hektar Fläche nimmt die Nahe eine Mittelstellung ein. Es ist vielmehr die geographische Lage: Eingezwängt zwischen den Anbaugebieten Mosel-Saar-Ruwer und Rheinhessen, und nur durch den Rhein vom bekannten Rheingau getrennt, steht der Nahewinzer einer übermächtigen Konkurrenz gegenüber. Es fehlt das Hinterland und auch der Fremdenverkehr ist hier nur mäßig entwickelt. Das alles erschwert den Weinabsatz und drückt auf die Preise.

Der Weinbau beginnt an der *Oberen Nahe* bei Monzingen und Meddersheim. Zum Rhein hin folgen zwei Abstufungen, zunächst die *Mittlere Nahe*, deren Herzstück bei Schloß Böckelheim zu finden ist. Bei Bad Kreuznach fängt die *Untere Nahe* an, nachdem der Fluß bei Bad Münster den Rotenfels passiert hat. Das Gebiet reicht bis zur Einmündung in den Rhein zwischen Bingen und Bingerbrück. Von der unteren Nahe erstreckt sich der Weinbau auch in die Seitentäler – *Trollbachtal, Guldenbachtal, Gräfenbachtal* – und erreicht damit schon die Ausläufer des Hunsrücks. Besonders reizvoll ist das schmale Trollbachtal bei Münster-Sarmsheim mit seinen bizarr ausgeformten Felsformationen. Zum Anbaugebiet Nahe gehört auch der Weinbau an den kleinen Nebenflüßchen *Glan* und *Alsenz*. An der Glan ist insbesondere der Weinbau von Odernheim zu nennen und das Kloster Disibodenberg, an der Alsenz Altenbamberg, Nieder- und Obermoschel und Feilbingert.

Zentrum des Nahe-Weinbaus ist *Bad Kreuznach* mit einer größeren Anzahl bekannter Weingüter, einer Weinbau-Lehranstalt und der Firma Seitz, Weltlieferant für Filter und Abfüllmaschinen. Bei Seitz wurde die Entkeimungsfiltration entwickelt, die erst das Abfüllen restsüßer Weine ermöglichte. Nur wenige Kilometer flußaufwärts ist das reizvolle Münster am Stein gelegen, eingebettet zwischen steil aufragenden Felsen und bekannt für seine Sole-Bäder. Einige größere Weingüter dieses Gebietes sind über die engeren Grenzen hinaus bekannt geworden. Dazu gehört insbesondere die Staatsdomäne Niederhausen, aber auch die privaten Güter in Bad Kreuznach, Anheuser, Finkenauer und Reichsgraf von Plettenberg. Weitere bekannte Betriebe dieses Gebietes sind das Weingut Crusius in *Traisen*, das Höfer'sche Weingut in Burg Layen und das Weingut Erbhof Tesch in Langenlonsheim.

Karte: Nahe.

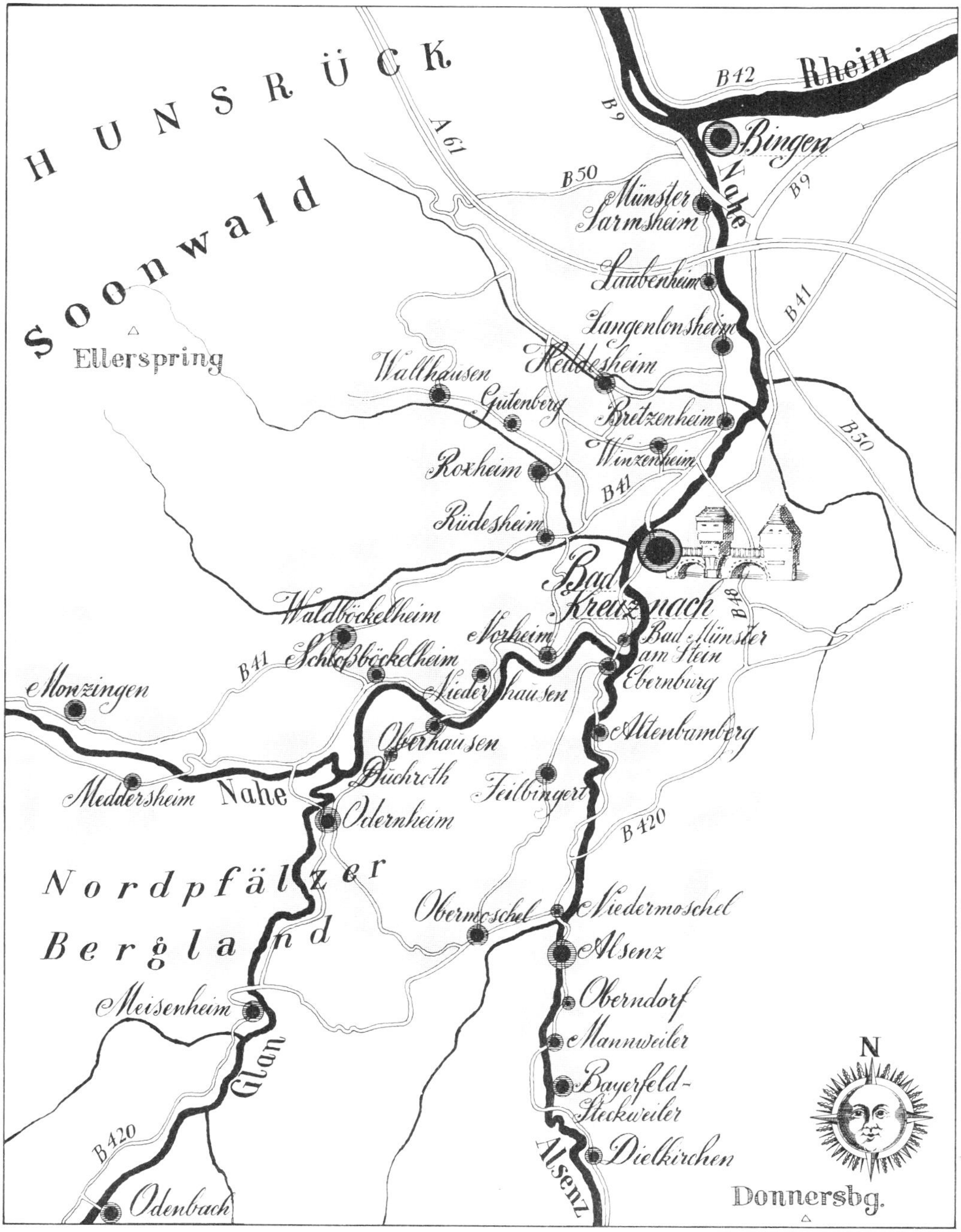

HUNSRÜCK
Soonwald
Ellerspring
Rhein
B42
B9
A61
Bingen
Nahe
B50
Münster Sarmsheim
Laubenheim
B41
Langenlonsheim
Heddesheim
Wallhausen
Gutenberg
Bretzenheim
B50
Winzenheim
Roxheim
B41
Rüdesheim
Bad Kreuznach
B48
Waldböckelheim
Norheim
Bad Münster am Stein
Ebernburg
B41
Schloßböckelheim
Monzingen
Niederhausen
Oberhausen
Altenbamberg
Duchroth
Feilbingert
Meddersheim
Nahe
Odernheim
B420
Nordpfälzer Bergland
Obermoschel
Niedermoschel
Alsenz
Oberndorf
Meisenheim
Mannweiler
Glan
Bayerfeld-Steckweiler
B420
Dielkirchen
Alsenz
Odenbach
N
Donnersbg.

Klimatisch und geologisch nimmt die Nahe eine Sonderstellung unter den deutschen Anbaugebieten ein. Im Regenschatten von Hunsrück und Pfälzerwald gelegen, fallen nur etwa 500 Liter pro Quadratmeter Niederschläge im Jahr, kaum mehr als die Hälfte dessen, was zum Beispiel auf die Weinberge am Schwarzwaldrand niederregnet. Die Nahe gehört damit zu den an Niederschlag ärmsten Gebieten Deutschlands.

Sehr reich dagegen ist dieses Gebiet an verschiedenen Bodenformationen: Schiefergestein, Grauwacke, Quarzite, Rotliegendes und Porphyre. Dazu kommen Löß- und Lehmablagerungen in den tiefer gelegenen Lagen. Es ist nicht unbedingt der fruchtbarste Boden, auf dem die Reben hier stehen, und in Verbindung mit dem chronischen Wassermangel läßt das Wachstum oft zu wünschen übrig. Aber das sind gleichzeitig günstige Voraussetzungen für die Erzeugung guter und bester Qualitäten.

Die Vielseitigkeit der Böden wirkt sich auf den Weincharakter aus. Es gibt nicht den Nahewein, sondern sehr viele, verschieden geformte Gewächse. Alle aber haben sie den gleichen Grundton: es sind fruchtige, frische und im wesentlichen leichte Weine.

Der Nahewinzer vergleicht seine Weine gern mit denen anderer Gebiete, ein Zeichen für fehlendes Identitätsbewußtsein. Er nennt die Nahe das »Probierstübchen des Deutschen Weins«. Das ist sicher übertrieben, denn der Nahewein ist zum Beispiel keinesfalls ähnlich dem der süddeutschen Gebiete, also den Franken, den Badenern oder den Württembergern. Aber gewisse Ähnlichkeiten sind vorhanden mit der Mosel, Rheinhessen und dem Rheingau. Otto Flach hat das in Verse verfaßt:

> Die schönen Säuren, die den Moselreben
> das Spritzige und Perlende abgeben,
> das milde Feuer, das im Pfälzer glimmt,
> und was den Rheinwein edelblumig stimmt,
> das findet man im Nahewein vereint,
> wenn funkelnd er wie Gold im Glase scheint.

Die Weine der Nahe werden vorwiegend aus den Sorten Müller-Thurgau, Riesling und Silvaner gewonnen. Noch vor dreißig Jahren war hier der Silvaner die wichtigste Rebsorte gewesen, sicherlich bedingt durch die enge Nachbarschaft zu Rheinhessen, wo diese

Sorte auf eine lange Tradition zurückblicken kann. So ab den 50er Jahren wurde er jedoch mehr und mehr vom Müller-Thurgau verdrängt, der heute etwa 30% der Fläche einnimmt. Der Riesling, mit einem Anteil von etwa 20%, hat seine Position im wesentlichen halten können. Er bringt an der Nahe nur in den allerbesten Lagen zufriedenstellende Qualitäten, weshalb auch eine weitere Ausdehnung kaum möglich ist. Die Ausweitung der Rebfläche und Schwierigkeiten im Absatz haben dazu geführt, daß auch an der Nahe Experimente mit Neuzüchtungen durchgeführt wurden, wovon jedoch nur Scheurebe, Kerner und Bacchus eine gewisse Bedeutung erlangt haben.

Steillagen wie an der Mosel oder dem Mittelrhein sind an der Nahe selten, nur im Trollbachtal, am Rotenfels und an der oberen Nahe sind einige zu finden. Ansonsten wird der Weinbau am Hang und auf ebenen Flächen betrieben. Das erleichtert natürlich die Weinbergsarbeit. Hinzu kommt ein vorzüglich ausgebautes Wegenetz, das im Zuge der schon sehr früh durchgeführten Flurbereinigungsmaßnahmen entstanden ist.

Gut die Hälfte des Weines wird von mittleren bis größeren Weingütern vermarktet, jeweils ein Viertel vom Handel und den Genossenschaften. In Langenlonsheim ist seit einigen Jahren auch der Sitz der Firma Pieroth, der größten Weinhandelskellerei Deutschlands.

Rheingau

Mit seiner knapp 3000 Hektar Rebfläche ist der Rheingau eines der kleineren Anbaugebiete, gleichzeitig aber auch das geschlossenste. Es ist nur 38 Kilometer lang und etwa 7 Kilometer breit und erstreckt sich von Hochheim am Main über Wiesbaden am rechten Rheinufer entlang bis nach Lorchhausen. Wer gut zu Fuß ist, kann dieses Gebiet an einem Tag durchwandern. Die Taunushöhen schirmen die Weinberge nach Norden ab, und da das Gebiet exakt in ost-westlicher Richtung verläuft, blicken die Reben alle genau nach Süden. Zum Rheingau gehören auch die Rebflächen um *Hochheim* am Main, die Weine von besonderer Eigenart hervorbringen; man sagt ihnen einen rauchigen Geschmack nach. Als Königin Victoria von England 1850 Hochheim besuchte, war sie von diesem Wein so begeistert, daß sie ihn zu ihrem Lieblingswein kürte. Von da an wurden alle Rheinweine in England einfach als Hock bezeichnet. Sogar eine medizinische Wirkung sagte man diesen Weinen nach: »Good hock keeps the doc« – »Guter Rheinwein hält den Doktor fern«. Der

Taunus erhebt sich im Rheingau allmählich und sanft aus der Rheinebene, nicht steil und schroff wie am Mittelrhein. Nur zwischen Rüdesheim und Lorchhausen gibt es Steilhänge, die dort zum Teil mit mächtigen Mauern abgestützt werden mußten. Das muldenartig geformte Gelände wirkt wie ein riesiger Hohlspiegel, das die Sonnenstrahlen einfängt, die zudem noch von dem hier sehr breiten Rheinstrom reflektiert werden. Die riesigen Wassermassen wirken darüber hinaus auch noch als Wärmespeicher. Eine Besonderheit dieses Gebiets ist der starke Morgennebel im Herbst, »Traubendrücker« nennen ihn die Winzer, da er die Botrytis fördert, jenen Pilz, der die erwünschte Edelfäule hervorruft.

Die Reben stehen hier auf 286 verschiedenen Bodeneinheiten, wie die bodenkundliche Weinbergskartierung ausweist. Vorherrschend jedoch sind Quarzit- und Tonschiefer, Löß und Lehm.

Der Weinbau dieses Gebietes ist relativ jung, die Rodung der ehemals wahrscheinlich mit Niederwald bedeckten Hänge erfolgte erst in der Karolingerzeit und in den folgenden zwei bis drei Jahrhunderten. Es waren die Klöster, allen voran Eberbach und Johannisberg, die den Weinbau vorantrieben. Sie produzierten im Mittelalter schon soviel Wein, daß sie damit einen schwunghaften Handel betreiben konnten. Sie führten schon sehr früh die Rebenselektion durch, pflanzten erstmals den Riesling als Hauptqualitätsrebsorte an und entwickelten neue Methoden bei der Bearbeitung der Reben und in der Kellerwirtschaft. Der Rheingauer Winzer, schon immer ein freier Bauer, nicht leibeigen wie sein süddeutscher Kollege, und deshalb auch gewohnt, in eigener Verantwortlichkeit zu handeln, übernahm diese Anregungen und gab sie an seine Nachkommen weiter. So entwickelte sich in diesem Gebiet sehr früh ein äußerst fortschrittlicher Weinbau. Und früher als in allen anderen Weinbaugebieten wurde auf die Qualität geachtet, und es verwundert daher nicht, daß der hohe Bekanntheitsgrad der deutschen Weißweine hier seinen Ausgangspunkt hat. In diesem Zusammenhang muß auch die Einführung der Spätlese genannt werden, die erstmals in den Weinbergen des Benediktinerklosters Johannisberg durchgeführt wurde. Irgendwann zwischen 1760 und 1770, der genaue Zeitpunkt läßt sich nicht mehr ermitteln, warteten die Mönche vergeblich auf das Eintreffen des Kuriers des Fürstabtes von Fulda, der ihnen die Erlaubnis zum Beginn der Traubenlese überbringen sollte. Die Trauben faulten und wurden von Tag zu Tag unansehnlicher. Schon wollte man die ganze Ernte als verloren betrachten, da kam der unterwegs erkrankte Bote doch noch. Mit gemischten Gefühlen machten sich die Mönche an die Arbeit, und siehe da, die faulen Trauben brachten eine Qualität, wie sie vordem noch nicht geerntet worden war.

Anfang des 19. Jahrhunderts war es im Rheingau schon üblich, in Vor-, Haupt- und Spätlese zu unterscheiden, was vor allem auf die Bemühungen des Eltviller Bürgermeisters und späteren Kellermeisters von Schloß Johannisberg, Johann Baptist Heckler zurückzuführen ist. Differenzierte und späte Lese sowie der fast ausschließliche Anbau des edlen Rieslings waren die Grundlagen für den so erfolgreichen Qualitätsweinbau des Rheingaus.

Auch heute noch sind rund 80% der Rebfläche mit Riesling bestockt. Der Rheingau hat somit den höchsten Riesling-Anteil aller deutschen Anbaugebiete, deutlich mehr als die Mosel. Er bringt hier außerordentlich kernige Weine, also Weine mit betonter Säure, aber auch mit feinem Spiel und fruchtigem Aroma. Der hohen Säure wegen werden die Weine überwiegend mit deutlicher Süße abgefüllt, der Anteil der trockenen ist gering.

Es ist nicht nur die absolute Höhe der Säure, der Mosel-Riesling steht dem Rheingauer nicht nach, sondern auch deren Stahligkeit und Härte, die nach einer Abrundung verlangt. Im Rheingau wird deshalb selbst zum Essen nicht der trockene Wein empfohlen, sondern der halbtrockene. Und man muß zugeben, daß diese Weine eine kleine Abrundung vertragen, ohne gleich süß zu schmecken.

In guten Jahren und bei Auftreten von Edelfäule gedeihen im Rheingau Weine von unnachahmlicher Qualität: kernig, rassig, manchmal schon stahlig, und von größtem Variationsreichtum im Aroma. Es sind keine leichten Weine wie die von der Mosel, sie fordern den Trinkenden, nehmen ihn in Anspruch. In kleinen Jahren jedoch gibt es auch zahlreiche kleine Weine mit zu hoher Säure, in solchen Jahren wandert viel in die Sektkellereien. Es gibt im Rheingau Weingüter, die es sich zur Gewohnheit gemacht haben, nur gute Jahrgänge als Stillweine auszubauen, die geringen werden ganz an die Sektkellerei verkauft. Das sind Auswirkungen der großen Qualitätsunterschiede zwischen den einzelnen Jahrgängen, die typisch sind für die nördlichen Anbaugebiete.

Nur ein kleiner Teil der Rebfläche ist mit Müller-Thurgau bestockt, es sind im wesentlichen die tieferen Lagen zum Rhein hin, in die der Riesling nicht hineinpaßt. Er liefert meist nur mittelgute Weine ohne besondere Eigenart.

Eine Besonderheit ist der Rotweinanbau in *Aßmannshausen,* der auf eine lange Tradition zurückblicken kann. Wie fast überall im Rheingau, hatten auch hier die Mönche die Hand im Spiel, die schon im 12. Jahrhundert Blauen Spätburgunder anpflanzten. Er ist weltberühmt, der Aßmannshäuser Rote, und für viele Konsumenten Maßstab für deutschen Rotwein. Er zeigt einen ganz eigenartigen Charakter, kaum vergleichbar dem der anderen deutschen Rotweine oder gar ausländischem. Meist relativ hoch in der Säure wirkt er oft in seiner Art mehr wie ein Weißwein. Bekannt waren früher die »Rot-Weiß-Auslesen«, gewonnen aus stark edelfaulen Trauben. Diese Bezeichnung ist durch das neue Bezeichnungsrecht verschwunden.

Der Rheingau verfügt über viele bekannte Weinorte und Lagen. Dazu gehören Aßmannshausen mit dem Höllenberg, Rüdesheim, Geisenheim und natürlich der Johannisberg, von dem Heinrich HEINE sagte: »Mon Dieu! Wenn ich soviel Glauben in mir hätte, daß

Karte: Rheingau.

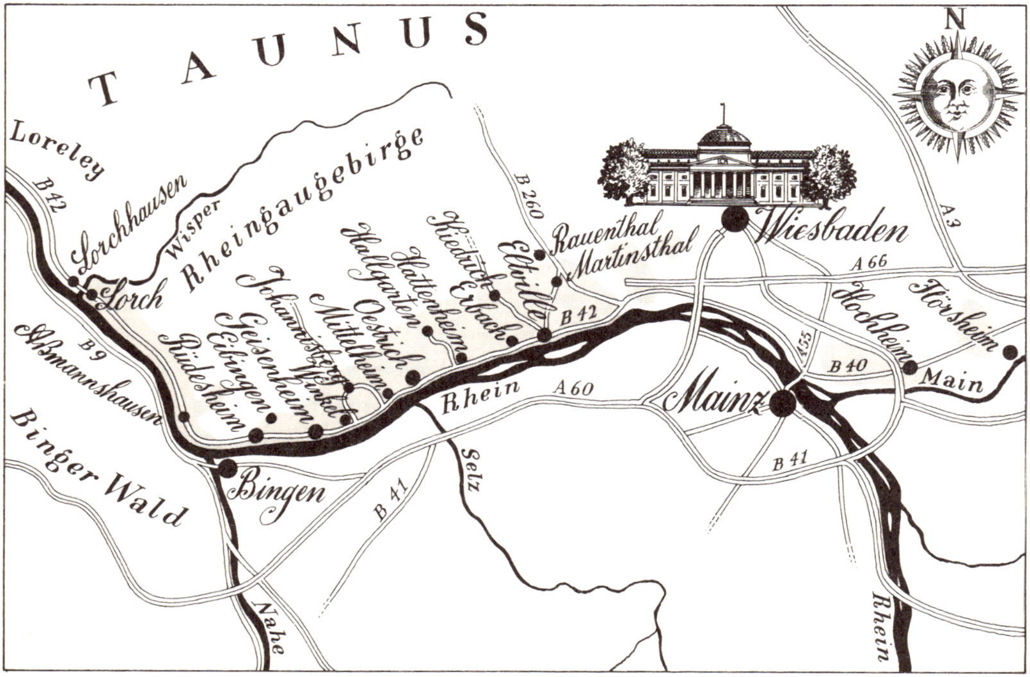

ich Berge versetzen könnte – der Johannisberg wäre just derjenige Berg, den ich mir überall nachkommen ließe.«
Es folgt flußaufwärts Winkel mit dem berühmten Schloß Vollrads und Mittelheim mit der Lage Lenchen. Über Hattenheim und Hallgarten führt der Weg zum Kloster Eberbach, heute eine Domäne der Hessischen Staatsweingüter. Auf halber Höhe im Taunus dann Kiedrich, in dessen Kirche zu den Klängen der ältesten Orgel Deutschlands gregorianische Choräle gesungen werden. Von Erbach mit der Lage Marcobrunn geht es weiter über Eltville nach Niederwalluf, dem Tor zum Rheingau. Einige Kilometer vom Rhein entfernt liegt *Rauenthal,* das für seine wuchtigen Weine bekannt ist. Eine 1861er Rauenthaler Baiken Trockenbeerenauslese galt einstmals als der beste Weißwein der Welt und wurde auf den Weltausstellungen von Wien, Paris und London mit Preisen geradezu überschüttet. Auch der Neroberg von Wiesbaden wird zum Rheingau gerechnet, genauso wie die Lagen von Schierstein und Frauenstein, Vororte von Wiesbaden. Wicker, Flörsheim und Hochheim, die Weinorte am Main, nicht weit von der Einmündung in den Rhein entfernt, beschließen dieses Anbaugebiet.
Es gibt auch im Rheingau viele Nebenerwerbswinzer, die ihre Produktion als Trauben der Genossenschaft oder als Wein im Faß an den Handel abliefern. Aber es haben sich hier auch eine ganze Reihe mittlerer und größerer Weingüter entwickelt. Und gerade sie waren es, die den Rheingauer Wein weltweit bekannt gemacht haben.
Die Weine wurden früher fast ausschließlich bei den großen Versteigerungen vom Handel aufgekauft und vermarktet. Diese Versteigerungen finden heute noch statt, sie haben aber an Bedeutung verloren, da die selbstausbauenden Betriebe mehr und mehr den direkten Kontakt zum Kunden suchen. Bekannt ist die »Kloster Eberbacher Weinverkaufsmesse«, die meist im April stattfindet. Auf dieser Messe bieten namhafte Weingüter den neuen Jahrgang an.
Traditioneller Behälter für Rheingauer Wein ist das ovale, 1200 Liter fassende Stückfaß, das unterteilt wird in Halbstück (600 Liter) und Viertelstück (300 Liter). In diesen Größenordnungen werden die Weine auch bei den Versteigerungen gehandelt.
Kredenzt wird im Rheingau der offene Wein im »Rheingauer Römer«, der im Gegensatz zum badischen nur 0,2 Liter faßt. Es ist ein etwas klobiges Glas mit kräftigem Stiel, der meist gerippt und farblich getönt ist. Wem dieses Glas zu groß ist, der verlangt seinen

Schoppen im »Pfiffchen«, wie der kleinere, nur 0,1 Liter fassende Römer hier genannt wird.

Hessische Bergstraße

Nur knapp 400 Hektar Rebfläche weist dieses Gebiet aus, das kleinste in Deutschland, eingerahmt von Franken, Baden, Rheinhessen und dem Rheingau. Erst das Weingesetz von 1971 machte es zum eigenständigen Weinbaugebiet, vordem wurde es meist dem Rheingau zugeordnet. Es umfaßt nur den nördlichen Teil der Landschaft Bergstraße von Zwingenberg bis Heppenheim. Der südliche Teil, von Laudenbach über Weinheim, Heidelberg bis Wiesloch gehört zu Baden. Die Bergstraße ist ein uralter Weg, den schon die Römer vorfanden. Sie nannten ihn »Strata montana« – »Bergstraße«. Die Nibelungen sollen auf ihm nach Osten gezogen sein, zum großen Gemetzel an Attilas Hof.

Als *Kleine Bergstraße* oder *Odenwälder Weininsel* wird die Weinlandschaft bei Umstadt, wenige Kilometer südöstlich von Darmstadt, bezeichnet, die man dem Anbaugebiet Hessische Bergstraße zugeschlagen hat.

Die Bergstraße ist der Frühlingsgarten Deutschlands. Kaiser Franz

Joseph II. soll sogar gesagt haben: »Hier fängt Deutschland an, Italien zu werden.« Spessart und Odenwald bilden einen lückenlosen Schutzwall, der die kalten Nord- und Ostwinde abhält. Auch die niedrige Höhe über dem Meeresspiegel, die höchste Lage liegt nur 260 Meter über NN, wirkt sich positiv aus. Eine mittlere Jahrestemperatur von 9,5 °C und fast 1600 Sonnenscheinstunden pro Jahr erlauben den Anbau von Mandeln, Pfirsichen, Feigen und Aprikosen, und natürlich – von Reben. Sie stehen auf leicht ansteigenden bis sehr steilen Hängen, nicht als geschlossene Monokultur, wie zum Beispiel in der Pfalz oder Rheinhessen, sondern immer wieder unterbrochen von Obstgärten, Wiesengrundstücken, Brachland, und den immer höher kletternden Villenvierteln. Hier wohnt ein großer Teil der Hautevolee aus dem Mannheim-Ludwigshafener Industriegebiet. So mancher Winzer wird schwach, wenn ihm die Möglichkeit geboten wird, seinen Weinberg in Bauland umzuwandeln. Der Weinbau wird sich deshalb hier kaum mehr weiter ausdehnen.

Mehr als 60% der Bergsträßer Weinlagen sind ausgesprochene Trockenstandorte, d. h., selbst in Jahren mit normalen Niederschlägen fehlt es an ausreichender Durchfeuchtung des Bodens. Am meisten verbreitet sind kalkhaltige, sandig-lehmige Böden. Auch Granit- und Gneisverwitterung ist zu finden und bei Heppenheim herrscht der Buntsandstein vor.

Die Hessische Bergstraße ist ein Weißweingebiet, vorherrschend der Riesling mit über 50% Anteil. Er bringt hier sehr blumige, frische und saftige Weine mit herzhafter, kerniger Säure, die aber längst nicht so stahlig wirkt wie die des Rheingauers. Die zweite wichtige Rebsorte ist der Müller-Thurgau, der hier, wie in vielen anderen Anbaugebieten auch, den Silvaner stark zurückgedrängt hat. Beide liefern sehr milde Weine mit nur geringer Säure. Auch der Ruländer ist hier zu finden. Seine Weine sind von feiner, fast eleganter Art, im Charakter eher dem Riesling ähnlich als dem wuchtigen Kaiserstühler Ruländer. Mit Neuzüchtungen hat man in diesem Gebiet nicht viel im Sinn, zu gut läuft der Absatz, als daß man sich irgendwelche Experimente erlauben würde. Die Nähe zum Rheingau bewirkt vielleicht, daß die Weine meist mit einer leichten bis stärkeren Süße abgefüllt werden; die Art der Weine würde es durchaus zulassen, einen größeren Teil trocken zu füllen.

Der Weinbau wird an der Bergstraße fast ausnahmslos im Neben-

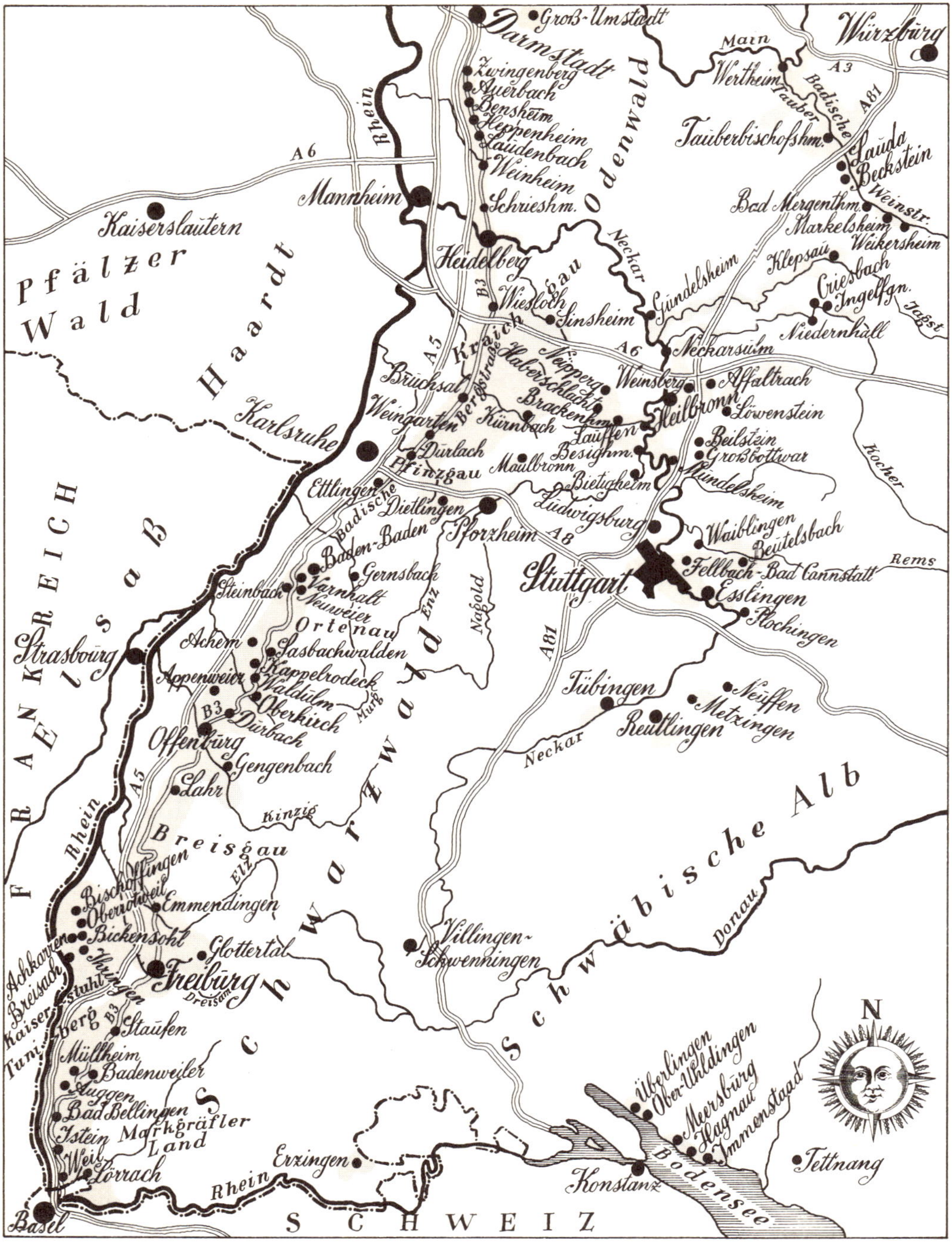

Darmstadt
Groß-Umstadt
Würzburg
Main
A3
Wertheim
Tauber
Badische
A81
Zwingenberg
Auerbach
Bensheim
Heppenheim
Laudenbach
Weinheim
Schriesh m.
Odenwald
Tauberbischofshm.
Lauda
Beckstein
Rhein
A6
Mannheim
Bad Mergenthm.
Weinstr.
Markelsheim
Weikersheim
Kaiserslautern
Heidelberg
Neckar
Klepsau
Criesbach
Ingelfgn.
Jagst
Pfälzer
Wald
Haardt
Kraichgau
B3
Wiesloch
Sinsheim
Gundelsheim
Niedernhall
Neckarsulm
A5
Neipperg
Haberschlacht
Weinsberg
Affaltrach
Bruchsal
Bergstraße
Brackenheim
Heilbronn
Löwenstein
Karlsruhe
Weingarten
Kürnbach
Lauffen
Beilstein
Großbottwar
Durlach
Maulbronn
Besighm.
Kocher
Pfinzgau
Bietigheim
Mundelsheim
Ettlingen
Badische
Dietlingen
Ludwigsburg
FRANKREICH
Elsaß
Pforzheim
A8
Waiblingen
Beutelsbach
Baden-Baden
Rems
Gernsbach
Fellbach-Bad Cannstatt
Steinbach
Varnhalt
Neuweier
Nagold
Stuttgart
Esslingen
Ortenau
Enz
Plochingen
Strasbourg
Achern
Sasbachwalden
Kappelrodeck
Appenweier
Waldulm
A81
Oberkirch
Tübingen
Neuffen
B3
Durbach
Murg
Metzingen
Reutlingen
Offenburg
Neckar
Gengenbach
A5
Lahr
Schwäbische Alb
Schwarzwald
Rhein
Kinzig
Breisgau
Bischoffingen
Elz
Oberrotweil
Emmendingen
Donau
Bickensohl
Villingen-Schwenningen
Achkarren
Glottertal
Breisach
Ihringen
Freiburg
Kaiserstuhl
Dreisam
Tuniberg
B3
Staufen
N
Müllheim
Badenweiler
Überlingen
Ober-Uhldingen
Auggen
Meersburg
Bad Bellingen
Hagnau
Immenstaad
Istein
Markgräfler
Land
Weil
Lörrach
Erzingen
Bodensee
Tettnang
Rhein
Konstanz
Basel
SCHWEIZ

erwerb betrieben. Das Gelände ist stark parzelliert und die Betriebsgröße außerordentlich klein. Trotzdem kam es hier nie zu einer Flurbereinigung, was zum Teil auf das Nichtauftreten der Reblaus zurückzuführen ist.

Fast 90% der Betriebe haben sich in der »Bergsträßer Gebiets-Winzergenossenschaft« mit Sitz in Heppenheim zusammengeschlossen. Es sind 580 Mitglieder, die 280 Hektar Rebfläche bewirtschaften, mehr als 70% der Gesamtfläche. Das Einzugsgebiet dieser Genossenschaft beginnt südlich von Darmstadt bei Ahlsbach und Zwingenberg und umfaßt die bekannten Weinorte Auerbach, Bensheim, Heppenheim bis hin zur benachbarten Badischen Bergstraße wo in Laudenbach fast alle Winzer dieser Genossenschaft angehören, so daß sie damit auch badischen Wein in ihren Kellern einlagert. Auch im Weinbaugebiet von Umstadt besteht eine Winzergenossenschaft. Sie wurde als »Odenwälder Winzergenossenschaft« erst 1959 gegründet und erfaßt jährlich etwa 170 000 Liter, ist also nicht mehr als ein größeres Weingut.

In Bensheim ist der Sitz eines Staatsweingutes mit 32 Hektar Rebfläche. Es ist mit fünf Rheingauer Weinbaudomänen in der Verwaltung der Hessischen Staatsweingüter in Eltville zusammengeschlossen. Seine Aufgabe ist es, durch Muster- und Beispielsfunktion modernen Qualitätsweinbau vorzuführen.

Absatzsorgen sind an der Bergstraße noch unbekannt. Die vielen Besucher und die zahlreichen Bewohner dieses dichtbesiedelten Landstrichs trinken mehr, als die Winzer erzeugen können. Das wird sich auch kaum ändern, weil die oft doch sehr mageren Böden in den steilen Hängen keine allzu großen Erträge hergeben und eine Ausweitung der Rebfläche nicht zu erwarten ist.

Rheinhessen

Die Namengebung ist leicht irreführend: Rheinhessen gehört nicht zum Bundesland Hessen, sondern zu Rheinland-Pfalz, das allerdings erst seit 1945. Als 1818 der Name »Rheinhessen« entstand, war es noch Bestandteil des Großherzogtums Hessen-Darmstadt.

Das Gebiet bildet ein großes Dreieck mit den markanten Eckpunkten Worms, Mainz und Bingen. Es wird an seiner östlichen und nördlichen Seite vom Rhein begrenzt. Im Westen verläuft die Grenze ein Stück der Nahe entlang und im Süden erfolgt ein fast stufenloser Übergang zur Pfalz. Das Gebiet ist in drei Bereiche unterteilt: Bingen, Nierstein und Wonnegau. Zum Bereich *Bingen*

Karte: Hessische Bergstraße.

gehören die zur Nahe hin gelegenen Weinorte, wie zum Beispiel Wörrstadt, Gau-Bickelheim, Wöllstein, aber auch die Rotweingemeinde Ingelheim. Der Bereich *Nierstein* umfaßt die Gemeinden an der Rheinfront, also Nierstein, Nackenheim und Oppenheim und einen Großteil der im eigentlichen rheinhessischen Hügelland beheimateten Orte wie Gau-Odernheim, Alzey, Guntersblum und Alsheim. Der *Wonnegau* hat seinen Ausgangspunkt bei Worms und beherbergt so bekannte Orte wie Osthofen, Westhofen, Flörsheim und natürlich die Rebflächen von Worms. Rheinhessen ist auch heute noch fast reines Bauernland; Fremdenverkehr und Industrie sind kaum entwickelt, sieht man mal von der Gegend um Mainz und Bingen ab. Auffallend in dem welligen Hügelland ist das fast völlige Fehlen von Waldgebieten, was auf hohe Bodenqualität hindeutet. Steillagen sind selten und auch die Hänge weisen nur eine geringe Neigung auf, meist wird der Weinbau sogar auf ebenen Flächen betrieben. So können fast alle Weinberge maschinell bewirtschaftet werden, was die Erzeugungskosten äußerst niedrig hält.
Die Bauernbetriebe dieser Gegend zählen mit zu den größten und wohlhabendsten im süddeutschen Raum. Sie betreiben meist einen Gemischtbetrieb, d. h. neben den Produkten der allgemeinen Landwirtschaft wird auch noch Wein erzeugt. Die Böden sind, von wenigen Ausnahmen abgesehen, außerordentlich fruchtbar. Es herrschen Tertiär-Formationen vor, tiefgründige Kalk- und Mergelböden, und gelegentlich sind Hänge und Tallagen auch mit Löß und Lehm bedeckt. Bei Oppenheim und Nierstein an der Rheinfront findet sich Rotliegendes und bei Bingen, am Rochusberg, tritt der Schiefer in den Vordergrund.
Rheinhessen war lange Zeit die Heimat des Silvaners, noch 1964 bedeckte diese Sorte fast 50% der Fläche. Hier wurde er zuerst selektioniert und zu hoher Ertragssicherheit gebracht. Seine milden, süffigen Weine haben den Charakter des rheinhessischen Weins geprägt. Nach dem Zweiten Weltkrieg wurde der Anbau des Müller-Thurgaus forciert, der heute etwa ein Viertel der Rebfläche einnimmt und den Silvaner auf nur noch 15% zurückgedrängt hat. Auch er liefert milde Weine, aber mit mehr Bukett. Die Absatzschwierigkeiten, die beinahe schon chronisch sind in diesem Gebiet, haben die Winzer veranlaßt, mehr als alle anderen deutschen Anbaugebiete, mit Neuzüchtungen zu experimentieren. In den vergangenen Jahren wurden große Rebflächen mit Huxelrebe,

Karte: Rheinhessen.

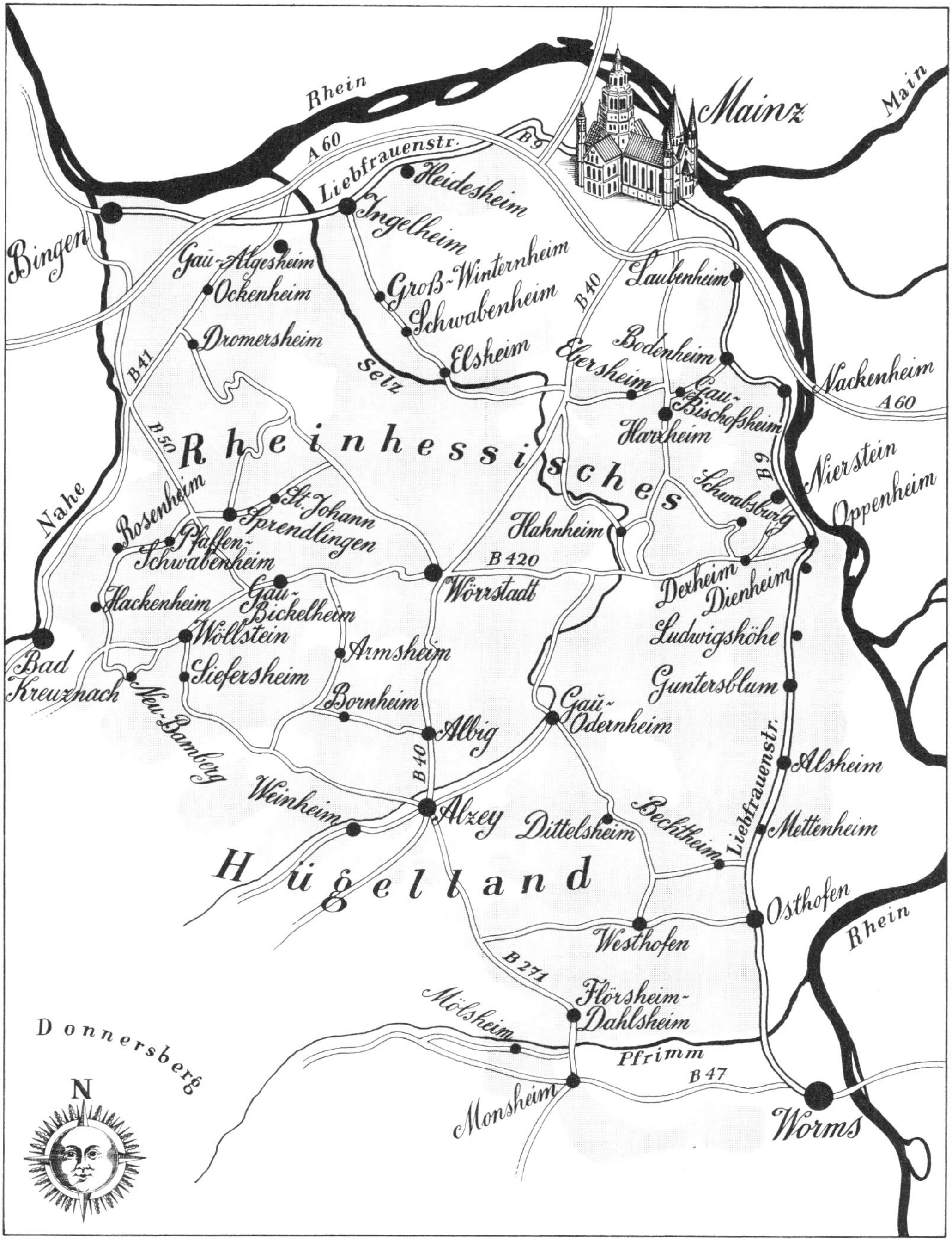

Rhein
Mainz
Main
A 60
B 9
Liebfrauenstr.
Heidesheim
Bingen
Ingelheim
Gau-Algesheim
Ockenheim
Groß-Winternheim
Schwabenheim
B 40
Laubenheim
Dromersheim
Elsheim
Selz
Bodenheim
Ebersheim
Gau-Bischofsheim
Nackenheim
A 60
B 41
B 50
Harxheim
Rheinhessisches
Nierstein
B 9
Nahe
Schwabsburg
Oppenheim
Rosenheim
St. Johann
Sprendlingen
Hahnheim
Pfaffen-Schwabenheim
B 420
Gau-Bickelheim
Wörrstadt
Dexheim
Dienheim
Hackenheim
Wöllstein
Ludwigshöhe
Bad Kreuznach
Armsheim
Siefersheim
Guntersblum
Neu-Bamberg
Bornheim
Gau-Odernheim
Albig
B 40
Alsheim
Weinheim
Alzey
Dittelsheim
Bechtheim
Liebfrauenstr.
Mettenheim
Hügelland
Osthofen
Rhein
Westhofen
B 271
Mölsheim
Flörsheim-Dahlsheim
Donnersberg
Pfrimm
B 47
N
Monsheim
Worms

Faberrebe, Morio-Muskat, Bacchus, Kerner, Scheurebe, und wie sie alle heißen, angepflanzt. Sie brachten hohe Erträge, auch recht beachtliche Mostgewichte, aber sie verfälschten den Rheinhessen-Wein, da sie in der Regel ein vordergründiges Aroma mitbringen. Der Konsument hat zunächst positiv auf diese Weine reagiert, aber nach längerem Probieren hat ihn dann doch das übertrieben starke Bukett gestört. Heute ist eine Rückbesinnung auf die klassischen Standardsorten zu erkennen.

An der Rheinfront, also bei Nackenheim, Oppenheim, Nierstein, aber auch bei Bingen gedeiht der Riesling, der gelegentlich auch im Hinterland zu finden ist. Er liefert hier feine Weine mit dezenter Säure.

Eine Rotweininsel existiert bei *Ingelheim*. Hier wird der Blaue Spätburgunder angebaut und auf einer kleinen Fläche auch der Frühburgunder, eine Rarität im deutschen Weinbau. Beide liefern hier recht kräftige Rotweine mit erstaunlich dunkler Farbe. Auch der Portugieser ist in ganz Rheinhessen verstreut immer wieder anzutreffen. Sein Anteil hat in den letzten Jahren etwas zugenommen wegen der verstärkten Nachfrage nach Rotwein.

Das Verschneiden mehrerer Rebsorten miteinander ist eine in Rheinhessen oft geübte Praxis. Nicht selten zum Beispiel findet man auf dem Etikett die Bezeichnung Riesling und Silvaner. Das ist dann keine Neuzüchtung, sondern ein Verschnitt dieser beiden Rebsorten. Vor dem Weingesetz von 1971, das einengende Vorschriften brachte, konnte es sogar vorkommen, daß drei und vier, manchmal sogar fünf verschiedene Sorten auf dem Etikett angegeben waren. Heute können zwar auch noch mehrere Sorten miteinander verschnitten werden, eine Sortenbezeichnung ist dann aber nicht mehr möglich. Nur wenn der Winzer ausschließlich zwei Sorten miteinander verschneidet, darf er diese auf dem Etikett anführen.

Weltweit bekannt ist Rheinhessen als Ursprungsland der »Liebfraumilch«, ein Herkunftstypenwein, der nach dem Gesetz überwiegend aus Weinen der Rebsorten Riesling, Silvaner und Müller-Thurgau hergestellt sein muß und ohne Sortenbezeichnung in Verkehr kommt. Eine weitere Vorschrift besagt, daß Liebfraumilch nicht trocken abgefüllt werden darf, es sind also zumindest halbtrockene, meistens recht liebliche Weine, die unter dieser Bezeichnung in den Handel kommen. Es ist der erfolgreichste deutsche Exportwein, jährlich werden davon etwa 80 Millionen Liter ins

Ausland verkauft. Liebfraumilch darf außer in Rheinhessen auch in den Anbaugebieten Nahe, Rheingau und Rheinpfalz hergestellt werden, sehr zum Leidwesen der rheinhessischen Winzer. Es gibt drei Schreibweisen für diesen Wein: Liebfraumilch, Liebfrauenmilch und Liebfraunmilch. Die ersten beiden sind durch das Weingesetz legitimiert. Viele der Konsumenten sind der Meinung, eine dieser Schreibweisen deutet auf die echte, die Ursprungslage hin. Aber das ist ein Irrtum. Diese heißt gar nicht Liebfraumilch, sondern »Liebfrauenstift-Kirchenstück« und umfaßt nur etwa 6 Hektar.

Rheinhessen ist mit 22000 Hektar Rebfläche das größte deutsche Anbaugebiet und gleichzeitig auch das Problemgebiet Nr. 1 der deutschen Weinwirtschaft. Immer wenn die deutsche Weinernte mengenmäßig gut ausfällt, gerät dieses Gebiet in die Schlagzeilen der Tages- und der Fachpresse. Überproduktion, Massenweinbau, Preiszusammenbruch, das sind so die Stichworte, die immer wiederkehren. Woher kommt das? Starke Flächenausdehnung und immer höhere Erträge haben zu einer Überproduktion geführt, die in Verbindung mit mangelnder Aufnahmekapazität, automatisch zu Preiszusammenbrüchen führen muß. In Rheinhessen gibt es viele Betriebe, die trotz eines beachtlichen Rebbesitzes nicht selbst auf Flaschen füllen, sondern den Wein im Faß an den Handel verkaufen. Ihr Faßraum ist meist nur auf eine Ernte ausgerichtet. Das heißt, im Herbst müssen die Fässer leer sein, damit der Neue Platz hat. Der Winzer ist also gezwungen, seinen Wein auf jeden Fall vor Beginn des Herbstes zu verkaufen, egal zu welchem Preis. Diese Situation nutzt der Handel aus und drückt die Preise so nieder, wie es irgend geht. Die Verantwortlichen dieses Gebietes empfehlen deshalb den verstärkten Beitritt zu den Erzeugergemeinschaften mit eigener Flaschenweinvermarktung. Das Absatzproblem Rheinhessens wird verstärkt durch das Image des Massenweins, das den Weinen dieses Gebietes anhängt. Dagegen versucht die Rheinhessen-Weinwerbung anzugehen, und erste Erfolge sind durchaus zu verbuchen.

Rheinpfalz

Als »Weinkeller des Heiligen Römischen Reiches Deutscher Nation« war sie einmal bekannt, die Pfalz, der man irgendwann den schmükkenden und weinwerbewirksamen Beinamen »Rhein« anhängte, obwohl ihre Reben nun wahrhaftig nicht an den Ufern des Rheins stehen. Dort sind einige der größten deutschen Industriebetriebe angesiedelt, die ziemlich üble Düfte und Schadstoffe ausströmen. Zum Glück für die Pfälzer Winzer werden sie vom hier meist wehenden Westwind in andere Gegenden fortgetrieben. Aber das mit dem Weinkeller, das hat schon seine Berechtigung, irgend jemand hat es einmal ausgerechnet: 100 Millionen Rebstöcke stehen in diesem gesegneten Landstrich. Bei rund 20000 Hektar Rebfläche kann das durchaus hinkommen. Trotzdem, das größte Anbaugebiet ist es damit nicht, nur das zweitgrößte. Doch das stört den Pfälzer nicht, die Schönheit seiner Landschaft und das paradiesische Klima entschädigen ihn großzügig. Die Römer nannten dieses Gebiet »palatium« – »Palast«, so begeistert waren sie von diesem Land, das in so vielem ihrer Heimat glich. Aus dem römischen »palatium« wurde das französische »palatinat« und irgendwann dann Pfalz. Eigentlich ist es die Vorderpfalz, um die es hier geht, der Landstrich zwischen dem Ostabhang des Pfälzer Berglandes – mit seinen Teilgebirgen Wasgauer Bergland, Haardtgebirge, Donnersbergmassiv – und dem Rhein. Der wichtigste Teil dieses Gebietes zieht sich am Fuß des Haardtgebirges hin, das auch wesentlich zur Namensgebung der weinbaulichen Teilgebiete beitrug: Oberhaardt, Mittelhaardt und Unterhaardt. Bei der Neufassung des Weingesetzes im Jahre 1970 wurde das Gebiet in die Bereiche *Mittelhaardt Deutsche Weinstraße* und *Südliche Weinstraße* unterteilt, wobei der erstere die Mittel- und Unterhaardt umfaßt und der letztere die Oberhaardt. Besteigt man einen der sanften Hügel irgendwo zwischen Bad-Dürkheim und Neustadt, breitet sich vor den Augen des Betrachters ein schier unbegrenztes Rebenmeer aus. Nirgendwo in deutschen Landen ist ähnliches zu sehen, Weinstock an Weinstock, soweit das Auge reicht, an sanften Hügeln und in weiten Ebenen, und darin eingebettet die kleinen, heimeligen Dörfer. Geringe Niederschläge, kaum mehr als 600 Liter pro Quadratmeter und Jahr und eine Sonnenscheindauer von 1700 Stunden bei einer Jahresdurchschnittstemperatur von 10,5°C machen die Pfalz zu einem der wärmsten Landstriche Deutschlands. Schon Anfang März blühen hier die Mandeln.

In der Pfalz dominieren die fruchtbaren, kräftigen Lehmböden aus Löß mit wechselndem Kalkgehalt. Sie sind vor allem am Hangfuß und in der Ebene zu finden. Am Gebirgsrand liefert der Buntsandstein das Material für magere und hitzige Sandböden. Auch Grauwacke und Vulkanverwitterung ist gelegentlich anzutreffen. Grob

Karte: Rheinpfalz.

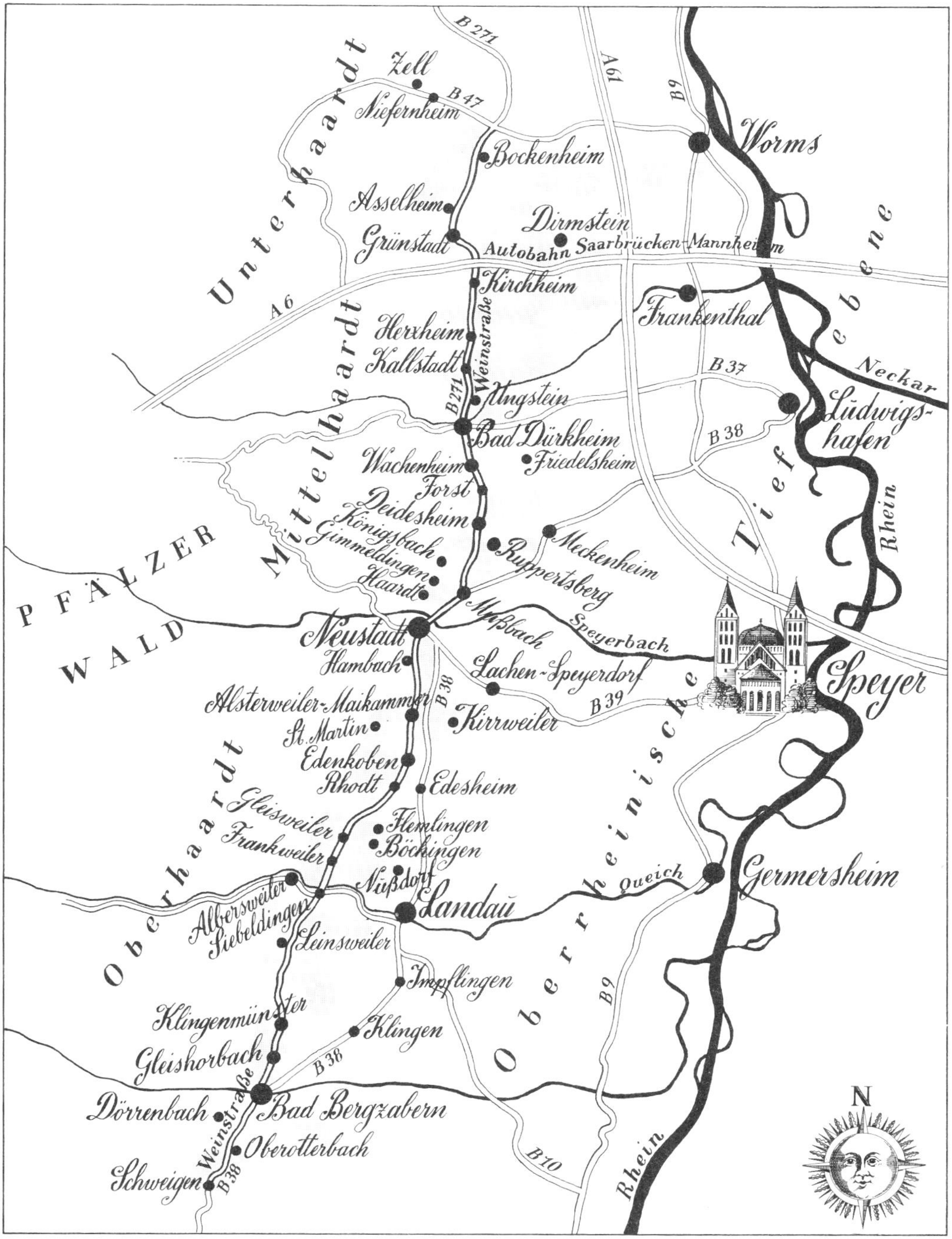

Zell
Niefernheim
B 47
B 271
A 61
B 9
Worms
Bockenheim
Asselheim
Grünstadt
Dirmstein
Autobahn Saarbrücken-Mannheim
Unterhaardt
A 6
Kirchheim
Frankenthal
Herxheim
Kallstadt
Weinstraße
B 271
B 37
Neckar
Ungstein
Ludwigshafen
Bad Dürkheim
B 38
Wachenheim
Friedelsheim
Forst
Deidesheim
Königsbach
Gimmeldingen
Haardt
Meckenheim
Ruppertsberg
Mittelhaardt
Rhein
Tiefebene
Pfälzer Wald
Neustadt
Mußbach
Speyerbach
Speyer
Hambach
Lachen-Speyerdorf
B 38
Alsterweiler-Maikammer
Kirrweiler
B 39
St. Martin
Edenkoben
Rhodt
Edesheim
Gleisweiler
Flemlingen
Frankweiler
Böchingen
Nußdorf
Queich
Germersheim
Albersweiler
Siebeldingen
Landau
Leinsweiler
Oberhaardt
Oberrheinische
Impflingen
B 9
Klingenmünster
Klingen
Gleishorbach
B 38
Weinstraße
Bad Bergzabern
Dörrenbach
Oberotterbach
Weinstraße
Schweigen
B 38
B 10
Rhein
N

vereinfachend läßt sich sagen, daß die Oberhaardt über einen größeren Anteil kräftiger, tiefgründiger Böden aus Löß und Lehm verfügt, während zur Mittelhaardt hin die mehr leichteren und durchlässigeren Sand- und Kiesböden überwiegen.

Quer durch das Gebiet führt die »Deutsche Weinstraße«, die im Sommer des Jahres 1935 in einer Gaststätte in Schweigen gekürt wurde. Sie beginnt im Süden an der elsässischen Grenze und endet nach 80 Kilometer hinter Bockenheim an der Grenze zu Rheinhessen. Sie führt durch 44 Weinorte, und weitere 154 Dörfer mit Weinbau sind direkt oder indirekt daran angebunden. Beginnen wir im Süden mit der *Oberhaardt*. Die erste Gemeinde ist Schweigen, von deren Anhöhe man weit ins benachbarte Elsaß hinüberblicken kann. An Dörrenbach vorbei geht es nach Oberotterbach, Bad Bergzabern und Klingenmünster, von dessen Benediktinerkloster im Mittelalter viele Impulse für den hiesigen Weinbau ausgingen. Von hier aus ist in der Ebene Billigheim zu sehen mit seinen riesigen Rebflächen. Oberhalb Leinsweiler grüßt das Neukastel, die Heimat des Impressionisten Max Slevogt. Hier kann Einkehr gehalten werden im Leinsweilerhof, einer Gaststätte, schön gelegen auf einem Hügel, von dem man einen herrlichen Rundblick in die weite Reblandschaft genießen kann. Weiter geht es nach Ranschbach, vorbei an der Kleinen Kalmit, an deren Fuß Ilbesheim liegt. In Ranschbach, Leinsweiler und Birkweiler sind die wenigen Stellagen der Pfalz zu finden, in denen der Weinbau im Querbau betrieben wird.

Von hier führt die Straße nach Osten ins Queichtal. In der Ferne ist die Trifels zu sehen, einst Reichsfestung der Staufer. Wo sich das Queichtal in die Rheinebene öffnet, liegen so große Weinorte wie Birkweiler, Albersweiler, Siebeldingen und Godramstein. In Rhodt findet man nicht nur ein typisch pfälzisches Winzerdorf, sondern auch den ältesten Traminer-Weinstock Deutschlands, so wird behauptet. Aber wer will das schon beweisen? Es folgen Edenkoben, Maikammer, St. Martin und Diedesfeld. In Hambach schließt die Oberhaardt ab. Mit Neustadt an der Weinstraße, wo jedes Jahr die Deutsche Weinkönigin gewählt wird, beginnt die *Mittelhaardt*. Sie ist das Kernstück der Rheinpfalz und beginnt in Haardt, einem Ortsteil von Neustadt, dessen Bebauung fast nahtlos in die des Weinorts Gimmeldingen übergeht. Von hier führt der Weg weiter nach Königsbach, bekannt für seine Rotweine. Daran angrenzend Mußbach und Deidesheim mit den Teilgemeinden Ruppertsberg,

Meckenheim, Niederkirchen und Forst. Und weiter geht es nach Wachenheim mit seiner gut erhaltenen Stadtmauer, das Friedelsheim, Gönnheim und Ellerstadt eingemeindet hat. Und dann sind wir schon in Bad Dürkheim, dessen Name durch den »Dürkheimer Wurstmarkt« bekannter ist als durch seinen Badebetrieb. Der Wurstmarkt ist das älteste deutsche Weinfest, schon 500 Jahre soll es her sein, daß es zum erstenmal gefeiert wurde. Von Bad Dürkheim führt die Straße nach Ungstein, einem Vorort von Bad Dürkheim. Hier tritt das Haardtgebirge zurück, und der Donnersberg bildet das letzte Bollwerk im Schutzwall für die Reben. Durch ein welliges Hügelland geht es nach Kallstadt, Freinsheim und Herxheim. Von hier aus hat man einen großartigen Blick auf die riesigen Rebflächen, die sich bis weit in die Rheinebene hinaus ausbreiten. Hier beginnt dann auch schon die *Unterhaardt.* Die Straße führt abwärts an Dackenheim vorbei nach Kirchheim. Größere Weinorte wie Dirmstein, Groß- und Kleinkarlbach und Laumersheim liegen abseits der Deutschen Weinstraße. Macht man einen Abstecher nach Neuleiningen, der alten Residenzstadt der Grafen zu Leiningen, kann man von dort einen großen Teil der Unterhaardt überschauen. Über Grünstadt, dem Zentrum des Unterhaardter Weinbaus, führt die Straße dann nach Bockenheim, wo die Reise an der Grenze zu Rheinhessen endet.

Ähnlich wie Rheinhessen hat auch die Pfalz in den vergangenen Jahrzehnten viel mit Neuzüchtungen experimentiert. Insbesondere der Morio-Muskat, eine bukett- und ertragreiche Sorte, erlangte hier eine traurige Berühmtheit. Zunächst vom Konsumenten begeistert aufgenommen, wurde der Wein wegen seines vordergründigen und aufdringlichen Aromas bald abgelehnt und war kaum mehr verkäuflich. Die Winzer verschnitten ihn deshalb mit dem Müller-Thurgau und Silvaner. Die Folge davon war, daß bald alle Pfälzer Schoppenweine nach Morio-Muskat schmeckten. Inzwischen wurden schon wieder viele Anlagen ausgestockt, und neue werden nicht mehr angelegt. Eine zweite wichtige Neuzüchtung ist der Kerner, der immerhin schon 10% der Fläche bedeckt. Sein mehr dezentes Bukett paßt wesentlich besser in die Pfälzer Weinlandschaft. Bekannt geworden ist die Pfalz aber nicht durch solche »Exoten«, sondern insbesondere mit seinen Riesling-Weinen. Auf den Sand- und Kiesböden der Mittelhaardt liefert der Riesling sehr aromatische Weine mit rassiger, aber nicht harter Säure. Namen wie Forster Kirchenstück, Gimmeldinger Meerspinne, Ruppertsberger Schenkenböhl, Wachenheimer Gerümpel, Mußbacher Eselshaut und Deidesheimer Herrgottsacker sind eng mit dieser Rebsorte verbunden. Ein großer Teil der Rebfläche, etwa 35%, ist mit Müller-Thurgau und Silvaner bestockt. Beide Sorten sind in allen drei Teilgebieten vertreten und liefern den weißen Schoppenwein. In der Oberhaardt wachsen auf kräftigen, tiefgründigen Böden auch Ruländer und Weiße Burgunder, Rebsorten, die sonst eher im Badischen zu finden sind. Gewürztraminer und Traminer stehen in größerem Umfang in der Umgebung von Bad Dürkheim, und dort soll auch der Riesling gelegentlich einen Schuß Traminer erhalten, der Stärkung des Buketts wegen. Auch in Rhodt ist der Traminer-Anbau weit verbreitet. In Königsbach und Umgebung stehen die wenigen Spätburgunder-Anlagen dieses Gebiets, deren Rotweine von feiner Art sind, nicht so körperbetont wie zum Beispiel die badischen. Die Hauptrotweinsorte der Pfalz ist jedoch der Portugieser, dessen Anbauschwerpunkte bei Bad Dürkheim und in der Unterhaardt zu finden sind. Der Portugieser liefert den roten Schoppenwein, ein einfacher, herzhafter Wein ohne besondere Note, vergleichbar dem Silvaner bei den Weißweinen.

Die Pfälzer Weine sind nicht säurebetont, eher mild. Das günstige Klima läßt in den meisten Jahren die Trauben ausreifen, wobei auch die Säure stark abgebaut wird. In manchen Jahren klagen die Winzer sogar über zuwenig Säure. Diese milden Weine eignen sich vorzüglich für den trockenen Ausbau, und fast alle Betriebe haben auch trockene Weine in ihrem Angebot.

Franken

Als der irische Wanderbischof Kilian der Christianisierung wegen 686 nach Würzburg kam, mußte er seinen Meßwein noch mühselig in Schläuchen mitführen. Einige Jahrhunderte später wäre das nicht mehr erforderlich gewesen, denn inzwischen hatten Klosterbrüder und lerneifrige Bauern dafür gesorgt, daß aus Franken das größte deutsche Weinbaugebiet geworden war. Auf rund 40000 Hektar schätzt man die mittelalterliche Rebfläche. Mit Beginn des Dreißigjährigen Krieges setzte ein unaufhaltsamer Niedergang ein, der bis zum Ende des Zweiten Weltkrieges anhielt. Heute sind es etwa 4000 Hektar, auf denen Reben angebaut werden. Es ist kein geschlossener Weinbau, die Reben haben sich in ökologische Nischen zurückgezogen. Sie taten das nicht freiwillig, sondern wurden durch die Ungunst der Witterung dazu gezwungen. Franken hat außerordentlich stark unter Winter- und Frühjahrsfrösten zu leiden, wofür die Mißernten der Jahre von 1978 bis 1981 ein beredtes Zeugnis ablegen. Der Weinbau ist deshalb nur an geschützten Hängen mit optimaler Sonneneinstrahlung rentabel; eine Ausweitung der Rebflächen in die Ebenen, wie in Rheinhessen oder der Pfalz, ist in Franken undenkbar.

Das Weinbaugebiet Franken, es handelt sich im wesentlichen um den Regierungsbezirk Unterfranken, wird durch die Mittelgebirge des Odenwalds im Westen, der Frankenhöhe und Frankenberge im Süden, dem Steigerwald im Osten und der Rhön im Norden umfaßt. Die größten Rebflächen finden sich direkt an den Ufern des Mains zwischen Schmachtenberg an den Ausläufern der Haßberge östlich von Schweinfurt und Aschaffenburg am Untermain.

Da ist zunächst der Weinbau an der *Mainschleife* zu nennen, jenes Gebiet zwischen Wipfelt und Sommerach, wo sich der Main mäanderartig durch den Muschelkalk gefressen hat. Mittendrin liegt das malerische Volkach, dessen Weinberge die Wallfahrtskirche »Maria im Weinberg« umkränzen. Sie beherbergt eine wunderschöne Madonna von Tilman Riemenschneider – wieder, muß man sagen, denn Diebe hatten sie schon einmal entwendet. Hier ist auch der »Escherndorfer Lump« zu finden, ein kräftiger Silvaner, der zu einem Aushängeschild Frankens geworden ist. Aber auch Nordheim und Sommerach gehören zur Mainschleife, Weinorte, die durch den Rhein-Main-Donau-Kanal im Osten und den Main im Westen vom Hinterland getrennt, wie auf einer Insel – einer »Weininsel« – gelegen sind.

Mainabwärts finden wir wieder Reben bei *Kitzingen* und *Sulzfeld,* wo es die meterlangen Bratwürste gibt. Vor den Toren Würzburgs, zwischen Ochsenfurt und Randersacker, wird das Tal enger und die Mauern der Rebterrassen reichen manchmal schon bis an die Uferstraße. Steile Lagen sind es, in denen hier die Reben stehen, was den Bau von zahlreichen Stützmauern notwendig machte. Letzte Station vor Würzburg ist *Randersacker,* dessen Weinberge nahtlos in die von Würzburg übergehen. In den Lagen Pfülben und Teufelskeller wachsen kräftige Silvaner, aromatische Müller-Thurgau, aber auch kernige Riesling-Weine. *Würzburg* selbst verfügt über eine beachtliche Rebfläche, es sind mehr als 200 Hektar, mit so berühmten Lagen wie Leiste, Harfe, Abtsleite und natürlich die Lage Stein, dessen Gewächse lange Zeit einfach als »Steinwein« bezeichnet

wurden und von denen der Herr VON GOETHE so begeistert war: »... kein andrer will mir so schmecken«, soll er gesagt haben. Aber Würzburg ist auch der Sitz berühmter und großer Weingüter, allen voran die Staatliche Hofkellerei mit dem herrlichen, romantischen Weinkeller unter der Residenz. Soziales Verantwortungsbewußtsein reich gewordener Bürger, vermischt mit ein bißchen schlechtem Gewissen wegen des schnöden Mammons, den sie anderen abgenommen hatten, schuf die Grundlage für den riesigen Weinbergsbesitz des Julius- und des Bürgerspitals. Noch heute dient der von den Reben erwirtschaftete Ertrag der Pflege von Alten und Kranken.
Nördlich von Würzburg finden wir Weinberge bei *Veitshöchheim* und *Thüngersheim* und weiter mainabwärts noch bei *Stetten* und *Karlstadt*. Dann bricht der Weinbau ab. Erst am Untermain bei *Marktheidenfeld* sind wieder Reben zu sehen. Bei Homburg in der Lage Kallmuth stehen sie auf steilen Terrassen. Kreuzwertheim, Groß- und Kleinheubach und der Rotweinort Klingenberg sind weitere Weinbaustationen. Selbst hinter *Aschaffenburg*, in Hörstein und Michelbach, sind noch Rebanlagen zu finden. Hier wächst die

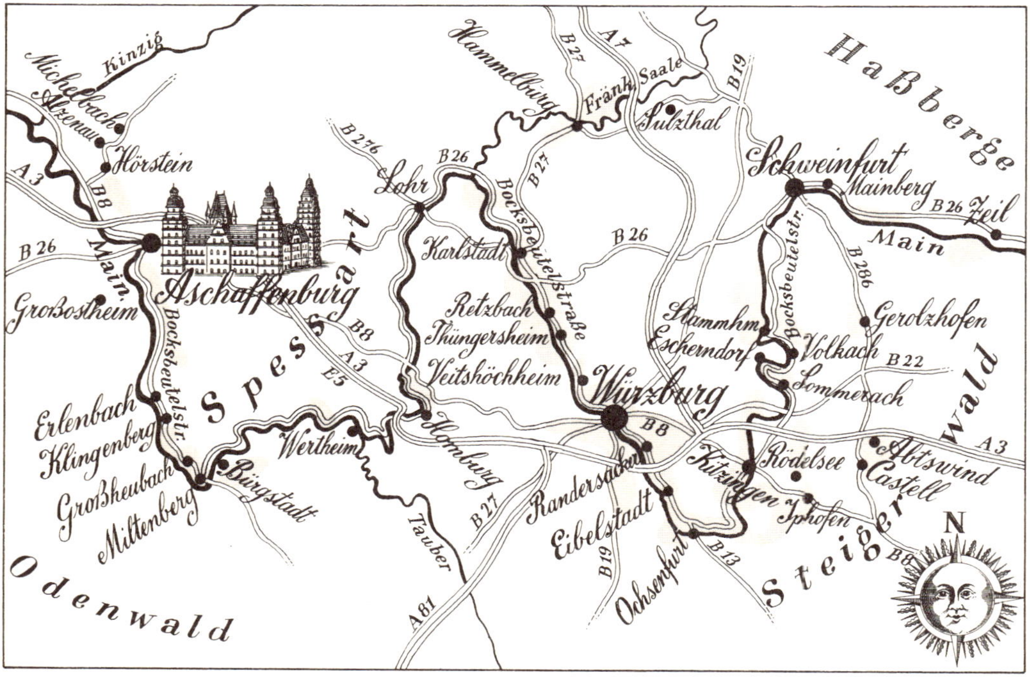

Karte: Franken.

Rebe auf Buntsandsteinverwitterungsböden, die den Weinen Leichtigkeit und Rasse mitgeben.
Auch die Reben am *Steigerwald,* in Iphofen, Castell, Abtswind und Rödelsee, werden nicht von den Wellen des Mains umspült. Hier am Westabhang des Steigerwaldes herrscht der Gipskeuper vor, der den Weinen erdhafte Würze und Vollmundigkeit verleiht. An *Wern* und *Saale* hat sich ein kleiner Restweinbau erhalten, bekannt sind vor allem die Weine von Hammelburg und Schloß Saaleck.
Der Frankenwein ist untrennbar mit dem Bocksbeutel verbunden, jener bauchigen Flasche, die aus einer an der Hüfte getragenen Feldflasche hervorging. Über den Ursprung des Namens gibt es viele Versionen. Eine besagt, der Name käme von »Bugs«, der Hose der fränkischen Landsknechte, an der die Flasche einst gehangen hat. Eine andere will den Namen gar auf den Hodensack des Bocks zurückführen, welch frivole Idee; eine gewisse Ähnlichkeit ist allerdings nicht abzustreiten. Wie dem auch sei, die Franken lieben ihren Bocksbeutel so sehr, daß sie ihn am liebsten für sich behalten hätten. Doch da machten die Badener nicht mit. Die Winzer im badischen Taubertal hatten nämlich schon längst die Werbewirksamkeit dieser Flasche entdeckt und still und heimlich ihre Weine darin abgefüllt. Sie reklamierten ein Gewohnheitsrecht. Und auch die Winzer in den Ortenau-Gemeinden Varnhalt, Neuweier, Umweg und Steinbach pochten auf ein altes Recht, begründet auf dynastischer Zufälligkeit. Die Franken mußten sich fügen, zähneknirschend. Aber sie revanchierten sich auf ihre Art. Als 1976 das Weinrecht novelliert wurde und den Winzern plötzlich erlaubte, auch Weine mit mehr als 4 Gramm Zucker im Liter noch als trocken zu bezeichnen – »neutrocken« oder »eurotrocken« spotteten die Freunde des durchgegorenen Weines –, da sonderten sich die Franken ab. Die Verleihung ihres Gütezeichens für trockenen Wein machten sie davon abhängig, daß die Weine »alttrocken« waren, also wie ehemals maximal 4 Gramm im Liter Zucker enthielten. Und damit machten sie auch gehörig Werbung, sehr zum Ärger der anderen Anbaugebiete. Der Anteil der trockenen Weine ist in Franken sehr hoch, die süße Welle ist nicht über diesen Landstrich hinweggeschwappt. Es ist aber nun auch nicht so, daß Frankenweine durchweg trocken sind, die meisten dürften sich im halbtrockenen Bereich bewegen, also zwischen 9 und 18 Gramm Zucker im Liter.
Die klassische Rebsorte dieses Gebietes war jahrhundertelang der

Silvaner. Auf den schweren Muschelkalk- und Keuperböden bringt er kräftige, manchmal auch etwas breite Weine mit milder Säure. Der Müller-Thurgau hat ihn, wie auch in den anderen Anbaugebieten, vom ersten Platz verdrängt. Dessen Weine probieren sich hier besonders sortentypisch, das Muskataroma ist meistens stark ausgeprägt. In den besten Lagen von Würzburg, Randersacker und am Untermain wächst auch Riesling, der feinfruchtige und vollmundige Weine liefert. Etwas Spätburgunder wird am Untermain angebaut, besonders bekannt ist der Klingenberger Rote. Einige Neuzüchtungen hat auch Franken aufzuweisen. Darunter sind sogar zwei gebietliche Besonderheiten: der Rieslaner, früher als Main-Riesling bekannt, und die Perle. Letztere hat man eine Zeit lang wegen ihrer Frostresistenz favorisiert. Auch eine Albalonga gibt es, eine Optima und eine Ortega, schöne Namen gewiß, wohlklingend und geradezu auf der Zunge vergehend, aber was für Weine? Breit, plump, ohne Rasse und Feinheit, nur Alkohol und ein bißchen Säure. »Laßt die Finger von diesem Unkraut!«, möchte man den fränkischen Winzern zurufen. Damit man auch noch später vom Frankenwein sagen kann, was der Fürstbischof Philipp von Dernbach 1681 auf eine Münze prägen ließ: »vincit et sanat« – er siegt und heilt.

Württemberg

Vom »Wirt am Berg« soll sich der Name ableiten, sagen die einen, vom keltischen Virodonum – Viroberg – die andern, beweisen läßt sich beides nicht. Auf dem »Württemberg«, einem Bergrücken zwischen Uhlbach, Untertürkheim, Bad Cannstadt und Fellbach stand auf jeden Fall jahrhundertelang das Stammschloß der Herzöge von Württemberg. König Wilhelm ließ die Überreste der letzten Burganlage abtragen und an ihrer Stelle eine Grabkapelle für seine Gemahlin Katharina errichten.

Es sind die Schwaben, die dieses Land bewohnen, bekannt für ihren Fleiß, derben Humor und grüblerisches Denken; der »introvertierteste deutsche Volksstamm«, so hat sie einmal jemand bezeichnet. Der Wein ist hier wahres Volksgetränk. In einer alten Chronik von Stuttgart heißt es: »Nichts ist dem Bürger wichtiger als sein Wein.« Während derzeit der Bundesbürger im Durchschnitt etwa 26 Liter im Jahr trinkt, bringt es der Schwabe gut und gern auf über 40 Liter. Und sie sind stolz auf ihre »Wei«. Als man Theodor Heuß einmal fragte, warum der Württemberger Wein außerhalb des Anbaugebietes kaum zu finden sei, sagte er: »No wissen Se, des isch ganz einfach,

früher tranken mer ihn selber, weil ihn keiner gewollt hat, heute ischt er so guet, daß mer ihn net mehr hergebe.«
Der Durst der Schwaben freute auch die anderen, besonders die Badener und die Pfälzer, die gern etwas von ihrem Überfluß abgaben. Für sie war Württemberg ein lohnender Absatzmarkt. Doch da hat sich einiges geändert. Seit den mengenmäßig großen Ernten der Jahre 1982 und 1983 sind auch die Württemberger Keller voll, zum Überlaufen voll, und die »Weingärtner«, wie die Winzer im Schwabenland heißen, haben zum erstenmal auch Absatzsorgen. Für den Konsumenten ist die auflebende Konkurrenz durchaus förderlich, die Preise für Württemberger Wein sind deutlich gesunken.
Die weingesetzliche Bereichseinteilung in Kocher-Jagst-Tauber, Württembergisches Unterland und Remstal-Stuttgart ist grob vereinfachend und deshalb auch wenig aussagekräftig. Besser ist die natürliche und traditionell gewachsene Gliederung.
Oberes Neckartal: Hier ist der Weinbau konzentriert an den Südhängen der Albtrauf. Weinorte wie Metzingen, Neuffen, Weilheim und andere gehören hierher. Bekannt ist der »Täleswein« von Neuffen.
Stuttgarter Raum und Esslinger Gegend: Dazu gehören so bekannte Weinorte wie Bad Cannstadt mit der Lage Zuckerle, Untertürkheim und Obertürkheim, Rotenberg, Uhlbach und Fellbach am Fuß des Kappelbergs – und natürlich Esslingen.

Remstal: Zwischen Schurwald im Süden und den Ausläufern des Schwäbischen Waldes im Norden fließt das kleine Flüßchen Rems an vielen Weinorten vorbei: Beutelsbach und Schnait, Klein- und Großheppach und Strümpfelbach. In Beutelsbach ist der Sitz der Remstalkellerei, einer der größten württembergischen Genossenschaften.

Mittleres Neckartal: Hier ist das Neckartal am romantischsten. In großen Bögen windet sich der Fluß durch die Muschelkalkschichten an hoch aufragenden Felswänden vorbei. In den Hessigheimer Felsengärten sind sie am steilsten: um einen Höhenunterschied von 90 Meter zu überwältigen, mußten 35 Stützmauern gebaut werden. Auch im Mundelsheimer Käsberg, hoch über der Neckarschleife, beherrschen die zahlreichen Stützmauern das Bild der Weinberge. Die Winzer sind hier nicht nur Weinbauern, sondern zugleich »Mauernsetzer«. Es gehört viel Geschick dazu, aus den grob behauenen Muschelkalksteinen standfeste Trockenmauern aufzusetzen.

Bottwartal: Etwas abseits vom Neckar, im Murr- und Bottwartal finden wir an den Ausläufern der Löwensteiner Berge Rebanlagen in Klein- und Großbottwar, Oberstenfeld und Beilstein.

Stromberg: Nördlich des kleinen Flüßchens Enz, an den Südausläufern des Strombergs liegen die Weinorte Hohenhaslach, Häfnerhaslach, Horrheim, Ochsenbach, Oberderdingen und Sternenfels. Die Weine werden in der Strombergkellerei in Bönnigheim ausgebaut.

Heuchelberg und Zabergäu: Wandert man vom Enztal über den Stromberg, kommt man ins Tal der Zaber, dem Zabergäu, das auf seiner nördlichen Seite vom Heuchelberg begrenzt wird. In Brakkenheim, dem Geburtsort von Theodor Heuß, in Haberschlacht, Dürrenzimmern, Neipperg und Hausen ist die Heimat vieler bekannter württembergischer Weinbergslagen.

Unteres Neckartal: Bei der Einmündung der Enz in den Neckar ist Lauffen gelegen. Hier beginnt das untere Neckartal, das sich bis Gundelsheim hinzieht, wo der Fluß badisches Gebiet erreicht.

Weinsberger Tal: Weinsberg, eine kleine Stadt, wenige Kilometer östlich von Heilbronn, ist nicht nur die Heimat von Justinus Kerner, dem großen schwäbischen Dichter, sondern auch der Sitz einer berühmten Weinbauschule. In der Umgebung sind weitere Weinorte wie Affaltrach, Löwenstein, Eberstadt, Erlenbach, Lehrensteinsfeld, Willsbach und Grantschen.

Karte: Württemberg und Baden.

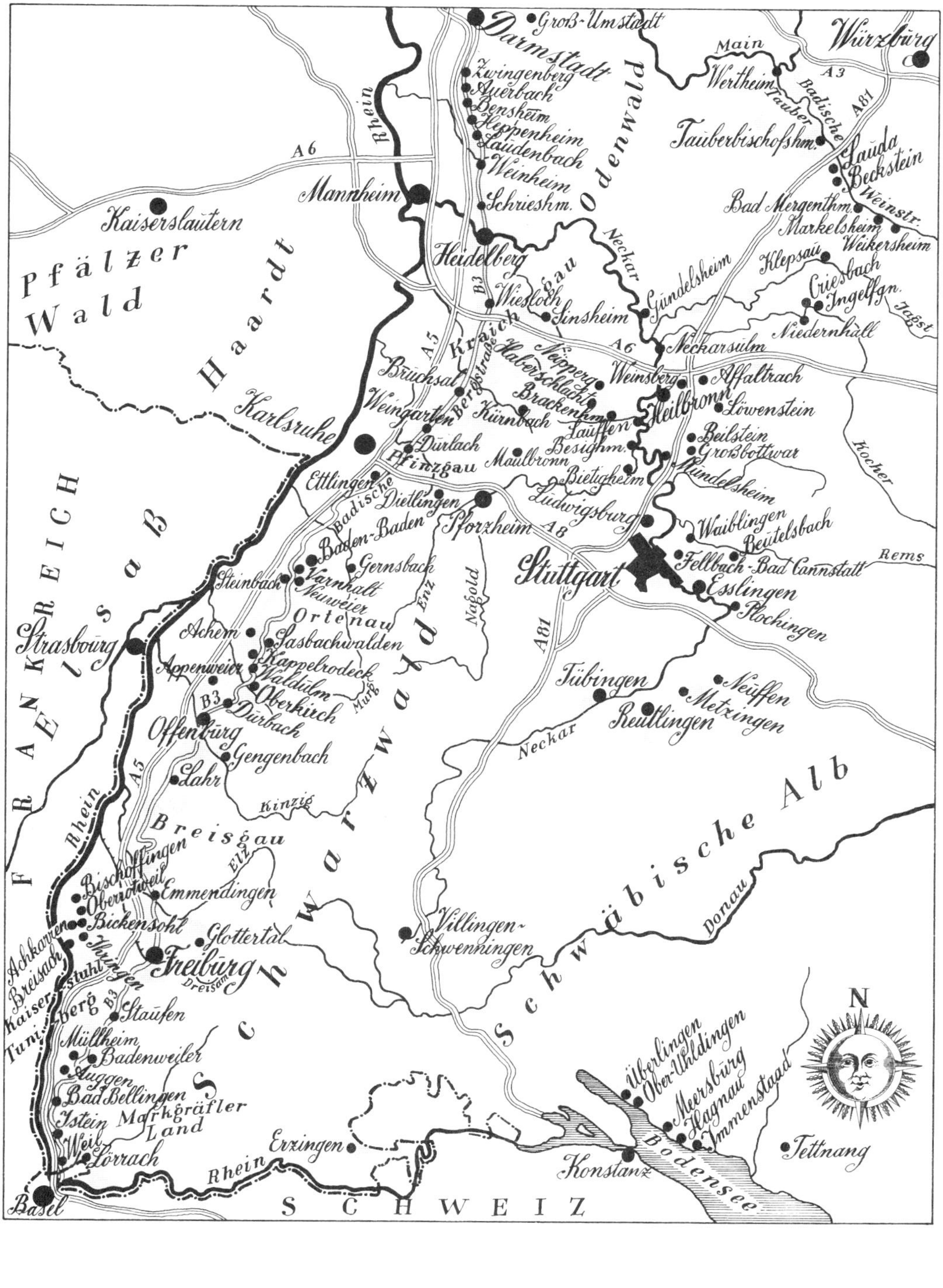
Darmstadt
Groß-Umstadt
Würzburg
Main
Wertheim
Tauber
Badische
A3
A81
Zwingenberg
Auerbach
Bensheim
Heppenheim
Laudenbach
Weinheim
Schriesh.
Odenwald
Rhein
A6
Mannheim
Tauberbischofshm.
Lauda
Beckstein
Weinstr.
Bad Mergenthm.
Markelsheim
Weikersheim
Kaiserslautern
Pfälzer
Wald
Haardt
Heidelberg
Neckar
Klepsau
Criesbach
Ingelfgn.
Jagst
Niedernhall
Gundelsheim
Kraichgau
B3
Wiesloch
Sinsheim
Neckarsulm
A5
Bergstraße
Neipperg
Haberschlacht
Weinsberg
Affaltrach
Bruchsal
Brackenhm.
Heilbronn
Löwenstein
Weingarten
Kürnbach
Lauffen
Karlsruhe
Dürlach
Maulbronn
Besighm.
Beilstein
Großbottwar
Kocher
Pfinzgau
Bietigheim
Mundelsheim
Ettlingen
Badische
Dietlingen
Ludwigsburg
Baden-Baden
Pforzheim
A8
Waiblingen
Beutelsbach
Gernsbach
Rems
Fellbach-Bad Cannstatt
Stuttgart
Esslingen
Steinbach
Varnhalt
Neuweier
Plochingen
FRANKREICH
Elsaß
Ortenau
Enz
Nagold
A81
Strasbourg
Achern
Sasbachwalden
Appenweier
Kappelrodeck
Waldulm
Oberkirch
Murg
Tübingen
Neuffen
B3
Metzingen
Offenburg
Durbach
Reutlingen
Gengenbach
Neckar
Lahr
Kinzig
Schwäbische Alb
Rhein
Breisgau
Bischoffingen
Elz
Oberrotweil
Emmendingen
Schwarzwald
Achkarren
Bickensohl
Donau
Breisach
Glottertal
Villingen-Schwenningen
Ihringen
Freiburg
Kaiserstuhl
Dreisam
Tuniberg
B3
Staufen
N
Müllheim
Badenweiler
Überlingen
Ober-Uhldingen
Auggen
Meersburg
Bad Bellingen
Hagnau
Immenstaad
Istein
Markgräfler Land
Weil
Erzingen
Tettnang
Lörrach
Konstanz
Bodensee
Rhein
Basel
SCHWEIZ

Hohenlohe: Fährt man von Weinsberg Richtung Nürnberg, kommt man ins Hohenlohische, wo in Öhringen und in den benachbarten Orten Heuholz-Harsberg und in Michelbach am Wald Reben angebaut werden, deren Wein die Weingärtnergenossenschaft in Pfedelbach ausbaut.

Kocher – Jagst – Tauber: In den Tälern dieser drei kleinen Flüsse sind in den letzten Jahrzehnten viele Weinberge aufgegeben worden, insbesondere wegen der ungünstigen Witterung. Gehalten hat sich der Weinbau in Ingelfingen, Niedernhall und Criesbach im Kochertal, und in Möckmühl und Dörzbach im Jagsttal. Im württembergischen Teil des Taubertals ist Weinbau noch in Markelsheim, Weikersheim und Laudenbach zu finden.

Bekannt geworden ist Württemberg vor allem durch seine Rotweine, wobei der Trollinger eine Sonderstellung einnimmt. Es ist die gleiche Rebsorte, aus der in Südtirol der »Kalterer See« erzeugt wird, nur heißt sie dort Vernatsch. Der Trollinger liefert einen hellroten, leichten und süffigen Rotwein, einen echten Schoppenwein. Selbst seine Freunde sagen von ihm, er sei mehr ein »roter Wein« als ein echter Rotwein. Das kann man vom Lemberger nicht sagen. Aus ihm werden die »französischsten« deutschen Rotweine gewonnen – farbkräftig, füllig und gerbstoffbetont. Der Schwarzriesling nimmt eine Mittelstellung ein. Seine Weine ähneln denen des Spätburgunders, ohne jedoch dessen Feinfruchtigkeit ganz zu erreichen. Diese drei Rebsorten nehmen fast die Hälfte der württembergischen Rebfläche ein, kein anderes Anbaugebiet hat einen so hohen Anteil an Rotweinsorten. Und diese drei sind auch die württembergischen Spezialitäten, nirgendwo sonst sind sie in größerer Menge anzutreffen.

Doch auch mit seinem Weißwein braucht sich Württemberg nicht zu verstecken. Ein Viertel aller Weinberge ist mit Riesling bestockt, der hier vielleicht nicht die Eleganz der Moselweine oder die Rasse der Rheingauer erreicht, der aber überzeugt durch Vollmundigkeit und würziges Aroma. Selbstverständlich wird auch Müller-Thurgau angebaut, sein Anteil beträgt jedoch nur etwa 10%, ist also im Vergleich zu anderen Anbaugebieten sehr klein.

Ein württembergisches Kind ist der Kerner, die erfolgreichste Neuzüchtung der Nachkriegszeit. Ihr Anteil ist schon so hoch wie der des Müller-Thurgau. Seine kernigen Weine, dem Riesling ähnlich, haben viele Freunde gefunden.

9000 Hektar Reben stehen in Württemberg, und sie werden von rund 26000 Weingärtnerfamilien bewirtschaftet. Rein rechnerisch wären das nur 0,3 Hektar je Betrieb. Natürlich ist die Verteilung nicht so gleichmäßig, aber der Kleinbesitz überwiegt bei weitem. Ein eigener Weinausbau ist deshalb für die meisten Betriebe nicht sinnvoll und der Zusammenschluß in Genossenschaften geradezu zwangsläufig. Über 80% der Traubenproduktion werden von den Weingärtnergenossenschaften erfaßt und vermarktet. Nur Baden kann noch eine derart starke genossenschaftliche Erfassung vorweisen. Abgefüllt werden die Württemberger Weine zum größten Teil in die Literflasche, wahrscheinlich ist dem schwäbischen »Intensivtrinker« in der 0,75 Literflasche einfach zu wenig drin.

Baden

Es ist ein seltsames Gebilde, dieses Baden, langgestreckt und schmal, vom Bodensee bis zur Tauber reichend. Fast 300 Kilometer beträgt diese Distanz, und Baden ist damit das am längsten auseinandergezogene deutsche Anbaugebiet. Es ist auch eines der größten, mit 15000 Hektar Rebfläche nimmt es hinter Rheinhessen und Rheinpfalz den dritten Platz ein. Stärker ausgeprägt als in anderen Anbaugebieten ist die räumliche Gliederung in einzelne, traditionell gewachsene Bereiche mit außerordentlich unterschiedlichen Klimabedingungen, Bodenarten und Geländeformationen. Da ist zum Beispiel der Kaiserstuhl mit dem wärmsten Klima aller deutschen Anbaugebiete, aber auch das Frankenland mit einem der kältesten; in der Ortenau stehen die Reben an steilen Hängen auf durchlässigen Gesteinsverwitterungsböden, im Kraichgau in einer welligen Hügellandschaft auf kräftigen Löß-, Lehm- und Keuperböden. Es ist kein geschlossenes Anbaugebiet, sondern zwischen den einzelnen Bereichen finden sich immer wieder mehr oder weniger große Anbaulücken. Besonders ausgeprägt ist das im nordbadischen Gebiet, die Bereiche Badische Bergstraße/Kraichgau und Badisches Frankenland sind durch eine 80 Kilometer breite weinbaulose Zone voneinander getrennt.
Am *Bodensee* gedeihen die Reben am Ufer des Sees in einer Höhe von 400 bis 480 Meter über NN, und in Singen am Hohentwiel, das zum Bodenseebereich gehört, finden wir sogar Weinberge in einer Höhe von 570 Meter. Es sind dies die am höchsten gelegenen Weinberge Deutschlands. In Meersburg, Immenstadt, Hagnau und Birnau reichen die Reben bis dicht an die Uferstraße. Aber auch im

Hinterland, bei Markdorf und Bermatingen, sind einzelne Rebberge zu finden. Neben den feinfruchtigen und eleganten Müller-Thurgau-Weinen sind besonders die aus der Spätburgunder Traube gewonnenen Bodensee-Weißherbste bekannt geworden. Es sind relativ hellfarbige, manchmal nur golden gefärbte Rosé-Weine von großer Rasse und Feinheit.

Daß eine Rebsorte geographische Grenzen zieht, dürfte selten sein, im *Markgräflerland* wurde es Wirklichkeit – »Gutedelland« ist gleich Markgräflerland. Mit den historischen Grenzen hat das wenig zu tun, denn das Gebiet zwischen Freiburg und Basel war früher zum Teil vorderösterreichisch, markgräflerisch, baslerisch usw. usw. Der Gutedel hat sie alle vereint und das schon vor über 200 Jahren, so lange wird diese Sorte hier nämlich angebaut. Es sind keine großen Weine, die er hervorbringt, eher bescheidene, ausgezeichnet mit zartem Duft und milder Säure, ein Zechwein par excellence.

Westlich von Freiburg erheben sich aus der Rheinebene die beiden Lößlandschaften *Kaiserstuhl* und *Tuniberg*. Viele Tausende von rebbestandenen Terrassen schmiegen sich wie grüne Bänder an die Hügel, als Zeugnisse einer jahrhundertealten Weinkultur. Bei der Durchführung der Flurbereinigungsmaßnahmen sind leider viele der kleinen Terrassen verschwunden, es entstanden Großterrassen mit zum Teil riesenhohen Böschungen, die den Blick auf die Reben verwehren. Doch wesentliche Teile dieses gesegneten Landstrichs haben ihr altes Gesicht behalten. An manchen Stellen, zum Beispiel in Achkarren oder Ihringen, kommt das vulkanische Grundgestein zum Vorschein. Auf seinen Verwitterungsböden wachsen die feinsten Ruländer-Weine, für die der Kaiserstuhl so bekannt geworden ist. Sie sind Maßstab für alle Ruländer-Weine auf der ganzen Welt. Doch am Kaiserstuhl und Tuniberg wachsen nicht nur Ruländer, sondern auch der Spätburgunder, dessen Rotweine von kräftiger Art und feiner Frucht sind, und der Weiße Burgunder, dessen Weine als elegante Alternative zum Ruländer gelten. Der Silvaner, ansonsten in Baden selten, hat in Ihringen einen Schwerpunkt.

Zum *Breisgau*, der sich östlich der Bundesstraße 3 von Freiburg bis Lahr erstreckt, gehört auch das kleine *Glottertal*. Hier wird an steilen Hängen und auf Urgesteinsverwitterung insbesondere Blauer Spätburgunder angebaut, der die bekannten Glottertäler Weißherbste liefert, Weine, die angeblich nicht in den Kopf, sondern in die Beine gehen. Der eigentliche Breisgau ist eine Lößlandschaft mit großen Terrassen. Die Hauptrebsorte ist der Müller-Thurgau, der hier besonders ausgeprägte Weine mit deutlichem Muskatton liefert. Aber auch Spätburgunder und Ruländer werden angebaut. Aus ihrer Mischung entsteht der »Badisch Rotgold«, der in Aussehen und Geschmack dem Weißherbst ähnlich ist.

Das landschaftliche Bild der *Ortenau* ist geprägt durch schmale, tief eingeschnittene Täler, die in ost-westlicher Richtung verlaufen und deren Südhänge fast durchweg mit Reben bepflanzt sind. Der Reichtum der Geländeformationen und der Wechsel zwischen Wald, Wiesen, Weinbergen und Obstanlagen machen diesen Landstrich besonders reizvoll. Im Kinzig- und Renchtal und in Durbach finden wir als wichtige Rebsorten den Riesling, der hier Klingelberger genannt wird, und den Traminer, der meist unter seiner synonymen Bezeichnung »Clevner« in den Handel kommt. Im Achertal, in den Weinorten Kappelrodeck und Waldulm, und im benachbarten Sasbachwalden gedeiht auf Granit- und Porphyrverwitterungsböden der Spätburgunder. Die hier aus ihm gewonnenen Rotweine gelten als die besten Deutschlands – farbkräftig, vollmundig und feinfruchtig. Namen wie Kappelrodecker Hex vom Dasenstein, Waldulmer Pfarrberg oder Sasbachwaldener Alde Gott erfreuen jeden Rotweinliebhaber. Im *Baden-Badener Rebland,* wozu die Weinorte Neuweier, Varnhalt, Steinbach, Umweg und Eisental gehören, ist

wieder ein Schwerpunkt des Riesling-Anbaus. Seine Weine werden hier, mit Ausnahme der von Eisental, in die Bocksbeutelflasche gefüllt.

Auch im *Kraichgau* ist der Riesling zu Hause, aber auch der Weiße Burgunder und sein naher Verwandter, der Auxerrois, der sonst kaum in Deutschland anzutreffen ist. Vermutlich aufgrund der Nachbarschaft zu Württemberg, finden wir hier auch den Schwarzriesling als Rotweinsorte.

An der Bergstraße, deren südlicher Teil von Laudenbach über Heidelberg bis Wiesloch zu Baden gehört, wachsen rassige Riesling-Weine, aber auch milde Silvaner.

Im *Badischen Frankenland* hatte der Silvaner lange Zeit eine Monopolstellung. So seit den dreißiger Jahren jedoch setzte sich mehr und mehr der Müller-Thurgau durch, der heute fast 70% der Rebfläche einnimmt. Er bringt hier besonders ausgeprägte Weine mit feiner Säure. Daneben hat sich in den letzten Jahren der Kerner breitgemacht, dessen Weine sich als rassige Alternative zum Müller-Thurgau entwickelten. Auch mit Bacchus wird derzeit experimentiert, dessen bukettbetonten Weine jedoch nicht unbedingt jedermanns Geschmack sind. Seit neuestem gibt es auch fränkische Rotweine aus der Sorte Schwarzriesling. Es sind keine großen Weine, aber von feiner Frucht, milder Säure und dezentem Gerbstoffgehalt – rote Tischweine der gehobenen Klasse.

Die reifen badischen Weine mit ihrer fruchtigen Säure eignen sich vorzüglich für den Trockenausbau. Das wissen die Badener und bieten deshalb auch ihren Kunden eine große Auswahl trockener Weine in allen Sorten und Qualitätsstufen an. Nach Franken verfügt Baden über den höchsten Anteil solcher Weine. Besonders strenge Regeln gelten für den Rotwein. Mit Ausnahme der Auslesen können Rotweine das Badische Gütezeichen nur erhalten, wenn sie höchstens soviel Restzucker enthalten, daß sie noch die Bezeichnung »halbtrocken« tragen können. Es gibt also nur trockene oder halbtrockene badische Rotweine.

Wie Württemberg ist auch Baden sehr stark genossenschaftlich erfaßt. Über 80% der Ernte wird von den Winzergenossenschaften verarbeitet und vermarktet. Daneben bestehen jedoch auch eine ganze Reihe namhafte Weingüter, die viel für die Qualitätsförderung des badischen Weins geleistet haben. Der Weinhandel klassischer Art ist in Baden fast völlig verschwunden.

Weine in Mittel-, Ost- und Südosteuropa

Das Kennenlernen der europäischen und außereuropäischen Weine wird erleichtert, wenn man einige grundsätzliche Dinge über Anbau und Ausbau des Weins auf der Erde weiß: Europa ist der größte und bedeutendste Weinproduzent. Etwa vier Fünftel aller Weine – 350 Mill. hl auf der ganzen Welt – werden hier erzeugt.
Die Europäische Gemeinschaft ist der wichtigste weinbauliche Wirtschaftsraum und Weinkonsument der Welt (Pro-Kopf-Verbrauch fast 50 l pro Jahr). Bezieht man Spanien und Portugal als baldige Partner mit ein, so entfallen auf sie allein nahezu zwei Drittel der europäischen Weinproduktion. Die gegenwärtige Weinschwemme wird künftig die Absatzschwierigkeiten weiter verschärfen.
Während die Weinerzeugung in der Welt in den letzten drei Jahrzehnten um mehr als die Hälfte auf 350 Mill. hl infolge der vermehrten Anbauflächen, der intensiveren Bewirtschaftung, der erhöhten Nutzung, der erheblichen Produktionsreserven und des besseren Rebmaterials gewachsen ist, stieg der Weinverbrauch nur geringfügig oder stagnierte sogar. Das Ergebnis ist, daß etwa 15% des vergorenen Rebensaftes in der Welt – das Fünffache der deutschen Weinernte – als »überflüssig« gelten. Ihre Denaturierung zu Industrie-Sprit oder Essig kostet den Steuerzahler in der EG allein jährlich über zwei Milliarden DM.
Die beiden größten und nahezu gleich großen Weinländer in der Welt, die beiden »Weinriesen«, heißen *Frankreich* und *Italien*. Sie erbringen zusammen vier Zehntel der Ernte der Welt und fünf Zehntel der Europas. Ihnen gegenüber wirkt die Bundesrepublik mit ihrem Weinbeitrag von noch nicht 3% bzw. 5% wie ein »Weinzwerg«. Sie kann daher nur durch die Qualität ihrer Weine wettbewerbsfähig bleiben. So darf der deutsche Anteil an den einfachen Tafelweinen auch nur die bisherigen 2% betragen, während die Vins de table in Frankreich etwa 80%, in Italien, Spanien und Portugal sogar 90% und mehr ausmachen. Für die Prädikatsweine bringt der

entsprechende Vergleich für Deutschland 30%, Frankreich 20%, Italien 10%, und der Weltdurchschnitt liegt bei 2%.
Auch in der Erzeugung von Rot- und Weißweinen fällt die Bundesrepublik aus dem üblichen Rahmen. Der Weltdurchschnitt weist 85% Rote und 15% Weiße aus, allein die Anbaugebiete am Rhein und seinen Nebenflüssen warten mit 15% rot und 85% weiß auf.
Die meisten anderen Weinbauländer können unter besseren Bedingungen (Klima, Arbeitslöhne usw.) produzieren. Dadurch finden sie offenen Zugang und wachsenden Absatz auf dem deutschen Markt. Der Export nach Deutschland wird weiter wesentlich dadurch erleichtert, daß Millionen Deutsche von ihrem Urlaub im Ausland mit dem Wunsch zurückkehren, die dort kennengelernten Weine auch daheim zu verkosten, den italienischen Valpolicella, den französischen Rosé der Provence und von der Loire, den spanischen Rioja, den portugiesischen Vinho verde, den österreichischen Gumpoldskirchener Zierfandler, den ungarischen Stierblut, den bulgarischen Gamza, den griechischen Retsina und neuerdings auch die Weine aus Übersee.
Mit solchen und anderen reizvollen Weinentdeckungen wollen wir uns im folgenden näher beschäftigen. Sicherlich werden wir dabei mit der Erkenntnis abschließen: die schönsten Weißweine der Welt gedeihen in Deutschland, und neben den Spitzen der Rotweine in Frankreich können auch die deutschen Roten zunehmend in Qualität und Besonderheit gut mit den meisten in Europa und Übersee wetteifern.
In seiner volkswirtschaftlichen Bedeutung wird der Wein sehr unterschiedlich eingestuft. In den südlicheren Weinländern zählt er zu den Grundnahrungsmitteln, bei uns gilt er als Genußmittel.

Frankreich

Als bedeutendstes Weinland der Welt ist Frankreich:

das führende Weinbauland der Erde mit 1,2 Mill. Hektar Rebflächen und durchschnittlich 70 Mill. hl Wein im Jahr;

der bedeutendste Erzeuger von Qualitätsweinen mit einem Fünftel der Ernte, gegenüber einem Achtel in Italien und 2% im Weltdurchschnitt;

das erstklassige Rotwein- und Champagner-Land der Welt.

Von der Weinerzeugung Frankreichs entfallen drei Viertel auf Rotweine und ein Viertel auf Weißweine. Neben Weinen der obersten Güteklasse mit kostbaren Spitzengewächsen besitzt Frankreich eine unübersehbare Fülle schmackhafter Landweine (Vins de pays) und sauberer Tafelweine (Vins de table). Die Weinernte übertrifft wertmäßig die des Getreides und erreicht fast ein Viertel des Wertes der pflanzlichen Produktion von nur 4% des kultivierten Bodens. Jeder siebte Franzose lebt unmittelbar oder mittelbar vom Wein.

Die Weingeschichte dieses klassischen Weinlandes ist 3000 Jahre alt. Die ersten Anbauer waren Kelten. Da sie weder eine Staatengründung noch eine Schriftsprache kannten, wußten wir von ihren Verdiensten um den Wein lange fast nichts. Erst unlängst konnte die Forschung nachweisen, daß wir den Allobrogern, dem größten Stamm mit Vienne und Genf als Hauptorten, die Züchtung der Blauen Burgunder verdanken, und den Biturigern, einem anderen Keltenstamm, das Urbarmachen des sumpfigen Bordelais und den Weinanbau mit Cabernet-Reben, die aus dem Ebro-Tal Nordspaniens stammen sollen.

Etwas besser unterrichtet sind wir über das tüchtige Seefahrer- und Kaufmannsvolk der Phönizier, die um das Mittelmeer und auf den Inseln Handelsniederlassungen gründeten und in ihnen Rebstöcke pflanzten. Von ihrer Kolonie Karthago in Nordafrika siedelten sie auf der Iberischen Halbinsel und drangen an der Mittelmeerküste bis Port Vendres im Roussillon vor. Die Griechen gründeten 611 v. Chr. Massalia, das spätere Marseille, als Umschlagplatz für ihre Weine, die über die alte Völkerstraße weiter rhôneaufwärts gingen, und unerhörten Reichtum eintrugen. Die Römer fanden zwischen Mittelmeer und Marne eine blühende Weinkultur vor, übernahmen das griechische Erbe, verfeinerten es und weiteten den reichsten Gewinn bringenden Weinhandel aus über Vienne, Lyon und Trier mosel- und rheinabwärts bis Britannien. Römische Schriftsteller haben uns über den Weinbau und -handel gut unterrichtet. Ihr reiches Weinerbe übernahmen die Kirche und die Mönche in den Klöstern für mehr als ein Jahrtausend.

Die wechselvolle Entwicklung endete mit der fast völligen Vernichtung der Reben durch die aus Amerika eingeschleppte Reblaus, besonders im Süden Frankreichs, Ende des vorigen Jahrhunderts. Die Pfropfrebe brachte in der katastrophalen Lage die fast ans Wunder grenzende Rettung und den Beginn des modernen Rebanbaus.

Mehrere Weingesetze unterstützten die günstige Entwicklung des Weinbaus in diesem Jahrhundert und die Vorbereitung auf den größeren EG-Weinmarkt. Mit der vor einem halben Jahrhundert begründeten Güteklassifizierung und Weineinteilung in drei Klassen ist Frankreich zum Maßstab für viele Weinländer geworden. Die Grundlage für die Qualitätseinstufung sind v. a. die geologischen Verhältnisse der Weinbergslage, nicht der Zuckergehalt des Mostes und die Qualität des Weines wie in Deutschland oder die Wärme des Klimas wie in Kalifornien.

Die *oberste Klasse* enthält die A. (O.) C.-Weine der **A**ppellation d'**O**rigine **C**ontrôlée, der Weine mit kontrollierter Herkunftsbezeichnung, über 75 Grad Öchsle, guter Qualität aus festgelegten Anbauflächen und Rebsorten, Erträge und Mindestalkoholgehalt. Ihr Anteil liegt bei 20% aller Weine. Die wichtigsten Erzeugergebiete sind: Bordeaux, Bourgogne, Côtes du Rhône, Champagne und Alsace; insgesamt 218 Bereiche sehr unterschiedlicher Größe.

Die *mittlere Klasse* der V. D. Q. S. (**V**ins **d**élimitée **q**ualité **s**upérieure) wurde als Zwischenstufe, v. a. für die Weine des Midi – Provence und Languedoc-Roussillon –, erst 1949 geschaffen. Sie enthält die Qualitätsweine mit einfacher Herkunftsbezeichnung und einfacheren Bedingungen (bis 75 Grad Öchsle); sie unterliegen auch der analytischen und organoleptischen Prüfung. Ihr Anteil beträgt etwa 5% der Weine und umfaßt 60 Regionen.

A. C.- und V. D. Q. S-Weine gehören nach dem EG-Weingesetz zu den Qualitätsweinen bestimmter Anbaugebiete, den Q. b. A.-Weinen. Ihr Gesamtanteil liegt bei 20–25% der französischen Weine.

Die weitere Gliederung nach Lesegraden bei den Prädikatsweinen (Kabinett bis Trockenbeerenauslese) bei verbotener Mostzuckerung kennt die französische Klassifizierung nicht. Alle Moste dürfen gezuckert werden, ausgenommen die des Südens.

Die untere Klasse der V. C. C. (**V**ins de **c**onsommation **c**ourante), der Konsumweine ohne Herkunftsbezeichnung, ist die umfangreichste mit einem Anteil von 75 – 80% und umfaßt die billigen Vins de table (Tafelweine) bis 65 Grad Öchsle, Verschnittweine oder Markenweine verschiedenster Weinherkunft.

Die V. P. (**V**ins de **p**ays), Landweine, sind gewissermaßen als vierte Gruppe und »geprüfte Tafelweine« seit 1973 aus den Tafelweinen als oberes Achtel durch begrenzte Erntemenge (unter 100 hl), höheren Alkoholgehalt (mind. 10 Grad) und Angabe des Herkunfts-

Départements herausgehoben. Als »Edel-Tafelweine« erfreuen sie sich im In- und Ausland großen Zuspruchs. Die Bundesrepublik ist daher dem französischen Beispiel unlängst mit ähnlichen Landweinen gefolgt. Das Etikett der französischen Weinflaschen bietet mit mannigfaltigen Angaben für den Inhalt aufschlußreiche Hinweise. Die einzelnen Weingebiete bieten darin spezielle Hinweise und gute Visitenkarten. Allgemein gilt für französische Etikette: Je eingehender die Aussagen, desto besser in der Regel der Wein.

In Frankreich werden über 40 Rebsorten angebaut, die verbreitetsten unter den blauen sind Carignan und Aramon, zwei Massenträger, auf je über 150 000 Hektar Rebflächen, Syrah, Cinsaut, Grenache, Cabernet und Pinot, bei den weißen Sémillon, Sauvignon und Chardonnay. Es gibt jedoch keine überall angebaute Rebsorte wie in Deutschland. Jede Region pflegt mit staatlicher Förderung Spezialitäten, die dort besser als anderswo gedeihen. Der *Gebietstyp* gilt als wichtiger als der Sortentyp; die meisten französischen Weine sind daher Mischweine aus mehreren Rebsorten.

Die Anbaugebiete verteilen sich über das ganze Land entlang von Flußtälern, Meeresküsten und Gebirgsabhängen, nur der äußerste Norden liegt außerhalb des Weinbaus. Die wichtigsten und zugleich interessantesten Weingebiete sind: Alsace (Elsaß), Bourgogne (Burgund), Bordeaux (Bordelais), Champagne, Vallée de la Loire (Loire-Tal), Côtes du Rhône (Rhône-Graben), Charente, Côtes de Provence, Languedoc-Roussillon und Sud-Ouest (Südwesten). Auch ein Dutzend anderer, wie Jura, Bergerac, Armagnac und Corse (Korsika), bieten dem Weinfreund und Reisenden manche Entdeckerfreuden in Landschaft, Wein und Menschen.

Die Franzosen haben ihren Wein zusammen mit ihrer Küche zu hoher Kultur entwickelt. Durch ihre besondere Beziehung zum Wein wurde dies ermöglicht. Er bedeutet ihnen Lebens-Mittel im ursprünglichen Wortsinn und genießt als Hausgenosse legendäre Verehrung.

Elsaß (Alsace)

Das nordöstliche elsässische Weinland liegt linksrheinisch zwischen Ill und Vogesen als 100 km langes und nur 2 km breites Band. Durch den Vogesenkamm ist es von den übrigen französischen Anbaugebieten getrennt. Dem Rhein und dem rechtsrheinischen Baden zugewandt, ordnet es sich als 12. Weinbaugebiet der großen Weißwein-Region Rhein ein.

ENGLAND
Dover
Straße v. Calais
Calais
BELGIEN
Brüssel
Bonn
DEUTSCHLAND
Southampton
Brighton
Kanal
Lille
LUXEMBURG
Rhein
Cherbourg
Le Havre
Somme
Amiens
Rouen
Oise
Reims
Metz
Meuse
Moselle
Lothringen
Normandie
Seine
Epernay
Nancy
Strasbourg
Elsaß
Paris
Champagne
Marne
Colmar
Chartres
Troyes
Aube
Seine
Mulhouse
Rennes
Orléans
Auxerre
Chablis
Côte d'Or
Le Mans
Loire
Blois
Dijon
Gevrey Chambert.
Doubs
Besançon
Bretagne
Angers
Anjou
Tours
Loire
Nuit St. Georges
Beaune
Burgund
Jura
Bern
Cher
Nantes
Touraine
Bourges
Nevers
Chalon
Saône
Lons
Franz.
SCHWEIZ
Châteauroix
Vienne
Poitiers
Mâcon
Genf
Allier
Rhône
Savoyen
Brouilly
La Rochelle
Cognac
Limoges
Clermont-Ferrand
Lyon
Vienne
Isère
Atlantischer Ozean
Cognac
Angoulême
Zentral-
Plateau
Côtes du Rhône
Rhône
Valence
ITALIEN
Médoc
Libourne
Dordogne
Bordeaux
Bordeaux
Lot
Cahors
Garonne
Agen
Languedoc
Avignon
Gaillac
Albi
Nîmes
Provence
Nizza
Adour
Armagnac
Auch
Tarn
Toulouse
Bayonne
Pau
Béarn
Corbières
Narbonne
Montpellier
Marseille
Toulon
St. Tropez
Pyrenäen
ANDORRA
Roussillon
Perpignan
SPANIEN
Barcelona
Mittelmeer
N

Die »Elsässische Weinstraße« (Route du vin d'Alsace) führt landschaftlich sehr reizvoll von Tan (Thann) unweit Mulhouse (Mühlhausen) bis Marlenheim unweit Straßburg 150 km entlang der Vogesen-Vorberge. In ihrer Mitte liegt Colmar, die Weinhauptstadt des Elsaß. Über 100 alte, malerische Weindörfer, wie Guebwiller, Turckheim, Eguisheim, Kaysersberg, Riquewihr, Ribeauville, Barr, Heiligenstein und Obernai, mit 10 000 Weinbauern säumen sie ein. Obwohl das Elsaß sich mit etwa 1 Mill. hl Wein von 12 000 Hektar Rebfläche nur mit 1,5% an der Weinernte Frankreichs beteiligt, stellt es 10% aller Weine der obersten Güteklasse und sogar über ein Drittel aller weißen A. C.-Weine. Über neun Zehntel der elsässischen Weine gehören der A. C.-Klasse an. Seine Hektarerträge liegen weit über dem französischen Durchschnitt. Je ein Drittel der Weine erzeugen Weingüter, Winzergenossenschaften und Handelskellereien. Die Winzergenossenschaften gewinnen an Bedeutung; die neun größten sind zur Zentrale CEVA in Colmar zusammengeschlossen, ihre Weine tragen sämtliche die A. A. C.-Güteauszeichnung. Von dem für diese Region wichtigen Export geht je ein Viertel in die Bundesrepublik, in das übrige Frankreich und in alle Welt, nur die Hälfte wird im Lande getrunken.

Für die A. A. C.-Qualitätsweine (**A**ppellation **A**lsace **C**ontrôlée) sind nur 7 der auch in Deutschland gebräuchlichen Rebsorten unter strengen Produktionsvorschriften zugelassen (für Grands Crus nur 4): *Silvaner* (Silvain vert) stellt fast ein Viertel neutraler, am besten jung zu trinkender Weine mit dem typischen, leicht bitteren Silvaner-Abgang. Kenner schätzen besonders diese Weine aus Barr und Westhalten.

Pinot blanc (Weißburgunder) bringt feine, sehr zarte und ausgewogene Weine.

Pinot gris (bislang Tokay d'Alsace oder Elsässer Tokayer; Grauer Burgunder oder Ruländer) stellt im Oberelsaß die körperreichsten Weine des Landes.

Muscat d'Alsace (Elsässer Gelber Muskateller), eine der in südlichen Anbaugebieten weitverbreiteten Muskateller-Sorten, bringt an der nördlichen Verbreitungsgrenze – neben Baden und Württemberg – schönste, mittelherbe Weine mit leichtem Duft und Geschmack von frischen Rosinen; als ausdrucksvoller Aperitif wie zur Vorspeisen-Pastete werden sie sehr geschätzt.

Neuerdings wird der Elsässer Muskateller von dem früher reifen Muskat Ottonel (keine Muskateller-Sorte) verdrängt. Er wartet mit

Karte: Frankreich.

leichtherben, dezent-aromatischen und nachhaltig-bukettierten, vollmundigen Weinen auf.

Riesling ist mit fast einem Fünftel reichhaltig vertreten. Die oft hervorragenden, aber mitunter für die Rebsorte zu trockenen Weine sind rassig, fruchtig, elegant und bestechen durch Feinheit und Geschliffenheit. Die schönsten wachsen auf Granit- oder Schieferböden um Colmar und Sélestat (Schlettstadt), in Wintzenheim, Turckheim und Ammerschwihr.

Gewürztraminer überrascht mit einem für die Rebsorte ungewöhnlich hohen Anteil von über einem Fünftel. Die ausgesprochen trockenen Weine sind fruchtige, körper- und alkoholreiche Dessertweine mit angenehm langem Abgang. Als köstlich vollsaftige, edle Ausleseweine können sie großen Haut-Sauternes ebenbürtig sein.

Pinot noir (Blauer Spätburgunder), die einzige blaue Rebsorte im Elsaß, spielt nur eine untergeordnete Rolle, kann mit den Roten in Burgund nicht konkurrieren und wird bei seinem lichten Rot von den Franzosen als Rosé angesehen.

Chasselas, der badische Gutedel im Markgräflerland, bringt es im Elsaß nur zu offenen Karaffenweinen.

Edelzwicker, ein Verschnitt Elsässer Qualitätssorten, erfreut sich als Modewein großer Beliebtheit.

Müller-Thurgau (Riesling x Silvaner) darf seit kurzem nicht mehr angebaut werden.

Die Elsässer Weine nehmen eine Mittelstellung zwischen den Badener und Schweizer ein, wissen aber ihre Eigenständigkeit zu vertreten. Allgemein sind sie trocken, ausgesprochen fruchtig, duftig und reintönig, bei der stärkeren Mostzuckerung alkoholreicher als entsprechende deutsche. Der Elsässer meint, ihren Charakter rieche man am besten im Muskateller und schmecke ihn am schönsten im Riesling und Traminer.

Das Etikett der typischen langhalsigen Elsässer Weinflasche (franz. flûte) trägt meist nur den Namen der Rebsorte, des Ortes und Erzeugers.

Die elsässische Küche weist bereits auf die französische und erfreut sich auch bei den vielen Reisenden großer Beliebtheit. Den Feinschmecker locken zahlreiche nahrhafte Spezialitäten, begleitet von den passenden rassigen und würzigen Weinen. Der Elsässer trinkt den Wein wie der Franzose als ebenbürtigen Begleiter zum Essen. Dafür einige Beispiele!

Als *Aperitif* (Appetitanreger):

	trockener Muscat d'Alsace, Vermouth Napoléon Petit Corporal

Zur *Vorspeise:*

Münsterländer Fleischpastete	lichter Silvaner
Schinkenpreßkopf	dezenter Pinot blanc
Zwiebelkuchen	Edelzwicker oder Silvaner
Straßburger Gänseleberpastete	nerviger Tokay d'Alsace oder kräftiger Gewürztraminer
Schnecken nach Elsässer Art	Silvaner oder Riesling

Zum *Fischgang*

Forelle in Tokay d'Alsace	Tokay d'Alsace
Illhecht, Zanderfilet, Edelfischragout	fruchtiger Riesling

Zum *Fleischgang*

Coq au vin (Hahn im Wein)	gleicher Wein wie im Fleischgericht auch roter
Poularde in Riesling	Riesling
Choucroute garni à l'Alsace	Silvaner
(garniertes Sauerkraut nach Elsässer Art)	Riesling
Fasan oder Rebhuhn mit Weinkraut in Champagner	Riesling
Wild	Pinot noir oder Pinot blanc

Zur *Nachspeise*

Quarktorte	Pinot gris
Zwetschgentorte, Kirschsoufflé	Gewürztraminer
Guglhupf	Muscat d'Alsace, Gewürztraminer
Münsterkäse	Pinot noir oder Gewürztraminer
Kaffee	Elsässer Kirsch, Zwetschgen- oder Himbeergeist

Bourgogne (Burgund)

Von den weltberühmten Weinen stammen zwei aus Frankreich: der Burgunder und der Bordeaux. Burgund ist das langgestreckte Hanggebiet, als dessen Kopf Dijon gilt, dessen Herz Beaune bildet, und das vor Lyon ausläuft. Mit 1,8 Mill. hl von 45 000 Hektar Rebflächen, davon drei Viertel rote und ein Viertel weiße Trauben, ist die Ernte noch nicht ein Drittel so hoch wie die des Bordeaux.

Der nördliche Teil von Dijon bis Santenay, die Côte d'Or oder der »Goldene Abhang«, das Herzstück von Weinburgund an der 60 km langen und bis 300 m NN hohen Jurakalk-Hügelkette, ist das bedeutendste, reichste und weinbaulich interessanteste Gebiet von Burgund. Der Rebfläche nach (4000 Hektar) entspricht es etwa Franken, jedoch mit nur halb so hohen Erträgen, und es erscheint winzig gegenüber den 120 000 Hektar des Bordelais. Auf den zahllosen kleinsten Parzellen des nach der französischen Revolution zerstückelten Landes gedeihen die Spitzen der weltbesten Spätburgunder aus der hochkarätigen Pinot noir-Traube, wie Chambertin, Vosne-Romanée, Nuits-St. Georges, Aloxe-Corton, Pommard, Volnay und Savigny.

Die auf die keltischen Allobroger zurückgehende Züchtung des Spätburgunders, den Celsus und Plinius beschreiben und die Römer Vitis allobrogensis nannten, wird bereits im 3. Jahrhundert im burgundischen Autun urkundlich nachgewiesen.

Die niedrigen Hektarerträge von noch nicht 40 hl kommen der Qualität zugute. Das Klima in dieser nördlichen Anbauzone ist launisch, späte Frühjahrsfröste und frühe Herbstfröste, sehr warme Sommer und empfindlich kalte Winter lösen einander ab. Das Geheimnis der großen Gewächse liegt im besonderen Mikroklima und dem komplexen Puzzle der verschiedenartigen warmen, mit Lehm und Ton durchsetzten Kalkverwitterungsböden. Klima und Böden zusammen bieten den Burgunderreben für sie optimale biologische Nischen.

Die Weinwirtschaft Burgunds trägt gebietstypische Züge. Die zahlreichen kleinen Weinbauern verkaufen ihre Traubenernte oder den Jungwein an große Weinhändler (Négociants). Sie bauen ihn weiter aus – auf dem Flaschenetikett erkennbar als Négociant-Eleveur –, verschneiden ihn mit Nachbarweinen und vermarkten ihn als Erzeugnis einer bestimmten Lage, Gemarkung oder Gemeinde. Das Burgunder-Etikett trägt deshalb neben dem Jahrgang nur diese Angaben. Die wenigen großen Weingüter machen hiervon eine

Ausnahme, wie z. B. das berühmte »Hospice de Beaune«, das auch das älteste Krankenhaus der Welt ist. Seine 29 Cuvées mit den Namen der ursprünglichen Stifter bilden noch heute die finanzielle Basis für die ehrwürdige Stiftung in der Weinkapitale Burgunds. Die alljährliche Weinversteigerung bestimmt den Preis des gesamten Burgunder-Jahrgangs.
Die glänzend dunkelrubinroten Burgunder sind kräftig, fruchtigerdig und alkoholreich, feuriger, körperreicher und früher ausgebaut als die roten Bordeaux. In der Jugend sind sie rauh und herb, mit wachsender Reife werden sie weich und samtig, warm und gehaltvoll; je alkoholreicher, desto runder, jedoch weniger finessenreich. Die Weine großer Jahrgänge und bester Lagen entwickeln im Alter ein wundervolles Bukett und Aroma von Bittermandeln und Brombeeren, eine einzigartige Delikatheit, Weichheit und Milde, ohne an Kraft zu verlieren. Kein anderer Rotwein erreicht oder übertrifft sie an Kraft und Fülle; ihr Genuß stimmt besinnlich.
Die weiße Burgunderverwandte Chardonnay (die älteste helle Sorte ist benannt nach dem gleichnamigen Dorf im Mâconnais – wörtlich: Ort voller Disteln –, wo sie zuerst kultiviert worden sein soll) bringt in der Côte d'Or und im Mâconnais mehrere berühmte, feinaromatische, vollmundige, extrakt- und alkoholreiche, säurearme Gewächse. Die oft grüngolden schimmernden Meursault, Pouilly-Fuissé und beiden Montrachets bestechen mit herrlichem Bukett, feinster Rasse, edler Finesse und langem Abgang, sind jedoch kaum erschwinglich und gehen zum Verzehr meist den Weg über den Atlantik.

Das Etikett auf der bauchigen Burgunderflasche gibt umfassende Auskunft, zu welcher der 5 Güteklassen der Wein gehört:

1. *Appellation générique* (Gebietsweine): Die *Appellation Bourgogne Contrôlée* schreibt mind. 10 Grad Alkohol und höchstens 45 hl/ha vor; neun Zehntel der Burgunder-Weine gehören ihr an.

In den weiteren Qualitätsstufen wird der Herkunftsbereich zunehmend enger, nimmt der vorgeschriebene Höchstertrag ab und der Alkoholgehalt zu.

2. *Appellation régionale* (Distriktsweine), sog. Villages, wie Côte de Nuits -Villages, Côte de Beaune-Villages oder Beaujolais-Villages.
3. *Appellation communale* (Gemeindeweine): nur mit Angabe des Namens der Gemeinde, wie Pommard; Name der Lage zulässig in kleinerer Schriftgröße.
4. *Premiers Crus* (Erste Gewächse): mit Ortsname und Lagenname, wie Grevey-Chambertin, Chambolle-Musigny oder Chassagne-Montrachet.
5. *Grands Crus* (Spitzengewächse): die bedeutende Lage stellt eine eigene Appellation, wie Chambertin, Musigny oder Montrachet. Nur 31 Spitzengewächse stellen diesen höchsten Burgunderwein-Adel.

Zu Burgund im weiteren Sinne rechnet man das *Chablis* wegen der Ähnlichkeit der weißen Burgunderweine aus Chardonnay und der nahverwandten lokalen Auxerrois (benannt nach der gleichnamigen Grafschaft unweit des Chablis und eine Spielart des Weißen Burgunders, des Pinot blanc). Diese vorgelagerte »Weininsel von Burgund« liegt 100 km von Dijon entfernt halbwegs zwischen Beaune und Paris. Vor den einfallenden Normannen aus Tours flüchtende Mönche haben hier vor 1000 Jahren den Weinbau begründet.
Der Chablis gilt als der meistgetrunkene Weißwein der Welt. Er ist trocken, edelherb, hellstrohfarben bis grüngolden mit zartem Körper und feinem Bukett. Er zeigt sich als vollkommener Begleiter zu Austern, anderen Meeresfrüchten und vielen Fischgerichten. Offenbar teilt er aber das Los gefragter teurer Weine; es wird von ihm weit mehr getrunken, als von der kleinen Fläche von 1400 Hektar geerntet werden können. Dazu macht das ungünstige Klima mit sehr kalten Wintern, gefürchteten Maifrösten und wechselhaften Sommern den Preis für gute und echte Chablis verständlich. Ähnliche

trockene Weißburgunder aus Baden können heute durchaus ebenbürtig sein und sind weit preisgünstiger. Jedoch zeigen die erlesenen Grands Crûs guter Chablis-Jahrgänge solch unverwechselbare Frische, zarten Duft, herrliches Aroma, nußartigen Feuersteingeschmack oder kurz: unerreichte Harmonie von stahliger Herbheit und beschwingter Eleganz, daß ihr Ruhm in aller Welt überzeugt und den sehr hohen Preis in seltenen Stunden vergessen läßt.

An die Côte d'Or des Burgund im engeren Sinne schließen sich nach Süden, zunehmend wärmer werdend, drei weitere Weinbaugebiete an: *Chalonnais* und *Mâconnais* mit überwiegend schlichten Weinen, das große geschlossene Rebland des *Beaujolais* leitet schon zur südlicheren Côtes du Rhône über. Auf Urgesteinsböden von Granit und Gneis findet hier die Gamay-Traube, als robuster Massenträger sonst meist nur mit süffigen Weinen mittlerer Güte vertreten, ihre optimalen Klima- und Bodenbedingungen. Die 9 Crûs aus dem nördlichen Teil von St. Amour bis Villefranche präsentieren köstliche Gewächse, wie Saint Amour, Juliénas, Chénas, Moulin-à-Vent, Fleurie, Chiroubles, Morgon und Brouilly. Die großen Beaujolais zeichnen sich durch Fruchtigkeit, Spritzigkeit und Temperament aus und halten sich einige Jahre in der Flasche, erreichen aber schon Burgunder-Preise. Auch die nachfolgenden 40 Beaujolais-Villages aus der Urgesteinsregion sind empfehlenswerte Weine von ansprechender Qualität. Das Gros der Beaujolais stellt hübsche Weine für den schnellen Verzehr.

Die Spezialität des Gebietes, der »Beaujolais-Primeur«, ist zum sehr gefragten, beliebten Modewein geworden. Bereits sechs Wochen nach der Ernte, ganz jung abgefüllt, wird er ab 15. November als »Gamay-Heuriger« verkauft und firmiert ab 15. Januar bis zur neuen Ernte als »Nouveau«. Bei seiner Herstellung (macération carbonique) werden die ungemahlenen Trauben in mit Kohlensäure aufgefüllte, luftdicht verschlossene Drucktanks gegeben. Die Beeren können nicht vergären, werden aber mürbe und geben Farbstoff, aber kaum Gerbstoff frei. Der schnell abgepreßte Most vergärt, und der bald fertige und sofort trinkbare Wein schmeckt erfrischend fruchtig.

Der Vergleich von roten Burgundern mit roten Bordeaux zeigt: die ersteren sind körperreicher und wuchtiger, vollblumiger und feuriger als die zarten, eleganten und leichteren aus dem Bordelais, jedoch leichter zugänglich und unmittelbar überzeugender als die Bordeaux. Jüngere Weinliebhaber bevorzugen meist den Burgunder und finden über den Burgunder erst den Zugang zum Bordeaux.

Für die großen Weißen trifft das Umgekehrte zu. Die natursüßen, verführerischen Sauternes aus dem Bordelais sind zugänglicher als die gehaltvollen, rassigen, bukettschönen, weißen Burgunder.

Der Charakter der Bordeaux scheint mehr den Ästheten, der des Burgunders mehr den Sinnenfreund anzusprechen. Die strittige Frage, welcher der Überlegene ist, haben die Franzosen charmant und treffend entschieden: Der Burgunder ist der König der Rotweine, der Bordeaux die Königin. Das berühmte Bordeaux-Orakel verheißt dazu: »Alle Wege zum höchsten Weingenuß führen letztendlich unweigerlich ins Bordelais«.

Bei den großen Weißen fällt die Wahl schwerer und bleibt die Entscheidung dem persönlichen Geschmack überlassen. Also versuchen Sie es selbst und alternativ mit unserem Riesling, einem Weißburgunder oder einem Traminer!

Bordeaux

Die Bituriger, ein großer Stamm der Kelten mit dem Hauptort Avaricum, dem heutigen Bourges, haben das sumpfige und unwegsame Bordelais an Garonne, Dordogne und Gironde um die Zeitenwende urbar gemacht und den Rebbau begründet. Die gepflanzten Cabernet-Reben sollen aus dem nordspanischen Ebro-Gebiet stammen. Das Neuland haben dann römische Weinbaupioniere weiter zum klassischen Weinland entwickelt. PLINUS und COLUMELLA berichten ausführlich darüber, und AUSONIUS preist hymnisch die Weine.

Das Bordelais stellt heute mit 120 000 Hektar das größte geschlossene Qualitätsweingebiet der Welt, das berühmteste Rebanbaugebiet Frankreichs und das einzige dar, in dem sich hohe Qualität und große Quantität treffen. Es bringt milde bis schwere Rotweine, trockene oder natursüße Weißweine, leichte und schönbukettierte Rosés hervor. Die Anbaufläche ist ein Viertel größer als die deutsche, die Ernte erreicht aber nur etwas mehr als die Hälfte der bundesdeutschen und verteilt sich je zur Hälfte auf Rot- und Weißweine. Von ihnen gehören fast drei Viertel der obersten Güteklasse an.

Von den 20 000 Weinbauern dürfen mehr als 3000 ihren mitunter recht bescheidenen Betrieb »Château« nennen, jedoch entsprechen noch nicht 100 unserer Vorstellung vom noblen Château mit den großen und teuren Spitzengewächsen, die das Bordeaux berühmt machten. Château bezeichnet zunächst nur ein Weingut mit bäuerlichem Hof. Neun Zehntel aller Bordeauxweine sind allgemein schlichte Verschnitte und in Anbetracht der Qualität überteuert.

Das maritim gemäßigte Klima schützen große Wälder an der Atlantikküste vor den salzhaltigen Seewinden und zu starken Niederschlägen. Der sonnige Herbst mit den schützenden Nachtnebeln ermöglicht den Trauben eine langsame, »aromatische Reife«; sie verleiht den Weinen die berühmte Feinheit.

Die Böden sind arm, aber reich an Mineralien. Vom Kalk sagt man, daß er dem Wein Stärke, Rasse, Bukett und Adel gibt, vom Ton, daß er ihm Körper, Zartheit und Farbe verleiht, dem Kiesel verdankt er Duft, Blume, Feinheit und Haltbarkeit.

Mannigfaltiger als im Burgund ist hier die Zahl der Rebsorten. Im Unterschied zu den Burgundern sind die Weine durchweg Mischweine, bei den roten aus bis zu fünf Rebsorten, bei den weißen aus drei. Diese Eigenart läßt sich auf die 300-jährige Zugehörigkeit der Landschaft zur englischen Krone zurückführen; derselbe Einfluß, der uns bei den Sherry- und Port-Weinen begegnet.

Die edelste Rebsorte stellt die *Cabernet Sauvignon,* von den Römern nach dem keltischen Volksstamm Biturica benannt, seitdem in Frankreich als die »königliche« geschätzt. Sie ergibt farbkräftige, körper- und gerbsäurereiche Weine, die sehr langsam reifen und an Feinheit gewinnen. Im Unterschied zum Spätburgunder ist die außerordentlich anpassungsfähige Rebsorte heute die am weitesten verbreitete edle Rotweintraube in der Welt. Reinsortige Weine liefert sie auf der Krim, in Dalmatien, Israel, Südafrika, Kalifornien, Argentinien und Australien. Ihre hervorragenden Qualitäten machen sie dort oft zum »König der Rotweine«. Die Rebe gedeiht als anspruchsloseste unter den edlen blauen Rebsorten gut auf Kies und Quarz, wie an der Gironde, treibt erst spät aus, widersteht langer Trockenheit, reift spät und bringt mittlere Erträge.

Ihre vornehmen und vollkommenen Weine sind farbkräftig, feinblumig rauh und fruchtig-aromatisch, jung infolge vieler Gerbsäure sehr hart und grasig, altern daher langsam und werden sehr alt; bieten sich direkt zum Verschnitt an. Ihr Anteil in den roten Bordeaux schwankt zwischen 40 und 90%. 70% haben sich im klassischen Ausbau gut bewährt.

Die kleine verwandte *Cabernet franc* (frz. franc = echt) ist noch robuster, aber weniger gerbstoff- und farbstoff- wie körperreich und reift daher schneller, dient zum unterschiedlichen Verschnitt.

Merlot, benannt nach einer kleinen Amsel (Merle), welche die frühreifenden Trauben besonders schätzt, ist eine sehr empfindliche Rebsorte, als Wein fein, fruchtig, weich und mild, schnellreifend. Ihr Anteil im Bordeaux beträgt bis zu einem Drittel.

Im Schweizer Tessin stellt sie heute die Hälfte der Weine, ähnlich ist ihr Senkrechtstart am südlichen Alpenrand. Sehr begehrte, sortenreine Weine der Merlot baut man weiter in Jugoslawien, Argentinien und Chile aus.

Malbec, eine andere wertvolle Rotweintraube, zeichnet sich durch dunkle, weiche, ausgeglichene Weine von großer Finesse aus, die früh trinkbar sind, aber auch rasch altern, in geringer Menge Cabernet Sauvignon gut ergänzen. Sortenrein ergeben sie in Südamerika herrliche, samtig-weiche Weine.

Verdot, eine gleichfalls sehr empfindliche und anfällige Rebsorte, dient als gerbstoffreichste nur in sehr kleinen Mengen zum Verschnitt.

Die großen Bordeauxweine, deren Geheimnis in dem jeweiligen Verschnitt zahlreicher Anteile der fünf Rebsorten besteht, entsprechen nach unserer Vorstellung vom Wein einem großen Wein-Cocktail aus edlen Traubensorten. Der Kellermeister mixt dazu in raffinierten und geheimgehaltenen Anteilen die beiden sehr säurereichen Cabernets, den edlen Cabernet und den leichteren franc, mit dem feinen, milden Merlot, dem geschmeidigen Malbec und mit geringen Mengen des sehr gerbstoffreichen Verdot. Die unterschiedlichen Gehalte an Alkohol und Glyzerin, Säure und Gerbstoff bedingen in der jeweiligen Mischung Körper, Bukett und Aroma wie die Alterungsfähigkeit des fertigen Weins. Die Anteile der Traubensorten sind sehr verschieden; der eine bedingt den Körper, ein anderer das Bukett, ein dritter die Frucht, ein vierter den Samtcharakter und ein fünfter die Farbe.

Die klassisch bereiteten roten Bordeauxweine benötigen eine zwei- bis mehrjährige Faßreife und entwickeln sich langsamer auf der Flasche als die Burgunder. Der hohe Gerbstoff (Tannin)-Gehalt läßt sie langsamer reifen und ein hohes Weinalter erreichen. Die Farbe wechselt dabei langsam vom Rubin- ins Braun-Rot, dem typischen Bordeaux-Rot. Durch neue Ausbaumethoden, die dem Wein weniger Gerbsäure belassen, werden die Ausbauzeiten verkürzt. Der gute junge Bordeaux bleibt trotzdem hart, grasig und gallig abweisend im Geschmack. Leichtere Weine kann man ab viertem, gute Gewächse nicht vor dem 6. bis 8. Jahr trinken. Geltend bleibt: Je besser die Qualität, desto langsamer die Entwicklung und desto edler der Tropfen im Höhepunkt seiner Entwicklung. Beste Gewächse können jahrzehntealt werden, gute Bordeaux gehören zu den Weinen mit der höchsten Lebenserwartung. Bordeaux ist kein Alltagswein, er will erlebt und erfaßt werden, nur wer auch hier strebend sich bemüht, erfährt seinen ganzen Reichtum.

Da wir Deutsche durch die vielen eigenen Weißweine, an erster Stelle durch den unerreichten Riesling, anspruchsvolle Weinfreunde geworden sind, suchen wir in den französischen und besonders in den Bordeauxweinen zunächst die roten, obwohl die weißen die Hälfte der Produktion ausmachen. Auch sie sind Mischweine aus drei Rebsorten.

Sémillon, die sehr alte und im Bordeaux verbreitetste Sorte, leitet ihren Namen von der Rebsorte St. Émilion ab; aus ihr wird in der benachbarten Charente der berühmte Cognac bereitet. Sie bringt feine, bukett-, körper- und alkoholreiche, bei Edelfäule berühmte Dessertweine, wie Haut-Sauternes, Barsac und Monbazillac, langlebige, goldfarbene Weine.

Sauvignon blanc, gleichfalls eine weitverbreitete und hochwertige Rebsorte, liefert Weine von großer Haltbarkeit, hohem Alkoholgehalt und einzigartigem Aroma.
Muscadelle, keine Muscat-Sorte, jedoch mit angenehmen Muskatbukett und -aroma, dient als Aromakomponente bei einem Zusatz bis zu einem Zehntel.
Den Hauptanteil in den weißen Bordeauxweinen steuert Sémillon mit etwa zwei Drittel und mehr bei.
Für die wertvollsten der Weißweine, die edelsüßen Haut-Sauternes, werden edelfaule, aufgeplatzte und teilweise eingetrocknete Sémillon-Beeren gelesen. Die Weine erinnern an Rheingauer Riesling-Beerenauslesen.

Die Güteklassifizierung der Bordeauxweine gilt als die schwierigste der französischen, erschwert noch dadurch, daß die wichtigsten Anbauregionen eigene besitzen. Die älteste für Médoc und Sauternes wurde bereits 1855 für die Große Weltausstellung in Paris geschaffen und gilt nahezu unverändert noch heute. Ein Jahrhundert später wurden die Weine von Saint-Émilion und Graves eingestuft.
Die Klassifizierung erfolgt nicht, wie bei uns üblich, auf Grund der Beurteilung des fertigen Weines, sondern beurteilt werden der Rebboden und die Lage auf ihre Weineignung hin.
Die Einteilung nach Crus Classés erfolgt in
Premiers Grands Crus Classés A bzw. B; nur 12 Châteaux, wie Château Lafite-Rothschild, führen sie;
Grand Crus Classés mit 71 Châteaux;
Crus, eingeteilt in 5 Stufen, wobei noch die 5. (Cinquièmes Crus) sehr gute Weine stellen kann.
Auf diese großen Crus folgen die »Bourgeois«-Gewächse, abgestuft in gehobene Qualitäten (Crus Exceptionnels),
gute Tischweine (Crus Bourgeois Supérieurs),
mittlere Tischweine (Crus Bourgeois).
Noch tiefer stehen die billigen Schankweine (Crus Artisans) und Haustrunkweine (Crus Paysans).
Der vom Besitzer des Château selbst abgefüllte Wein ist auf dem Etikett als »Mise en bouteille **au** Chateau« ausgewiesen, und damit die Originalfüllung garantiert, während der mit »Mise en bouteille **de** Château« ein vom Weinhändler (Négociant) abgefüllter Wein des Erzeugers ist und keine Garantie für die Originalität bietet.

Das große Weinbaugebiet des Bordeaux – 120 000 Hektar, also mehr als sämtliche deutschen Anbaugebiete – ist in 20 Regionen eingeteilt, nur 5 von ihnen tragen die Spitzenlagen, jedoch auch in den übrigen wächst manch guter Tropfen.

Die Stadt Bordeaux, 80 km vom Atlantik entfernt und oberhalb des Zusammenflusses von Garonne und Dordogne zur Gironde gelegen, sammelt in großen Handelshäusern die Weine, lagert und verschifft sie seit bald zwei Jahrtausenden. Um diese »zweite Hauptstadt Frankreichs«, des größten geschlossenen Qualitätsweingebiets, breiten sich im weiten Umkreis im fast ebenen oder leicht hügeligen Land unübersehbar die nach Châteaus benannten Weinberge aus.

Im *Haut-Médoc* an der unteren Gironde unweit des Atlantiks gedeihen auf sandigem Kies die edelsten roten Bordeaux, die Vollblütler, ausgezeichnet durch Zartheit und feinste Blume. Die vornehmsten mit den berühmtesten Namen, daher für die meisten auch kaum erschwinglichen Appellations, stellen Château Lafite, Château Mouton-Rothschild, Château Latour und Château Margaux.

Pomerol, nördlich der Dordogne, nimmt mit seinen früher reifen, samtigen Roten vom Kies-Sandgrund eine Zwischenstellung zwischen den eleganten Médocs und den vollmundigen Saint-Émilion ein. Das teuerste Aushängeschild bietet hier die ganz große Lage des Château Pétrus.

Saint-Émilion, der östliche Nachbar an der Dordogne, besitzt die mildesten roten Bordeaux. Die warmen und kräftigen Rotweine ähneln am ehesten den Burgundern. Château Ausone und Château Cheval-Blanc sind die führenden unter den zahlreichen Crus classés dieses Anbaugebiets.

Graves, dessen Name sich von dem mit Sand und Ton gemischten Kieselboden herleitet, liegt im Weichbild der Stadt Bordeaux auf dem Westufer der Garonne. Vier Zehntel der Weine stellen sauternes-ähnliche Weiße. Die Roten, wie sein ältester und berühmtester Château Haut-Brion, präsentieren sich kräftiger und nervöser als die Médocs.

Sauternes schließt sich südlich an und bietet die prachtvollen, natursüßen Dessertweine von Sauternes und Barsac im letzten Jahrhundert; für uns heute kaum vorstellbar, daß man sie selbst zu allen Gängen einer Mahlzeit reichte. Die großen Haut-Sauternes entwickeln sich in langer Flaschenreife zu altgoldfarbenen Weinen mit einzigartiger, fruchtiger Süße. Im edlen Wettstreit mit anderen berühmten Gewächsen können sie es vielleicht mit deutschen Rheinriesling-Beerenauslesen aufnehmen. Wenn sie auch das Lebensalter der großen Roten nicht erreichen, so überleben sie doch alle anderen französischen Weißweine.

Entre-deux-mers, die Landschaft zwischen Garonne und Dordogne, gehört zwar nicht zu den 5 berühmten Regionen, bietet aber in den *Premières-Côtes-de-Bordeaux* gegenüber der Hauptstadt am rechten Garonne-Ufer trockene, saubere und preisgünstige Weißweine in der mittleren Qualität aus Sauvignon blanc; die trockenen erkenntlich an den grünen, die süßen an den weißen Flaschen.

Versucht man eine zusammenfassende Bordeaux-Charakteristik zu finden, so mißlingt das bei der Vielfalt vom samtweichen, vollmundigen und nachhaltigen Haut-Médoc über den kernigen Pomerol zum samtig-weichen Saint-Émilion, vom trockenen, säurearmen Graves zum verführerisch süßen Haut-Sauternes. Gemeinsam ist allen mehr oder weniger das Harte und Grasige in der frühen Jugend, die lange Entwicklung zu wohlausgeglichenen, zartwüchsigen und stärkenden Weinen. Die harmonische Einheit besteht zwischen den zarten Buketten, weichen Farbtönen und ausgewogenen Körpern. Der Franzose meint, alle Bordeauxweine vereine unverkennbar der salzige Atlantikwind, der das ganze Jahr über die Weingärten hinwegstreicht.

Die roten Bordeaux gelten in der Medizin und speziell in der Geriatrie als ausgesprochen bekömmlich, magenstärkend und verdauungsfördernd, als die milde »Gabe des Alters«. Kenner sehen in ihnen daher die Spitze unter den Weinen, das Elixier für langes Leben, und stellen sie noch über die Edlen der Côte d'Or.

Für den Ferienreisenden und Weinfreund und selbst für manchen Franzosen ist Wein-Frankreich mit den drei Spitzenwein-Gebieten Burgund, Bordeaux und Elsaß erschöpft. Jedoch zu Unrecht; denn ein reichliches Dutzend zum Teil sehr umfangreicher und interessanter Anbaugebiete lohnen sich, kennengelernt und verkostet zu werden.

Bergerac schließt sich unmittelbar ostwärts an Bordeaux und Dordogne in der Schlemmerlandschaft Périgord an. Die Rebflächen der heute im Schatten des Bordeaux stehenden Region sind halb so groß wie die gesamten deutschen, insgesamt gehören sie zur A. C.-Klasse.

Aus den gleichen Bordeaux-Rebsorten werden leichte bis kräftige,

fruchtige, den Weißen überlegene, trockene Rote und Rosés, herbe bis likörartige Weiße bereitet. Unter letzteren überragen die trockenen Montravel und Monbazillac, der aus edelfaulen Trauben als »öligster Wein der Welt« und vollendeter Begleiter zu Gänseleber und zu Desserts gilt. Die besten Weine aus den guten Hanglagen der Côtes de Bergerac erreichen die Qualität mittlerer Bordeaux. Die Weine sind allgemein schlichte Mittelklasse, aber als recht preiswerte durchaus empfehlenswert.
Charente schließt nördlich der Gironde an das Bordelais an und ist bekannt durch seinen Weinbrand. Eins der sieben Bereiche liefert den besten Cognac des Landes, den Fine Champagne aus der St.-Émilion-(Ugni blanc)-Traube, die als Wein nichts Besonderes bietet.

Champagne

Stets wiederholt sich die Geschichte des Weins: Die Römer fanden den Weinbau der Kelten an den Marne- und Seine-Hängen zwischen Reims und Épernay bereits vor und entwickelten ihn weiter. Im Mittelalter, berichten die Chroniken, avancierten seine Gewächse zum Krönungswein der Könige in Reims und zum Wein der Großen dieser Erde. Um 1700 beginnt die Geschichte des moussierenden Champagners, er begründet nach und nach den Weltruf der Champagne. Auf den Kreideböden um Reims und auf den Kalkböden um Épernay gedeihen die großen roten und weißen Weine aus Burgunder-Trauben, die roten aus Pinot noir und Pinot meunier (Müllerrebe, der Schwarzriesling Württembergs) südlich von Reims bis Ay/Marne und die Weißweine aus Chardonnay südlich der Marne in der Côte des Blancs.

Loire (Vallée de la Loire)

An landschaftlichen Schönheiten und historischen Sehenswürdigkeiten steht die Loire, »der Garten Frankreichs« und »der Park von Paris«, mit ihren Weinen denen vom Rhein nicht nach. An ihren Hängen reihen sich auf 300 km Flußlänge nicht weniger als 15 Anbaugebiete lose aneinander. Trotz der verschiedenartigen Geschmacksrichtungen ist allen Loire-Weinen die leichte, fruchtige, zartherbe und eingängige Art eigen. Der Atlantik gleicht die Temperaturen günstig aus, je weiter flußabwärts desto milder; Sand-, Kalk- und Schiefer-Böden wechseln regional.
Die berühmtesten und teuersten Weine wachsen an der oberen Loire. *Sancerre*, der kleine reizvolle Bereich am linken Flußufer,

und *Pouilly-sur-Loire,* gegenüber am rechten kurz nach dem Austritt des Flusses aus dem Zentralmassiv, bestechen mit frühreifen, elegant duftigen und delikat fruchtigen, spritzigen, feinsäuerlichen Blancs fumés ausschließlich aus Sauvignon blanc gekeltert, Spitzen unter den Weinen der Loire und vollendete Begleiter zum Spargel. Um das geschichtsträchtige Orléans breitet sich ein weitläufiges Landweingebiet mit durstlöschenden Vins de pays du jardin de la France aus.

Vouvray, Touraine, Saumur und *Anjou* folgen stromabwärts. Auf Kreide- und Kalkböden herrscht die einheimische Chenin blanc, hier unter Pineau de la Loire bekannt. Die langlebigen Weine sind frisch, spritzig und fruchtig, gerühmt wird ihr gelegentlicher »Steingeschmack« vom Untergrund. Der Kalkgrund von Saumur besonders vermittelt dem mit Chardonnay und Sauvignon verschnittenen Chenin blanc die Leichtigkeit und die Raffinesse der Säure für das Fischgericht. Ob man den Weinen aus den gleichen Trauben im Vouvray den Vorrang einräumt, soll man vor Ort entscheiden. Größere Mengen der Chenin blanc-Weine werden zu Vins mousseux nach Champagner-Art (méthode champenoise) versektet.

Chinon und *Bourgeuil* warten mit köstlichen, beaujolais-artigen, recht teuren Rotweinen aus Gamay und der kräftigen, gerbstoffreichen Côt-Traube (Malbec im Bordeaux) auf.

Saumur und Anjou sind seit langem durch große Mengen einfacher Rosés auch im Ausland überall bekannt. Sie gelten als »Weine einer Nacht«, nachmittags geerntet und morgens gekeltert. Die »vinoladigen« Rosés d'Anjou werden neuerdings von dem besseren, leichten, erfrischenden, herben »Rosé de Loire« aus Cabernet franc und Gamay abgelöst. Durch besonders »dichten« Geschmack zeichnen sich die sog. Saignée (frz. Aderlaß) aus. Nur der durch den Eigendruck der Traubenmaische aus der Kelter abfließende Most (reichlich die Hälfte des Gewichts) wird zum Rosé vergoren.

Bei der Bereitung der Loire-Rotweine schätzt man, unabhängig von der Traubensorte, die Milchsäure-Gärung (frz. fermentation malolaktique) nach der Hauptgärung. Sie mildert und glättet die Rotweine und verleiht ihnen einen feinen und fruchtigen Duft und Geschmack.

Im *Nantais* vor der Loire-Mündung sind die Muscadet-Weine aus der gleichnamigen Traube beliebte Modeweine geworden, die den Genuß aller Arten von Meerestieren vollenden. Der Franzose weiß

sich an dem wundervollen Zusammenspiel vom Wein der Küste und den Meeresfrüchten des Ozeans genießerisch zu begeistern.
Für die Weinbereitung erntet man die langsam reifenden Trauben frühreif und zieht den Jungwein schon kurz vor beendeter Gärung direkt von der Hefe auf die Flasche (sur-lie-Abzug). Die Herstellung erinnert an den Sternliwein an den Schweizer Jura-Seen oder die Vinhos verdes im Norden Portugals. Die leicht perlenden, blaßgelben Weine schmecken frisch, spritzig-prickelnd, fruchtig und angenehm apfelsäuerlich. Die besten Muscadets wachsen im Bereich Sèvre et Maine, zwei Nebenflüßchen der Loire gegenüber Nantes.
Gros Plant (Folle blanche in der Charente und Picpoul in Südfrankreich) stellt die zweite Rebsorte im Nantais. Ihre Weine sind leichter, besitzen viel herzhafte Säure und passen gleichfalls gut zu den Meeresfrüchten aus dem nahen Atlantik.

Côtes du Rhône

Das sehr alte, von Kelten, Griechen und Römern am Rhône-Graben zwischen Vienne und Avignon erschlossene Weinbaugebiet wirkt mittelmeerisch: milde Winter, frostfreier Frühling und Herbst und warme, sonnige Sommer sichern stets vollreife Trauben. Die Rebstöcke stehen im klassischen, kurzen Bockschnitt (Gobelet) ohne jede Unterstützung. Mit großen Kieseln von den Alpengletschern bedeckte Lehm-Kieselböden sind für die ganze Region typisch. Das Sortenangebot ist reichhaltig.
Im letzten Vierteljahrhundert ist Côtes du Rhône nach Bordeaux zur zweitgrößten Appellation Contrôlée-Anbauzone Frankreichs nach Quantität und Qualität expandiert. Die sehr körper- und alkoholreichen Weine erfreuen sich des Rufes gleichbleibender Zuverlässigkeit und solider Preise.

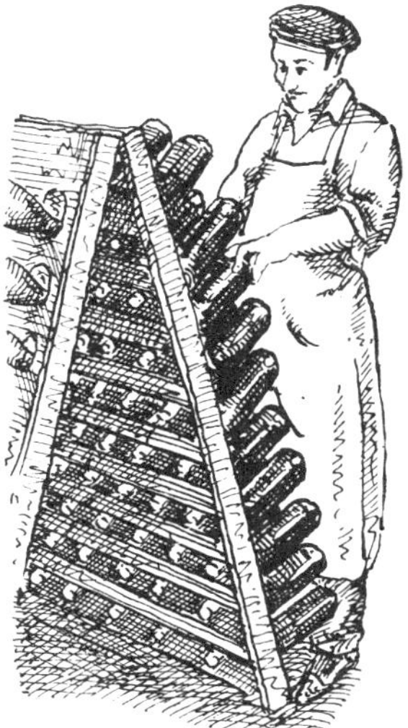

Die besten Weine gedeihen in der nördlichen der drei Anbauregionen von Vienne flußabwärts bis Valence: auf schmalen Granitschutt-Terrassen der dunkle *Côte Rotie*, der hervorragende weiße *Condrieu* und der berühmte *Château Grillet* aus der lokalen, alten Viognier-Traube. Die Erträge sind äußerst niedrig, die Weine gehören zu den begehrtesten und daher teuersten der Rhône.
Die flußabwärts anschließenden *Crozes-Hermitage* stehen ihnen qualitätsmäßig kaum nach. Die aromatische Syrah-Traube, eine der ältesten Kulturreben der Welt, haben der Legende nach die aus Shiraz in Persien stammende griechische Kaufleute, wahrscheinlich aber im 13. Jahrhundert Kreuzritter, mit an die Rhône gebracht. Die

säurereichen, betont herben, sehr langsam ausbauenden, kraftvollen, fruchtigen, tiefdunklen Rotweine mit wundervoller Blume und leicht bitterem Abgang zeigen unverkennbaren Sortentyp. Auch die körper- und bukettreichen Weißen aus *Marsanne* und *Roussanne* stellen edle Tropfen, deren zartes Feuer und Veilchenduft gerühmt werden.

Das dritte und größte Anbaugebiet folgt nach 80 weinlosen Kilometern mit *Tavel* und *Lirac*. Die herben, kräftigen und fruchtigen Rosés aus *Grenache* und *Clairette* stammen aus trockenem Kieselsand. Tavel gilt als der beste trockene Rosé der Welt (der Badener Glottertäler vom Salwey erscheint mir ebenbürtig). Der Lirac ohne den großen Namen gleicht ihm, ist aber wesentlich preisgünstiger.

Zwischen Orange und Avignon reift auf trockenen und heißen Kieselstein-Terrassen der legendäre, körperreiche *Châteauneuf-du-Pape*, ein Verschnittwein aus bis zu 13 roten und weißen Traubensorten. Die farbstoff- und säurearme Rote Grenache ist wie im spanischen Rioja die dominierende; ergänzt durch die sehr ergiebige südländische Mourvèdre, die vornehme, gerbstoffreiche, tiefrote Syrah mit der eindringlichen Blume, die erlesene, vollmundige, tieffarbene Cinsaut, von den weißen die ausgezeichnete, körperreiche Roussanne, die ergiebige, neutrale, bouquetarme Clairette und die sehr säurereiche Picpoul (Folle blanche). Der tiefpurpurrote, glutvolle und übermächtige (bis 14 Grad) Châteauneuf kann im Alter das Aroma von Walderdbeeren aufweisen. Anbaumäßig ist er seit dem 12. Jahrhundert belegt. Die 12 Millionen Originalflaschen von 3000 Hektar – dem Rheingau entsprechend – werden vor den häufigen Fälschungen durch ein eingeprägtes Stadtwappen geschützt. Jeder der 300 Weinbauern wartet bei den ungezählten Verschnittmöglichkeiten aus 13 Rebsorten mit einem eigenen Châteauneuf auf.

Als besonderer Typ unter Kennern gilt der seltene, goldfarbene Châteauneuf mit grünen Reflexen und schöner Blume aus der Weißen Grenache, der päpstliche Meßwein während des hundertjährigen Avignoner Exils.

In der jungen Güteklassifizierung stellen in der *Appellation communale* (Gemeindeweine) 11 Grands Crus Côtes du Rhône Spitzenweine, darunter Hermitage, Tavel und Châteauneuf.

Die *Côtes-du-Rhône-Villages* (Distriktsweine) mit 17 Gemeinden, wie Cairanne, Rasteau, Séguret, Beaume-de-Venise, Vacqueyras, folgen mit zuverlässigen, preiswürdigen Tropfen bei strengen Qualitätsvorschriften, wie Höchstertrag von 35 hl/ha, Mindestalkoholgehalt von 12,5 Grad und Ertrag aus Edelreben, wie Syrah und Mourvèdre. Diese empfehlenswerten Weine nehmen nur einen bescheidenen Anteil gegenüber den riesigen Mengen aus, von denen ein wahrscheinlich zu großer Teil den beiden unteren Güteklassen, den *Côtes-du-Rhône-Appellations* (Gebietsweine mit oder ohne Départment-Angabe), eingereiht ist. Der große Rest stellt qualitativ solide wie preislich günstige, alkoholreiche, säure- und gerbstoffarme, schwere Verschnittweine dar.

Côtes de Provence

Die Griechen pflanzten Rebstöcke bei Athenopolis, dem heutigen St. Tropez, während der noch ältere Anbau der Kelten ungewiß erscheint. Die Ionier brachten Reben aus Süditalien und Vorderasien mit ins Land. CÄSAR rühmt im »Gallischen Krieg« die Weine der Provence, PLINIUS besonders die Süßweine. Der Ruf steigerte sich über das Mittelalter hinaus. Im 19. Jahrhundert waren sie hoffähig. Seit der Jahrhundertwende schützte die zahlreich exportierten eine Herkunftsbezeichnung auf der traditionellen Keulenflasche. Die Reblaus vernichtete 700 000 Hektar Weinberge 1870/75 in Südfrankreich; die Verluste überragten die Kriegs- und Reparationskosten 1870/71. Der Wiederaufbau begann erst vor einem halben Jahrhundert.

Die Reben stehen im milden Seeklima oder im heißen Landesinneren auf Sand- und Kalkböden. Die Hauptmenge der Weine sind schlichte Tafel- und Landweine. Das Drittel V.D.Q.S.-Weine mittlerer Qualität wurde 1977 zu A.C. aufgewertet. Die wenigen ausgezeichneten Cabernet Sauvignon-Herkünfte stammen aus den 4 klassischen A.C.-Bereichen *Bandol, Cassis, Bellet* und *La Palette*. Das Gros der Weine gilt als Teil der gewaltigen Midi-Weinmengen (midi = Mittag oder Süden) zwischen italienischer und spanischer Grenze. Die sehr intensive Sonne läßt die Trauben zu schnell reifen, die Weine sind daher meist nur mittelmäßig, kräftig, jedoch mitunter angenehm fruchtig. Die nur 5% Weißen stellen einige bemerkenswerte aus Sauvignon blanc. Das Viertel roter Mischweine aus der reichtragenden Carignan, der üppigen Mourvèdre, der weichen, alkoholreichen Grenache und der farbkräftigen Cinsaut ist je nach dem Sortenanteil sehr unterschiedlich, reicht von herb und streng bis weich, vollmundig und kräftig. Angenehm überraschen die fast drei Viertel qualitativ beachtlicher Rosés mit ausgezeichneten, trokkenen, frischen und fruchtigen, ziemlich körperreichen Weinen. Sie bewähren sich als universelle Problemlöser, passen gut zu allen Mittelmeerspeisen.

Die V.D.Q.S. vom *Coteau d'Aix-en-Provence* am Westrand der Region sind allgemein gut und preisgünstiger.

Languedoc-Roussillon

CICERO berichtet ausführlich von dem ein Jahrtausend älteren Anbau als dem im Bordelais; er ist der älteste in Frankreich und geht auf Kelten, Phönizier, Griechen und Römer zurück.

Der 200 km weite und breite Heidestreifen an der sonnendurchglühten Mittelmeerküste von der unteren Rhône bis an die Pyrenäen bringt mehr als ein Drittel aller französischen Weine, seine billigsten Vins ordinairs (Massen- und Alltagsweine) aus der »Grünen Ungeheuerlichkeit«, dem größeren Teil des Midi mit den gleichen Rebsorten wie in der benachbarten Provence.

1 Milliarde Flaschen anständiger Vins de Pays – dem entspricht eine ganze bundesdeutsche Normalernte – bedeuten nur eine »Oase in der unermeßlichen Weinwüste des Languedoc«. Die guten V.P. (Vins de Pays), V.D.Q.S. und A.C. bilden die rühmliche Ausnahme. Riesige Überschüsse dünner Vins ordinairs und Vin de Consommation Courante aus dem Ackerweinbau minderwertiger Massenträger werden mit hochprozentigen Billigweinen aus Süditalien oder Nordspanien zu trinkbaren Konsumweinen gemischt oder mit hohen staatlichen Subventionen zu Industrie-Sprit gebrannt. Aber in der kargen Landschaft gedeiht nichts anderes als die Rebe. Jedoch lehrt auch hier Not beten. Junge Winzer, darunter weinkulturbesessene Vorbilder, bekennen sich zum »Klasse-statt-Masse-Denken«. Aus dem überbordenden Rebenmeer steigen immer mehr ansprechende Weine. Die öffentliche Anerkennung dafür mit höheren Güteklassen ist nicht ausgeblieben.

Die zuverlässigen und preiswerten, kräftigen und fruchtigen V.D.Q.S. von *Corbières, Minervois, Coteaux-du-Languedoc* und *Côtes-du-Roussillon-Villages* sind in die A.C.-Klasse aufgerückt. Gleiches gilt für den rubinroten, warmen runden Fitou, die natursüßen Vins doux naturels von Banyuls und *Muscat de Rivesaltes* sowie den ältesten Mousseux Blanquette de Limoux. Zusammen ergeben sie aber nur 1% in dem riesigen Massenweinbecken; mancher ist besser

und preiswerter als ein entsprechender Bordeaux aus dem großen Topf.
Die Vins des Sables (Sandweine) vom *Golfe du Lion* um Sête verdienen Aufmerksamkeit. Auf nahezu sterilem Dünensand am Mittelmeer baut Westeuropas größtes und modernstes Weingut, der Besitzer der großen Meersalz-Salinen, auf 1400 Hektar wurzelechte Reben an – Direktreben im Unterschied zu den sonst üblichen Pfropfreben. Die verschiedenen Weine bewahren sehr stark den Traubencharakter in Duft und Geschmack, schmecken am besten jung und sind sehr bekömmlich.

Südwesten (Sud-Ouest)

Die Weine des *Baskenlands* und der *Gascogne* waren selbst an königlichen Tafeln in früheren Jahrhunderten geschätzt. Der Gaillac von der Tarn wurde am englischen Hof getrunken, der Juraçon unweit Pau war Taufwein der französischen Könige. Von der Reblausverheerung erholen sich eine Anzahl kleinerer Bereiche erst heute. Die besten Qualitäten tragen die A.C.-Anerkennung: Der weiße Juraçon, der rote Madiran aus der alten, heimischen Tannat, sehr lagerungsfähiger und bester aus dem Südwesten, der herzhafte Mousseux aus *Gaillac* und der seltene, hervorragende Irouléguy Rosé aus den Pyrenées Atlantiques. Den Cahors aus der Gascogne empfahlen schon VERGIL und HORAZ; heute präsentiert er sich als mächtiger, pflaumen-fruchtiger Tropfen aus deftiger Côt (Malbec)- und weicher Merlot-Traube und erinnert an Piemont.

Korsika (Corse)

Vom berühmten Weinbau der Etrusker, Phönizier und Römer zeugen neben alten Bauten noch eine Reihe typischer Rebsorten, wie Nuragus, Cannonau und Monica. Seit der Rückkehr der aus Algerien vertriebenen französischen Weinbauern vor zwei Jahrzehnten erlebt der Rebanbau einen unerwarteten Neuaufbau. Bekannte Kultursorten aus Südfrankreich und Mittelitalien drängen die einheimischen Inselsorten zurück. Die Weine sind als rote bukettschön und körperreich, als weiße frisch und trocken, als rosé angenehm fruchtig, dazu noch durchweg ausgesprochen preiswert und neuerdings auch in Deutschland erhältlich.
Fassen wir rückblickend zusammen, so stellt sich Frankreich als das wichtigste und weinkulturell interessanteste Weinland dar. Auf zehnmal mehr Rebflächen bringt es siebenmal so viel Wein wie Deutschland. Alexis LICHINE, einer der besten Kenner der Weine

seiner Heimat, bekennt: Höchstens ein Fünftel der französischen Weine kann den Weinliebhaber erfreuen. Das sind jedoch mehr als alle deutschen zusammen und mehr, als der einzelne verkosten kann. Der Charme liegt in den Rotweinen, bei den Weißweinen sind die deutschen überlegen. Im allgemeinen sind die französischen Weine trockener, schwerer und alkoholreicher als die deutschen.

Italien

Dieses klassische Weinland nannten die Griechen, das Volk mit der ältesten hochentwickelten Weinkultur, »Oinotria«, das unsterbliche Land des Weines. HERAKLIT und SOPHOKLES (5. Jh. v. Chr.) verstanden darunter den Süden Italiens, das heutige Sizilien, Kalabrien und Kampanien. Drei Jahrhunderte vorher hatten die Etrusker in der Toskana schon den Weinbau begründet. Überlieferungen über den vermuteten, noch älteren Rebanbau der Kelten an den südlichen Alpenabhängen und in geschützten Alpentälern fehlen. Zur Blütezeit Roms war der Wein über die ganze Apennin-Halbinsel verbreitet.

Die Anbaufläche beträgt heute nahezu 1,4 Mill. Hektar, nimmt 7% der landwirtschaftlich genutzten Fläche ein und besetzt damit die 2. Stelle in der Weltrangliste. In den Erträgen hält es sogar die Spitze mit etwa 75 Mill. hl oder fast ein Viertel der Welternte und übertrifft die Gesamterzeugung aller außereuropäischen Länder. Der Wert beträgt ein Zehntel der Agrarproduktion Italiens.

Italien ist gleichfalls der größte Weinexporteur der Welt mit über 20 Mill. hl; seine wichtigsten Abnehmer sind Frankreich und Deutschland. Neben großen Mengen billigster Tafelweine werden nahezu die Hälfte der D.O.C.-Qualitätsweine ausgeführt. Der Eigenverzehr ist infolge der veränderten Lebensverhältnisse in den beiden letzten Jahrzehnten von über 100 l pro Kopf und Jahr auf 74 l gesunken. Es erscheint daher ungewiß, ob der Wein wie bislang das Volksgetränk in Italien bleibt, das zur Mahlzeit und zum täglichen Brot gehört.

Die Hektarerträge sind nur halb so hoch wie in der Bundesrepublik. Der früher übliche Anbau in Mischkulturen mit Oliven, Zitrusfrüchten, Gemüse oder Obst wird durch die wirtschaftlichere Monokultur der Weinrebe abgelöst.

Die Anbaubedingungen sind auf der 1100 km langen Apennin-

Halbinsel sehr unterschiedlich, aber überall für die Rebe günstig. Sie schwanken vom rauhen Voralpenklima bis zum trockenen, heißen Sizilien an der Gegenküste Afrikas; sehr verschiedenartig sind auch die Böden. Die extremen Unterschiede von Klima und Boden prägen die Weine wie selten in einem anderen Land. Im Norden Italiens können die Trauben lange reifen und reiche Bukettstoffe aufbauen, sind der Sonnenwärme wie der Nachtkühle ausgesetzt. Gleich allen Mittelmeerländern gilt hier: Je nördlicher die Rebe wächst, desto besser der Wein. Die Mehrzahl der Qualitätsweine stammt deshalb aus den nördlichen Regionen, die schweren, alkoholreichen Rotweine und die üppigen Dessertweine nehmen nach Süden hin zu.

Eine entscheidende Rolle für den Weinbau spielen die Gebirge. Die Alpen schirmen das milde transalpine Klima gegen das feuchte, kühlere Mitteleuropas ab. Der Apennin gestaltet die Witterung von Piemont bis Kalabrien mit. Selbst Sizilien und Sardinien zeigen noch schneebedeckte Gipfel. In dem zu mehr als drei Viertel gebirgigen oder hügeligen Land ist die Höhenlage oft wichtiger als der Breitengrad. Das vielfältige Mikroklima schafft zusammen mit den verschiedenen Böden die ökologischen Nischen für die Vielzahl der italienischen Weine.

Von den Südhängen der Alpen bis zur Südspitze Siziliens reiht sich über mehr als 10 Breitengrade bis auf 1200 m über dem Meer in den 20 Regionen des Landes Weinbaugebiet an Weinbaugebiet. Die bedeutendsten sind: Südtirol/Trentino, Piemont, Lombardei, Venetien, Sizilien und Sardinien.

Im mediterranen Lebensraum der Weinrebe ist der Sortenreichtum weit größer als nördlich der Alpen. Das staatliche Rebkataster in Rom hat die Tausende, meist nur lokaler Rebsorten vor der Reblauskatastrophe auf 221 Sorten für den Anbau beschränkt. Die Zahl der wirtschaftlich bedeutenden mit zwei Drittel der Rebflächen beträgt aber nur noch 17. Heimische Rebsorten, wie Nebbiolo, Barbera, Dolcetto, Vernatsch, Tocai, Albana, Trebbiano, Traminer und Gargena, finden sich neben Einwanderern, wie Cabernet, Pinots, Merlot und Sauvignon. Die Gebietstypischen werden bei der betreffenden Region vorgestellt.

Die italienischen Weine sind zu über vier Fünftel schlichte Weine des Landes, zahlreiche nur von örtlicher Bedeutung, die es nur am Ort als »Nostrano« (die Unsrigen) zu verkosten lohnt. Mancher macht die Erfahrung, daß nicht jeder italienische Tafelwein sich ungestraft über die Alpen bringen läßt. Ebenso sei in Italien vor billigen Weinen in strohumflochtenen Flaschen, buntbemalten Steinkrügen und kitschigen Amphoren gewarnt.

Drei Viertel aller Weine sind rote und meist den weißen überlegen. Abgesehen von großen Gewächsen sollten italienische Weine in den ersten 3 Jahren getrunken werden.

Seit der Einführung der Güteklassifizierung von 1963 mit der Einteilung in drei Güteklassen nach französischem Muster steigen die Qualitäten beachtlich.

Zur oberen Klasse, den Vini pregiati (priviligierten oder gehobenen Weinen), gehören die *D.O.C.*-Weine (abgekürzt für **D**enominazione di **O**rigine **C**ontrollata), entsprechen den französischen A.O.C., kennen aber nicht die wichtige deutsche Qualitätswein-Prüfung. Kernstücke eines Gebiets dürfen mit »Classico«, vorgeschriebene Mindestlagerzeiten durch »Superiore« und längere Lagerzeit durch »Vecchio riserva« herausgehoben werden. Der Anteil dieser gehobenen Weine beträgt ein Achtel der italienischen von 200 D.O.C.-Provenienzen: Die Verteilung ist jedoch über die Halbinsel ungemein unterschiedlich. Auf den Norden entfallen mehr als sechs Zehntel, auf die Mitte drei Zehntel und noch nicht ein Zehntel auf den Süden.

Auf diese Gruppe hat man später noch eine Super-D.O.C. aufgesetzt: *D.O.C.G.* (zu dem **C** für kontrolliert tritt noch das **G** für garantiert). Diese höchste Auszeichnung tragen bisher nur 4 Sorten: Vino nobile de Montepulciano und Brunello di Montalcino in der Toskana, Barolo und Barbaresco im Piemont. Für den Chianti Classico ist sie vorgesehen. Diese Spitzenweine pflegt auch der Italiener, der sonst Wein nur zu Tisch und die schwereren mit Wasser verdünnt trinkt, mit Respekt seinen Freunden zum Gespräch zu kredenzen. Allgemein aber schmecken die italienischen Weine, zur Speise richtig abgestimmt, zur kräftigen südländischen Küche am besten und nicht zu übertreffen an Ort und Stelle.

V.Q.P.R.D. (abgekürzt für **V**ini di **Q**ualità **p**rodotti in **R**egioni **D**eterminate) gehören wie die französischen V.D.Q.S.-Weine nachgeordnet auch noch zur oberen Klasse.

Hiermit kann das Interesse des Weinfreundes befriedigt sein. Die beiden letzten Klassen enthalten vorwiegend Konsumweine, wobei hinter den *Vini da Tavola* sich gute Tropfen verbergen können. Die

Karte: Italien.

Schweiz
Österreich
Frankreich
Jugoslawien
Südtirol
Trentino
Friaul-Julisch Venetien
Venetien
Lombardei
Piemont
Ligurien
Emilia-Romagna
Toskana
Umbrien
Marche
Latium
Abruzzi
Molise
Kampanien
Apulien
Basilicata
Kalabrien
Sizilien
Sardinien
Korsika
Tunesien
Adriatisches Meer
Ligurisches Meer
Tyrrhenisches Meer
Ionisches Meer
Straße von Sizilien
Côte d'Azur
Monaco
Aosta
Val d'Aosta
Turin
Asti
Alba
Alessandria
Novara
Como
Bergamo
Adda
Mailand
Brescia
Bardolino
Verona
Soave
Vicenza
Padua
Venedig
Udine
Triest
Rijeka
Klagenfurt
Meran
Brixen
Bozen
Etsch
Trento
Piacenza
Parma
Reggio n.E.
Modena
Ferrara
Po
Bologna
Ravenna
Rimini
Ancona
Genua
La Spezia
Pisa
Livorno
Arno
Prato
Florenz
Siena
Perugia
Orvieto
Montefiascone
Terni
Tiber
Grosseto
Elba
Maremma
Rom
Frascati
Latina
Castelli Romani
Formia
Pescara
Foggia
Bari
Taranto
Bradano
Potenza
Neapel
Ischia
Capri
Amalfi
Salerno
Cosenza
Reggio di C.
Messina
Liparische Ins.
Palermo
Marsala
Ätna
Taormina
Catania
Siracusa
Malta
Bastia
Sassari
Cagliari
Tunis
Sousse
N

mittlere Klasse der Denominazione di Origine Simplice (Weine mit einfacher Herkunftsbezeichnung) stellt die zahllosen *Vini da Pasto* – Tafelweine. Auf dem Etikett sind sie unterschiedlich oder auch gar nicht gekennzeichnet.
Die untere Klasse umfaßt die *Vini da Taglio*, Verschnitt- und Grundweine für die Herstellung von Weinbrand oder billigen Schaumweinen. Italien ist gleichzeitig der größte Destillateur von Alkohol aus Wein.

Südtirol (Alto Adige) – Trentino

Der Nordländer, den die Fernsehnsucht in den Süden zieht, kommt meist über den Brenner in das ersehnte Land, in dem die Vielgestaltigkeit von Landschaft, Kunst, Kultur und Wein ihn zu Lobeshymnen begeistert.
Bei Brixen an der Eisack an den Voralpen auf Dolomitkalk, Porphyrböden und Glazialschotter tauchen die ersten Reben im alten Dachlaubenbau, den typischen Pergeln, auf. Das kühle Klima und der Moränenboden gewährleisten die langsame Reife der Trauben, bringen die jungen duftigen Weißweine und lassen die bukettschönen Roten länger altern.
Die Vernatsch-Sorten herrschen mit zwei Drittel der Weine vor. Eine ihrer Varianten ist die Stammform des Württemberger Trollingers, eine andere ist vielen als Meraner Kurtraube oder Brüsseler Treibhaustraube bekannt. Der »Eisacktaler« und der »Kalterer See« werden in derartigen Mengen exportiert, daß die echte Herkunft fragwürdig ist. Als D.O.C. bieten sie einen gewissen Schutz, insbesondere der »Lago di Caldaro Classico«, ein hellroter, zartherber, säurearmer Tropfen mit Mandelton, während die »Kalterer See Auslese« aus einem Umkreis von 30 km um Kaltern, südlich von Bozen, stammen kann. Höheren Ansprüchen kann der rassige und bukettreiche »St. Magdalener« mit leichtem Burgunderton von sonnigen Felshängen oberhalb Bozens, der »Grieser Lagrein Kretzer«, hell gekeltert aus der blauen Lagrein-Traube wie ein Rosé, der »Kuchelberger« um Schloß Tirol oder die Weine um Schloß Rametz befriedigen. Hier lohnt sich der Besuch des schönen Südtiroler Weinmuseums.
Zwei Drittel der Südtiroler Weine werden ausgeführt, das ist die Hälfte aller aus Italien exportierten.
Von den wenigen Weißen sollte man den grünlichen, milden *Terlaner* aus Pinot bianco und den goldgelben, bukettreichen *Traminer*,

dessen Heimat die Italiener in Tramin sehen, unbedingt verkosten. Jenseits der Salurner Klause, der Grenze zum Trentino und der deutschen Sprachgrenze, wartet der schönste Rotwein des Gebietes, der »Teroldego Rotaliano«, auf dem Wege in den großen italienischen Weingarten mit einer ausgiebigen Probe auf – ein voller, samtigweicher Wein.

Piemont

Piemont liegt im Schutze der Alpen im Länderdreieck mit Frankreich und der Schweiz in der Region um Turin. Es stellt die besten Weine Italiens neben dem Chianti Classico: an der Spitze den *Barolo* und den ähnlichen, etwas leichteren *Barbaresco*, beide aus der in Norditalien verbreitetsten Rebsorte Nebbiolo, der im Nebel – wie der Name besagt –, sehr spät reifenden Traube. Aus ihr stammen auch andere berühmte Weine, wie Ghemme und Gattinara unter dem Rebsynonym Spanna. Ihre vollmundigen Rotweine können im Gegensatz zu den meisten italienischen Weinen länger lagern, gewinnen mit dem Alter und erreichen auf Kalkböden das Niveau eines Châteauneuf-du-Pape von der Rhône. Die Weine reifen nach dreijährigem Faßlager zu trockenen, vollmundigen, alkoholreichen (13–14 Grad), granatroten bis orangefarben schillernden, nach sieben Jahren leicht bräunlichroten, samtigweichen, edlen Gewächsen. Man sagt ihnen den Duft vollerblühter Rosen, das Bukett von Wildveilchen, das Aroma von Waldhimbeeren und den Anflug von Trüffeln nach. Eindeutig stimmt ihre vollendete Partnerschaft zu getrüffelter Gänseleber, zu Wild und kräftigem Braten.

Gegenüber diesen Großen treten die an und für sich guten und preisgünstigeren *Barbera* aus der gleichnamigen Rebsorte und *Dolcetto* zurück. Unter den wenigen Weißen befriedigt nur *Gavi,* aus der seltenen Cortese-Traube, deutsche Weißwein-Ansprüche. Zahlreiche Moscato-Sorten liefern stroh- bis goldgelbe, meist süße Dessertweine. Das Muskat-Bukett und -Aroma kommt am schönsten in ganz jungen Tropfen von Kalkböden zum Ausdruck. Moscato-Weine sind stets auch die Grundweine für die *Vermouths di Torino.* Sie wurden vor zwei Jahrhunderten in Turin kreiert, sind die letzten Nachfahren der alten Kräuterweine und bis heute die klassischen Aperitifs, als extra dry besonders appetitanregend. Aus Moscato-Weinen werden schließlich die aromatischen, für unsern Geschmack meist zu süßen *Asti spumante,* italienische D. O. C.-Schaumweine, hergestellt.

Lombardei (Lombardia) und Venetien (Veneto)

Im Valtellina (Veltin), eines der reizvollsten Alpen-Weingebiete im Adda-Tal zwischen Bernina-Massiv und Bergamasker-Alpen, zwischen Comer-See und Stilfser-Joch, bringt um Sondrio und Chiuro die Nebbiolo-Traube, hier Chiavennasca genannt, auf steilen Südterrassen in dem ihr sehr zusagenden rauheren Klima hervorragende, tief-karmesinrote, pikante, kernige und nicht zu schwere Weine, wie Sassella, Inferno und Grumello. Der größte Teil davon geht in die Schweiz; die Landschaft gehörte bis vor zwei Jahrhunderten zu Graubünden.

Im milden Klima des Gardasees reifen Zitronen und Feigen. Eine Reihe lokaler Rebsorten bringt in unterschiedlicher Mischung granatrote, leichte, frische, fruchtige und nahezu trockene Weine, wie den *Valpolicella,* den Lieblingstrunk der Veroneser, und den milden *Bardolino,* dem geschätzten Sommergetränk der vielen Gäste, am besten jung und kühl wie Beaujolais zu trinken. Der *Soave,* aus der gleichnamigen Stadt unweit Verona, ist der bekannteste, aber nicht der beste Weißwein Italiens, ein chablis-artiger, strohgelber Wein mit angenehmer Säure und zartem Bittermandelton, bewährter Begleiter zu Fisch und Schalentieren. Soave-Weine werden in schlanke, grüne Flaschen abgefüllt, die den Elsässer-Flaschen ähnlich sind.

Friaul-Julisch Venetien (Friuli-Venezia Giulia)

Im Klima der an Österreich und Jugoslawien grenzenden Nordostecke Italiens mit der Hauptstadt Udine mischen sich alpine und adriatische Einflüsse. Sie bieten den Reben eine lange Wachstums- und Reifezeit.

Die heimischen Rebsorten stellen Tocai, Verduzzo, Ribolla, Refosco und Picolit, dazu kommen eine Reihe edler mitteleuropäischer Kultursorten, wie Sauvignon, Pinots, Merlot und Riesling Renano. Die Weine werden meist nur nach der Traubensorte benannt: Sauvignon blanc, Pinot bianco (Weißburgunder), Pinot grigio (Ruländer), Tocai (Verwandte des Welschrieslings, keine Beziehung zum ungarischen Tokajer-Wein), Termeno (Traminer), Riesling Renano (Rheinriesling).

Die Spitzengewächse von der Hügellandschaft, den *Collio Goriziano* und *Colli Orientali,* überraschen mit den besten und entsprechend teuren Weißweinen Italiens. Die besten Roten stammen von der großartigen einheimischen Refosco – sie liefert einen gehaltvollen Rotwein mit ausgeprägtem Bukett. Merlot und Cabernet bringen ausdrucksvolle Weine.

Toskana

Das Kernstück der Region zwischen Florenz und Siena ist die Heimat des »Chianti Classico«, des italienischen Weins mit Weltruf. Der herrlich kräftige, nach Veilchen und Lilien duftende Tropfen von kargen Kies- und Sandsteinböden ist »ein Wein nach Rezept« und erst 125 Jahre alt. Sein Erfinder ist der berühmte Barone Bettino RICASOLI auf Schloß Brolio, der zweimal Ministerpräsident seines Landes war und in großer Notzeit und zwei Jahrzehnte langem Forschen und Probieren die optimale Zusammensetzung des großen Mischweins erkostet hat. Sein Erfolgsrezept, das den Chianti zum bedeutendsten Exportwein Italiens gemacht hat, lautet für die meist schon im Mischsatz angebauten Sorten: 70% dunkelviolette toskanische *Sangiovese* (Pfläumchen-Traube), 20% uralte toskanische *Canaiolo nero* (Schwarztraube), je 5% weiße *Trebbiano toscano* und *Malvasia del Chianti,* deren Herkunft Kreta ist. Diese Rot-Weiß-Mischung ist gesetzlich vorgeschrieben. Für eine zweite Gärung, die bis in das Frühjahr hinein dauern kann, werden dem durchgegorenen Wein 10% trockenbeerenartige Mostdosage aus den beiden Hauptsorten und etwas kleinbeerige *Colorino* (Färbertraube) zugesetzt. Das fertige Erzeugnis ist der rubinrote, frische, spritzige, unnachahmliche Edelwein »Chianti da Pasto fino«. Zur Reife benötigt er vierjährigen Ausbau, bewahrt lange die belebende Kraft und altert langsam. Chianti Superiore wird er mit mindestens 12,5 Grad, Vecchio nach zweijähriger, Riserva nach dreijähriger Eichenfaßlagerung.

Der Trend beim modernen Chianti entfernt sich zunehmend vom klassischen Rezept des Barone Ricasoli, setzt den Anteil an weißen Trauben immer weiter herab und schraubt den an roten hoch bis zum reinrassigen Sangiovese, der edelsten und sehr langlebigen Toscaner-Traube, wie im Vino nobile von Montepulcino, Brunello di Montalcino und Carmignano.

Die durch Gesetz abgegrenzten 7 Chianti-Colli (Hügel)-Zonen schützen sich vor den vielen Nachahmungen durch Schutzmarken-Symbole auf dem Flaschenhals. Die Chianti Classico entlang der Monti di Chianti tragen den »Schwarzen Hahn (Gallo nero) auf goldenem Grund«, ein anderer Bereich eine Barockputte. Diese Prädikats-Chianti machen nur ein Achtel aller Chianti-Weine aus und werden immer in Bordeauxflaschen abgefüllt. Die überwiegende Mehrheit stellen die minderen strohumwickelten Fiasco-Flaschen für Touristen.

Die Bezeichnung »Chianti« steht nur den Roten zu. Zu den beachtlichen Weißen gehört der leichte, charmante, blumige Brolio bianco, und als Spitze gilt der feinherbe, üppige *Vernaccia di San Gimignano,* der schon Michelangelo so begeistert hat.

Umbrien (Umbria) und Latium (Lazio)

Auf dem Weg nach Rom sollte man nicht versäumen, dem alten, berühmten *Orvieto Classico* im grünen Umbrien seine Referenz zu machen. Der durchgegorene, trockene, zarte, sauterne-artige, blaßgoldene ist der schmackhafteste und vollkommene Begleiter zu Fischgerichten. Der liebliche mit dem Bouquet amabile, aus edelfaulen Trebbianco-Beeren bereitete und als »abbocato« (leicht süß) gekennzeichnete empfiehlt sich zum delikaten Dessert.
Auch der trocken wie auch halbsüß ausgebaute, goldgelbe *»Est-Est-Est«* aus Moscato-Trauben lohnt immer die Einkehr in Montefiascone. Frau Fama berichtet, im Mittelalter habe ein deutscher Bischof vor seiner Romreise den vorausgesandten Leibdiener beauftragt, in jedem vorgesehenen Nachtquartier den örtlichen Wein zu probieren und sein zustimmendes Urteil mit einem »Est« an der Tür des Gasthauses zu bekräftigen. In Montefiascone begeisterte der Hiesige den Boten solchermaßen, daß er ihn am Tor mit »Est-Est-Est« (Das ist der unüberbietbar Beste!) würdigte. Der Bischof bestätigte das Urteil und soll sich an dem süffigen Muskateller von Montefiascone zu Tode getrunken haben, was sein Grab noch heute bekundet.
An den Abhängen der Albaner Berge bei den Castelli Romani gedeiht auf vulkanischen Tuffen der erdig-kernig-herbe, alkoholreiche, goldfarbene *Frascati* aus Malvasia- und Trebbiano-Trauben. Er ist in Rom der sehr beliebte Tischwein zur kräftigen römischen Küche, ihm ähnelt der etwas kräftigere *Marino.*

Kampanien (Campania) und Apulien (Puglia)

Die Weine um Neapel und Salerno zehren von einer großen Vergangenheit. Der *Falerner,* der berühmteste Wein im klassischen Rom, von Horaz als »kräftig, kühn und feurig« und von Martial als »unsterblich« gepriesen, begnügt sich heute damit, ein gefälliger Tischwein zu sein. Nicht besser steht es um die weißen und roten *»Lacrimae Christi del Vesuvio«* (Tränen Christi) auf den reinen Lavaböden der Vesuv-Hänge. Die besseren weißen aus Greco- und Fiano-Trauben ähneln leichten Bordeauxweinen, die roten aus den uralten Aglianico- und den Palombina-Trauben sind angenehm würzig.

Die vorgelagerten Sonneninseln Capri und Ischia erzeugen weit weniger Inselwein, als der Fremdenstrom trinkt. Die Weine am Epomeo, dem höchsten Berg von Ischia, sind trocken, fein, kraft- und charaktervoll.
Apulien an der Adria und im »Stiefelabsatz« Italiens besitzt die größten Rebflächen (300 000 Hektar) Italiens, stellt große Massen alkoholreicher und schwerer Konsumweine her, von denen ein erheblicher Teil in großen Tankerschiffen zu Verschnittzwecken ins Ausland geht. Herausgehoben sind die ansprechenden Bianco, Rosato und Rosso von *Castel-del-Monte,* der alten Stauferburg.

Sizilien (Sicilia)

Die südliche, größte Mittelmeerinsel ist mit 4000jährigem Anbau das älteste Weingebiet, während der griechischen Zeit zur »Magna Graecia« gehörend, danach lösten immer neue Herren einander ab.
Der heutige Rebbau ist doppelt so groß und die Ernte wesentlich höher als die der Bundesrepublik. Die Weinqualität hat in letzter Zeit durch sehr frühzeitige Ernte mit geringeren Zucker- und höheren Säurewerten wesentlich gewonnen.
Die Weißen stellen fast 90%, darunter viele süße und schwere Dessertweine aus Moscato und Malvasia vom Ätna bis in 1200 m Höhe, noch gehaltvoller der aromatische *Mamertino* aus Messina und der köstliche goldgelbe *Malvasia* von den Liparischen Inseln. Bei den guten Tischweinen überwiegen die roten, wie *Corvo* von Palermo, Etna und vor allem der trockene Faro von Messina.
Ein typischer Sizilianer ist der bernsteingelbe bis nußbraune, bukettschöne, madeira-artige, meist süße *Marsala* (türk. = Hafen Gottes) vom Südwesten der Insel. Die wenigen trockenen ähneln Sherrys. Als englische Erfindung vor zwei Jahrhunderten ist der Marsala ein Mischwein aus weißen Trauben, wie Sherry, Portwein und Madeira, versetzt mit Rosinenwein oder eingedicktem Most und mit Weinbrand aufgespritet auf 18 Grad. Mit weiteren Zusätzen, wie Eigelb, Schokolade, Banane, werden cocktail-artige Getränke gemixt. Unter den verschiedenen Marsala-Weinen sind die trockenen »vergine«-D. O. C. in Originalflaschen empfehlenswert.

Sardinien (Sardegna) und Elba

Auf der seiner Lage und seinen Weinen nach eigenwilligsten Region Italiens und zweitgrößten Mittelmeerinsel haben die seekundigen Phönizier vermutlich den ersten Wein gepflanzt. Bei den Römern galt die Insel bereits als »insula vini« (»Insel des Weines«). Nach der

wechselvollen Geschichte hat der Wiederaufbau nach der Vernichtung durch die Reblaus zügig erst nach dem zweiten Weltkrieg begonnen und heute wieder 3,5 Mill. hl Wein von 70 000 Hektar Reben erreicht.
Die typischen Inselweine, ob süß oder trocken, sind vor allem stark. Eine Reihe sehr alter Insel-Rebsorten, ursprünglich aus Spanien oder vom italienischen Festland stammend, werden selektioniert und heute wieder angebaut. Unter den weißen brilliert die uralte, von den Phöniziern eingeführte, grünschimmernde, duftige, leicht säuerliche *Nuragus* (nach den Nuragen, prähistorischen, kegelförmigen Steintürmen) als Fischwein, die feine, weiche, leichtherbe *Vermentino di Gallura* und die beliebte, amberfarbene, bittermandelaromatische, alkoholreiche, angenehm trockene und sherryähnliche *Vernaccia.* Unter den Rotweinen verdienen Beachtung der inseltypische, je nach Alter rubinrote bis orangerote, portweinartige *Cannonau,* der auch zu Rosato oder herrlichem Likörwein ausgebaut wird, der trockene und sehr sortentypische *Monica*, der delikate, würzige, auch als harmonischer Rosato sehr geschätzte *Carignano* und mehrere *Moscatos.* Einige der noch sehr preiswerten Weine sind jetzt auch bei uns erhältlich.
Die Insel Elba bietet den ausgezeichneten *Muscat Aleatico,* als Tischwein den rubinroten *Elba rosso* und den leichteren *Elba bianco*.

Malta Im wesentlichen für den Eigenbedarf werden auf 1000 Hektar etwa 10 000 hl schwere, trockene rote Tafelweine, etwas erstklassiger Rosé und zu lieblicher Weißer erzeugt.

Spanien und Portugal

Spanien In dem heute vielen als wunderschönes Urlaubsland vertrauten Spanien bauten seit dreitausend Jahren Griechen, Phönizier, Kelten, Römer und Araber Reben an. Von der mehrtausendjährigen Vergangenheit zeugen die vielen, meist nur lokalen Rebsorten. Heute drängt Spanien als flächenmäßig größter (1 700 00 Hektar) und ertragsmäßig drittgrößter (50 000 000 hl) Anbauer der Welt auf den übersättigten EG-Weinmarkt. Da der spanische Weinbau noch große Reserven birgt, wird die Gefahr für eine wachsende Wein-

schwemme noch vermehrt. Der Hektarertrag beträgt in Spanien mit 22 hl noch nicht die Hälfte des französischen und italienischen.
Über das ganze Land verteilen sich 28 Qualitätsweingebiete mit Ursprungsbezeichnungen (insges. 1 Mill. Hektar). Nach dem strengen spanischen Weingesetz (von 1933 und 1972) wachen in jedem ein Consejo Regolador de la Denominación de Origen über Weinqualität, Preise und Exportfähigkeit. Lediglich zwei von ihnen sind weltbekannt: *Jerez* mit den berühmten Sherry-Weinen und seit einigen Jahrzehnten das nordspanische *Rioja* mit den besten Rotweinen der iberischen Halbinsel. Aber auch in anderen Anbaugebieten, wie La Mancha mit den Valdepeñas-Weinen, Penedes, Málaga und Navarra, gibt es manchen Wein, der es mit europäischen Edelgewächsen aufnehmen kann. Jedoch mindestens 90% der spanischen Weine sind einfache Konsumweine (Vinos corrientes) und ansprechende, jung trinkfertige Landweine (Vinos de pasto), vier Fünftel von ihnen rote, die zur ölkräftigen und stark gewürzten heimischen Küche gut schmecken. Sie sind tiefdunkel, ausgeglichen, alkoholreich, bukettvoll und säurearm. Unter den meist flachen Weißweinen ragen einige schwere Dessertweine und einige halbtrockene Schaumweine heraus.

Sherry

Der Sherry wird um Jerez de la Frontera in Andalusien, im südlichsten Teil des Landes, erzeugt. Seine Erfinder sind Briten; die Weine entsprechen daher auch mehr dem englischen als dem spanischen Geschmack.

Die Herstellung ist langwierig, sie kann von dem aus mehreren Traubensorten, v. a. Palomino, bestehenden Most bis zum fertigen Erzeugnis 8–12 Jahre dauern. Die Sherry-Weine werden oxidativ, bei Anwesenheit von viel Luft, ausgebaut, die Fässer werden nie dicht geschlossen und nur zwei Drittel gefüllt. Durch die hohen Gewölbe der einstöckigen, langgestreckten, weißgetünchten Lagerhallen, der Bodegas, streicht immer eine leichte Seebrise. Bei dem sog. Solera-Verfahren (span. = Grund, Basis) lagern mehrere Jahrgänge in Reihen von 500 l-Eichenfässern übereinander. Wird vom ältesten Jahrgang ein Teil in Flaschen abgefüllt, wird das Fehlende vom nächstjüngeren ersetzt und der Vorgang bis zum jüngsten fortgesetzt.

Sherrys sind immer Weiß-, Misch- und Markenweine von gleichbleibender Qualität. Zu ihren Besonderheiten gehört, daß echte Weinhefepilze auf der Oberfläche der reifenden Jungweine eine mehr oder weniger dicke, weißgelbliche Schaumhaut (flor del vino) bilden. Ihre Stoffwechselprodukte zusammen mit den durch den Luftsauerstoff bedingten oxidativen Umsetzungen schaffen das einmalige Sherry-Aroma.

Die beiden Sherry-Haupttypen entstehen aus gleichartigen Mosten, jedoch die ersteren, die *Finos,* aus Jungweinen, die mit dickem, schweren Flor bedeckt sind, die zweite Gruppe, die *Olorosos,* aus Mosten mit höchstens dünner, schwacher Hefehaut.

Die Finos (Feine) bilden die höchste Klasse; am Ende ihrer Reifung werden sie durch Sherry-Weinbrand verstärkt, um Duft und Geschmack zu heben. Sie sind hell-topasfarbene, trockene, leichtere, weniger angereicherte und wenig verschnittene Sherrys mit einer für alkoholreiche Weine ungewöhnlich zarten Frische. Sie wirken sehr appetitanregend und sind daher als aromatische Aperitifs mit leichtem Mandelton und geringer Säure sehr geschätzt. Der englische Dichter T. S. ELIOT meint dazu: »Alles, was ein zivilisierter Mensch braucht, sind ein bis zwei Glas Fino vor dem Essen«.

Die *Amontillados* entstehen durch längeren Ausbau aus den Finos, sind dunkel-bernsteinfarben, halbtrocken, kräftiger und schwerer, intensiver in Duft und Geschmack. Bei Kennern gelten sie als die besten Weine von Jerez.

Karte: Spanien und Portugal.

Den zweiten Sherry-Haupttyp bilden die *Olorosos* (Wohlriechende). Sie werden mit der stärkeren, sehr aromatischen Pedro-Ximénez-Traube verschnitten und bereits zu Beginn ihrer Reifezeit

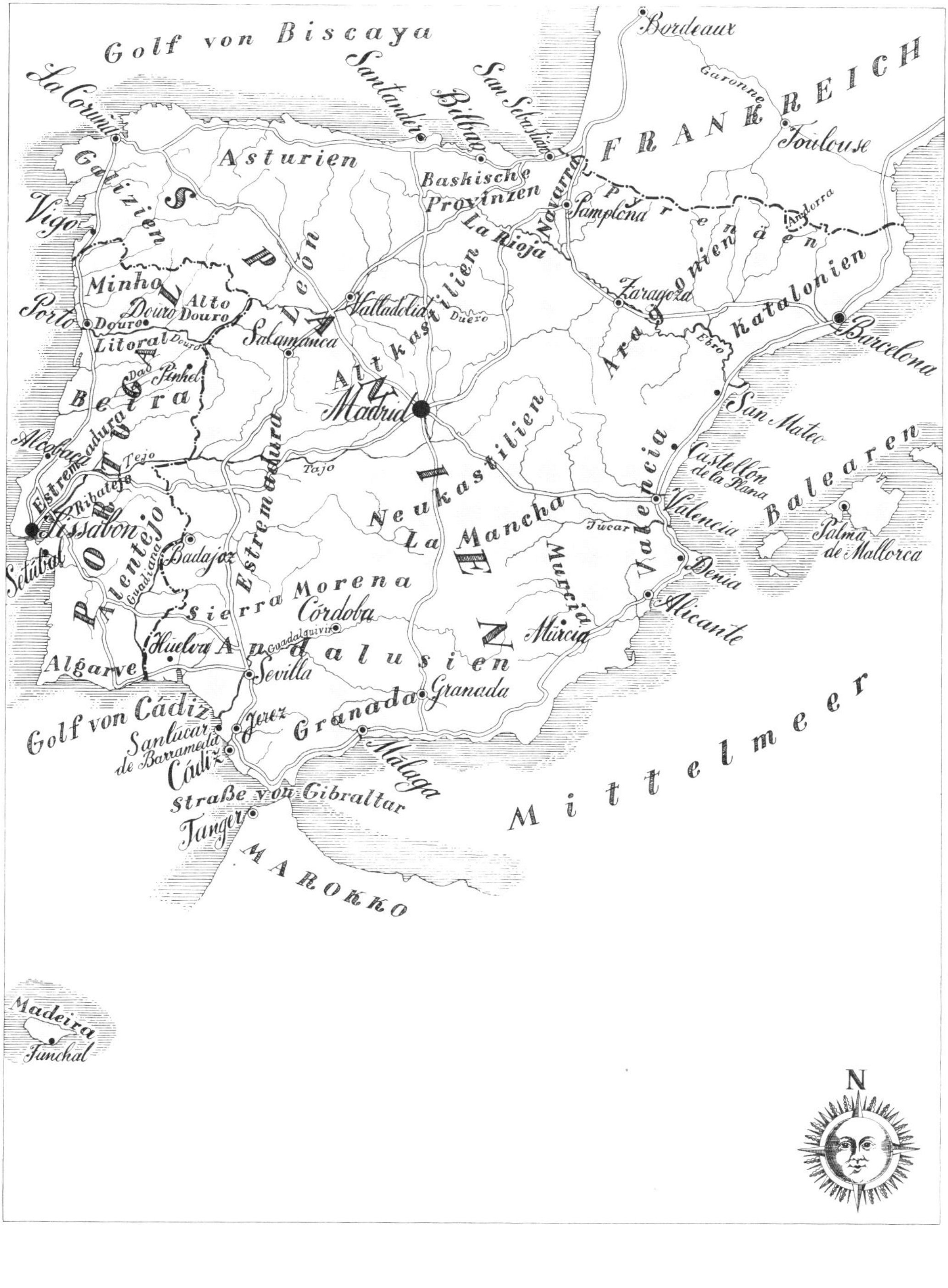

Golf von Biscaya
La Coruña
Santander
Bilbao
San Sebastian
Bordeaux
Garonne
FRANKREICH
Toulouse
Asturien
Galizien
Baskische Provinzen
Navarra
Pamplona
Pyrenäen
Andorra
Vigo
SPANIEN
León
La Rioja
Minho
Alto Douro
Douro
Porto
Litoral
Valladolid
Duero
Zaragoza
Aragonien
Katalonien
Barcelona
Salamanca
Altkastilien
Ebro
Dão
Pinhel
Beira
PORTUGAL
Madrid
San Mateo
Alcobaça
Estremadura
Tejo
Tajo
Neukastilien
Castellón de la Plana
Ribatejo
Lissabon
Alentejo
Valencia
Balearen
Júcar
La Mancha
Palma de Mallorca
Setúbal
Badajoz
Guadiana
Murcia
Dénia
Sierra Morena
Córdoba
Alicante
Guadalquivir
Huelva
Andalusien
Algarve
Sevilla
Granada
Golf von Cádiz
Sanlúcar de Barrameda
Jerez
Cádiz
Málaga
Straße von Gibraltar
Tanger
MAROKKO
Mittelmeer
Madeira
Funchal
N

auf 18–20% Alkohol verstärkt. Sie sind dunkelgoldgelbe, bukett- und aromareiche, süße Dessertweine und als Digestif zum Abschluß einer Mahlzeit geeignet. Sie dienen als Grundweine für alle noch süßeren Sherrys, die *Dulces,* sog. Cream-Sherries, die je dunkler desto süßer sind und auch beim Nachtisch zum Käse oder Kaffee gereicht werden.

Unweit von Jerez um Sanlúcar de Barrameda wird in feuchter, salzhaltiger Meeresluft nach Sherry-Art der helle, leichte, trockene und delikate *Manzanilla* (span. = kleiner Wildapfel) bereitet, der durch sein unvergleichliches Bukett nach Blumen und Meer besticht.

Die Sherry-Erzeugung von 10 000 Hektar beträgt nur 2% der gesamtspanischen. Über 90% werden exportiert, davon über die Hälfte nach Großbritannien, nach dem größten Ruhmeskünder William Shakespeare das klassische Sherry-Land.

Die nach Deutschland eingeführten bekanntesten Sherry-Marken sind Dry Sack (Sack = Export) und Tio Pepe.

In zahlreichen Ländern werden Sherrys imitiert, erreichen jedoch – mit Ausnahme von Südafrika – bei weitem nicht die Qualität der originalspanischen.

Rioja

Der über 3000 Jahre alte und fast tausendjährige, urkundlich belegte Rebbau im nördlichsten und kleinsten spanischen Weinbaugebiet (36 000 Hektar) am Rio Oja im Quellgebiet des Ebro südlich der Pyrenäenabhänge gewann als Qualitätsweingebiet erst Bedeutung, als nach der Reblaus-Epidemie in Südfrankreich Ende des 19. Jahrhunderts Bordeaux-Winzer einwanderten. Gute Rioja-Weine lassen ihr Wirken noch deutlich verspüren und ähneln Bordeaux-Weinen in ihrer Dezentheit mehr als den rauheren und kraftvolleren spanischen.

Die beiden westlichen, ozeanisch beeinflußten, feuchteren und höher gelegenen Regionen, *Rioja alta* und *Rioja alavesa* – klimatisch ähnlich dem benachbarten Douro-Tal Fortugals – bringen Mischweine aus mehreren, vorwiegend lokalen Rebsorten mit Spitzenweinen hervor, 80% davon sind Rotweine. Die reifen Weine sind nach bis zu zehnjährigem Lager mild (6 g/l Säure), samtig, gehaltvoll (bis 13% Alkohol), feinbukettiert und aromareich, mit unverkennbar eigener Note und trotz des langen Lagerns frisch und bukettschön. Rioja-Rotweine zählen zu den 10 besten Roten der Welt.

Portugal

Das von den Römern schon als Weinland und heute als herrliches Reiseland am Atlantik geschätzte Portugal sucht auch im Weinbau und in der Kellerpflege, den Anschluß an die EG zu finden. Die Erfolge in letzter Zeit sind beachtlich, interessante Weine drängen auf die europäischen Märkte. Auf fast 400 000 Hektar (5. Stelle in der Welt) reifen 11 Mill. hl Weine, davon zwei Drittel rote. Drei Viertel des Rebareals gehören nicht zu den Gebieten mit den qualifizierten Weinen mit Ursprungsbezeichnung. Die meisten kleinen der 300 000 Winzer, in Genossenschaften zusammengeschlossen, erzeugen billige Konsumweine für den Eigenverzehr im Lande. Ihre Reben stehen oft noch als Randbepflanzung anstelle von Hecken, als rankende Reben an Fruchtbäumen oder zwischen ihnen an Drähten bis 5 m Höhe. Vom Norden bis Süden bieten am Meer und im Landesinneren sehr unterschiedliches Klima, verschiedenartige Böden und wechselnde Höhenlagen für den Weinbau günstige Voraussetzungen.

Die wichtigsten gesetzlich festgelegten Herkunftsgebiete liegen nördlich von Lissabon: Minho, Douro, Dão; dazu die Atlantikinsel Madeira.

Minho

Die *Vinhos verdes* gedeihen an der Nordgrenze der grünen Gartenlandschaft Minho, zwischen den Flüssen Minho und Douro auf Granitverwitterungsböden. Wegen der hohen Luftfeuchtigkeit zieht man die Rebstöcke an Pergolen hoch, ähnlich den Weinlauben in Südtirol, oder baut sie in Mischkulturen an. Die zartgrünen Weine werden aus zahlreichen lokalen Rebsorten bereitet, prickeln leicht, sind herb-trocken, apfelweinartig-fruchtig, alkoholarm und erfrischend. Die trockenen Weißen passen delikat zu Fischgerichten, wirken am ansprechendsten und werden ganz jung getrunken.

Auch bei uns werden von dort und dem Nachbargebiet am Douro die mundigen, kräftigen, oft moussierenden Rosados von Faïsca und Mateus geschätzt.

Den Weltruf der portugiesischen Weine haben zwei Weinsorten besiegelt: der Portwein und der Madeira.

Douro

Das steilterrassierte, gebirgige Anbaugebiet im oberen Dourotal erzeugt auf kargen Schieferhängen 2 Mill. hl Mischweine aus mehr als 20 Rebsorten. Das zur *Portwein*-Bereitung ausgewählte beste Drittel unterliegt strengsten Bedingungen nach Klima, Böden, Rebsorten und Ertrag. Bei der Herstellung wird der halbangegorene, noch sehr süße Most mit einem Viertel Brandy in der Gärung gestoppt, um Frucht und Zucker zu bewahren. Der Jungwein wird im Frühjahr von der Hefe abgezogen, der Alkoholgehalt auf 20% erhöht und zu den Portweinkellereien am unteren Douro gegenüber der Stadt Porto geschafft. Der Portwein wird hier nach dem Solera-Verfahren oxidativ wie der Sherry weiter ausgebaut und der Verlust ständig mit älterem Portwein aufgefüllt. Durch geeigneten Verschnitt erzielt man stets gleichbleibende Weintypen des jeweiligen Erzeugers. Viele der bekannten Port-Firmen sind seit Jahrhunderten in englischem Besitz.

Portwein braucht zum Abbau des reichlichen Gerbstoffs mehrere Jahre des Ausbaus bis zur Reife. Die besten erhalten erst nach siebenjährigem Faßlager die Prüfbanderole des staatlichen Instituto de vinho. Das Spitzenerzeugnis Vintage-Port, ein dunkelroter voller Portwein eines einzigen guten Jahrgangs mit leichtem Traubenaroma, erreicht die volle Reife bei 20–25 Jahren, allerbester sogar erst mit 50–60 Jahren.

Portweine sind dunkle oder helle, alkoholverstärkte, würzige Süß- und Mischweine aus mehreren Rebsorten und in verschiedenen Geschmacksrichtungen: vom dunkelroten *Full* über den länger gelagerten, schweren, lohfarbenen *Tawny* und dem ganz trockenen *Branco-Palha* bis zum als sec vorzüglichen Aperitif *Golden White*.

Dão

Dão heißt das von Gebirgen geschützte und gegliederte Weinbaugebiet, das im trockenen und heißen Landesinnern und in der Landesmitte zwischen Porto und Lissabon liegt. Die vorwiegend roten, kraftvollen und gerbstoffreichen Mischweine dieses Gebietes sind tiefdunkel, im Höhepunkt der Reife vollblumig und samtigweich; die besten ähneln Bordeaux- oder Rioja-Weinen.

Die Reihe ausgezeichneter, kleiner Weingebiete im nördlichen Umland von Lissabon, dem sog. *Mittelland,* weichen immer mehr der wachsenden Hauptstadt. Unerwähnt bleiben dürfen aber nicht die zu den Weltbesten gehörenden Muskateller-Dessertweine von Setúbal, südlich von Lissabon.

Der *Madeira* von der gleichnamigen Insel (portug. = Holz) ist die zweite Weinsorte, die Portugals Weinruf begründet hat. Auf dem 500 km westlich der afrikanischen Küste gelegenen Eiland wurden nach der Wiederentdeckung 1419 durch die Portugiesen umfangreiche Weinkulturen angelegt.

Madeira

Die Madeira-Weine sind die Erzeugnisse eines ähnlichen oxidativen Ausbaus nach dem Solera-Verfahren wie bei Portwein und Sherry. Sie zeichnen sich durch reizvollen Duft, feinen und leicht rauchigen Geschmack nach gebranntem süßen Karamel, spürbar rassige Säure und Alkoholreichtum (18–20%) aus, gewinnen im Alter an Milde. Nach den verschiedenen Rebsorten lassen sich vier Gruppen unterscheiden: *Malvasier* und *Bual* sind goldfarbene, bukettreiche, üppige Likörweine, *Verdelho* bernsteinfarbene, trockene und *Sercial* bis herbe Aperitifs.

Schweiz und Liechtenstein

Schweiz

Der auf Kelten und Römer zurückgehende Rebanbau ist in einigen alten lokalen Rebsorten noch heute in einigen Alpentälern nachweisbar. Die Anbaufläche von 14 000 Hektar reicht bis an die klimatische Weinbaugrenze und läßt sich nur mit erheblichen Aufwendungen und großen Mühen nutzen. Drei Viertel entfallen auf die Westschweiz (Wallis-Valais, Waadt-Vaud, Genf-Genève, Neuenburg-Neuchâtel und Freiburg-Fribourg), der Rest zum größten Teil auf die Ostschweiz (Zürich, Schaffhausen, Thurgau, Aargau, Baselland, St. Gallen, Graubünden, Schwyz und Luzern) und auf die Südschweiz (Tessin-Ticino). Die Ernte schwankt stark um 1 Mill hl. Für den Verbrauch von 48 l/Kopf muß die doppelte Menge eingeführt werden. Die eigenerzeugten, teuren Weine trinken die Eidgenossen nahezu ausschließlich selbst. Anbau- und Kellertechnik sind hochentwickelt, die Qualitätsanforderungen und -kontrolle sehr streng; die Weinkultur ist in der Schweiz sehr hochstehend.

Die Weine unterliegen keiner direkten Güteklassifizierung wie heute in den meisten Ländern. Die praktizierte indirekte ist jedoch nicht weniger aufschlußreich. Je enger die Herkunft angegeben wird, um so wertvoller ist der Wein. Die Angabe von Gebiet (Kanton), Lage und Weingut bestätigt die Erzeugerabfüllung aus einer Einzellage. Geschützte Bezeichnungen gelten bei überdurchschnittlicher Qualität, wie Dôle im Wallis, Salvagnin (einziger A. C.-Rotwein in der Schweiz) und Terravin (Spitzen-Chasselas) in der Waadt, VITI (Vini Ticinesi für Merlot del Tivino) im Tessin.

Karte: Schweiz.

Fast zwei Drittel der Rebsorten liefern Weißweine, die Hälfte von

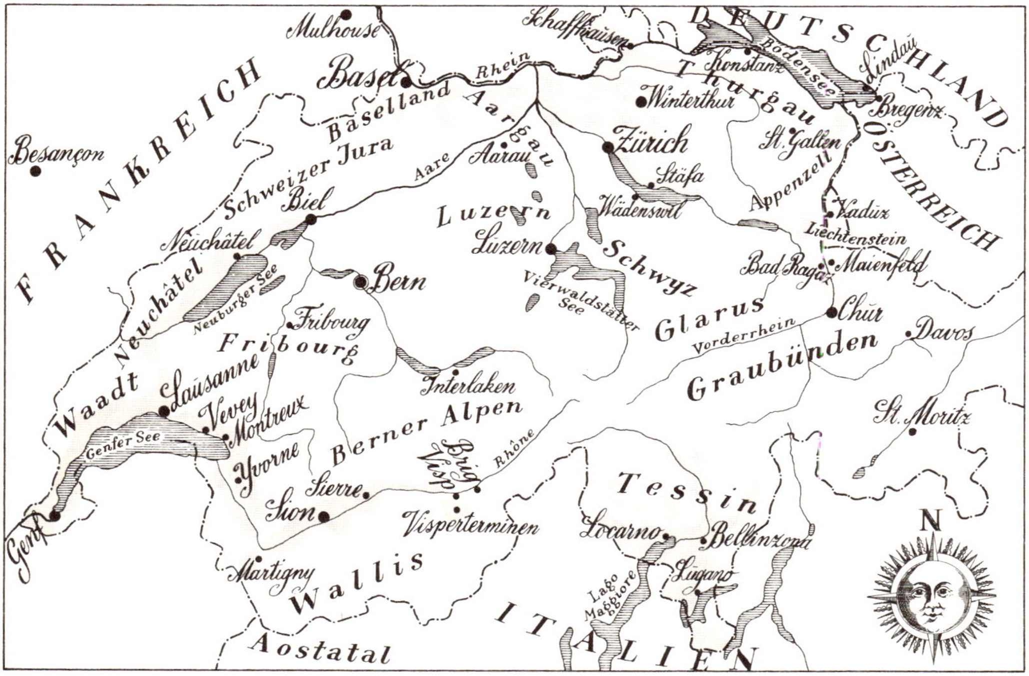

ihnen Chasselas (Gutedel), ein Drittel Johannisberg (Grüner Silvaner), der Rest Riesling x Sylvaner (Müller-Thurgau) und Malvoisie (Ruländer). Die Rotweine stammen von Pinot noir, Gamay und Merlot.

Die verbreitetste und die einzige weiße Rebsorte am Genfer See stellt der Chasselas (Gutedel) unter verschiedenen Namen: *Fendant* im Wallis, *Dorin* bzw. *Terravin* im Waadt, *Perlan* in Genf. Er bietet sich an, leicht bis alkoholreich, trocken, fruchtig, von hoher Qualität und zu allen Speisen passend. Die weltbesten gedeihen in den Steillagen des Lavaux am Genfer See. Er stellt auch den »Sternliwein« an den Jura-Seen mit dem kurzlebigen Kohlensäurestern im Glas, den der früh von der Hefe (sur-lie-Abzug) abgefüllte Wein bildet.

Der *Johannisberg* (auch Gros Rhin genannt), die Rebstöcke sollen vom Johannisberg/Rheingau stammen, bringt milde, fruchtige und gehaltvolle, ausgeprägt sortentypische Silvaner, die zur Vorspeise und besonders zum Walliser Spargel geschätzt werden.

Für den Weinfreund bietet das Wallis im oberen Rhône-Tal eine Reihe lohnenswerter einheimischer Trauben-Spezialitäten. An Boden und Klima stellen sie besondere Ansprüche, reifen spät, liefern edle und schwere Weine und mit ihrem geringen Anteil echte Raritäten. Die uralte *Amigne,* eine wahrscheinlich von der römischen *Vitis aminea* abstammende helle Rebsorte, von Horaz und Vergil begeistert besungen und als berühmter »Falerner« des klassischen Roms gekeltert, überlebt hier mit feinherben, säure- und körperreichen, langlebigen, charaktervollen Weinen mit apartem Duft.

Arvine, vom gleichen Alter und vermutlich früh aus Italien eingeführt, gedeiht nur in den besten Lagen und übertrifft an Bukett und Körper noch die Amigne. Die trockenen Weine sind rassig und nervig, mit angenehm fruchtiger Säure und sehr haltbar.

Die *Humagne* ist seit langem heimisch und stammt wahrscheinlich von einer halbwilden Rebe ab, die über die alte griechische Kolonie Massalia (das heutige Marseille) rhôneaufwärts hierher gelangte. Ihre Weine sind rauher und herber als die ähnlichen der Arvine und gelten als die haltbarsten. Seit Jahrhunderten werden sie als belebender Krankenwein erprobt, haben sich als »Wöchnerinnenwein« bewährt, sind heute leider recht selten.

Den *Heida* (Païen; frz. = heidnisch) sollen die Römer hier bereits

vorgefunden, nach anderer Lesart mitgebracht haben. Sicher ist die Rebsorte eine alte Savagnin- und Traminer-Verwandte. Ihr Anbau ist heute auf den höchsten Weinberg Europas bei Visperterminen oberhalb Brieg beschränkt und klettert dort bis über die 1100-m-Marke. Die Weine sind rassig und säurereich und wirken sogar feinherb, wenn man sich in sie hineingekniet hat.

Rèze ist wahrscheinlich ein später Nachkomme der von PLINIUS beschriebenen »Uva raetica«. Nach einer anderen Quelle sollen die Römer hier den Wein aus der vom Aosta-Tal über den Großen St. Bernhard gebrachten Prié (deshalb auch Bernada) bereitet haben.

Eine typische Walliser Spezialität unter den Rotweinen ist der *Dôle,* ein Mischwein mit einem hohen Anteil Pinot noir und aus Gamay, ein körperreicher, fruchtiger und bekömmlicher Roter. Leichtere Mischungen derselben Art mit weniger als etwa 85 Grad Öchsle firmieren als *Goron.* In der Ostschweiz, z. B. in dem größten geschlossenen, technisch vorbildlichen wie landschaftlich gelungenen Rebbauzentrum Hallau im Kanton Schaffhausen, spielt der Pinot noir als *Blauburgunder* oder *Clevner* oft die führende Rolle.

Der prickelnde, roséartige Wein aus Pinot noir, der Œil de Perdrix (wörtlich Rebhuhnauge) vom Neuenburger See, ist ebenfalls sehr beliebt.

Die Schweizer schätzen ihre Rotweine über alles, deren Anbau daher besonders gefördert wird, am meisten im Miteinander mit dem passenden Alpenkäse. Nur zum Käsefondue bevorzugen sie einen spritzigen Weißwein, v. a. Chasselas und Johannisberg.

Bei der Vielfalt der Weine kann man von einem Schweizer Typ nicht sprechen. Jedoch sind die Schweizer Weine eigenständig, besitzen geringe Restsüße, mittleren Säure- und Alkoholgehalt, zeichnen sich durch Frucht, Rasse und Frische aus und sind spritziger als vergleichbare der Nachbarländer.

Liechtenstein

Das kleine Fürstentum im oberen Rheintal, zwischen dem ostschweizerischen Kanton St. Gallen und dem österreichischen Bundesland Vorarlberg, baut um das Zentrum Vaduz auf 15 Hektar 600 hl Wein an, in erster Linie trockenen, herzhaften und kräftigen Spätburgunder, den »Vaduzer Beerli«, und leichten, spritzigen Rosé, den »Vaduzer Süßdruck«. Die Weine der Fürstlich Liechtensteiner Hofkellerei schätzen die zahlreichen Besucher als besondere Landesrarität.

Österreich

Das Land, der Rebanbau, die Weine und das Weingesetz tragen naturgemäß deutsche Züge. Obwohl die 60000 mit Reben bestockten Hektare noch nicht 1% der landwirtschaftlichen Nutzfläche Österreichs ausmachen, kommt der außerordentlich schwankenden Ernte von 2–4 Mill. hl große volkswirtschaftliche Bedeutung zu. Die Ausfuhr erreicht ein Fünftel der Erzeugung und davon gehen fast drei Viertel in die Bundesrepublik.

Wenn auch nur in den 4 östlichen der 9 Bundesländer: Niederösterreich, Burgenland, Steiermark und Wien Reben gedeihen, trinkt der Österreicher, kräftig unterstützt von den vielen ausländischen Touristen, mit 36 l je Kopf die Hälfte mehr als der Bundesbürger, was vermutlich wesentlich zu seiner Gemütlichkeit und seinem sprichwörtlichen Charme beiträgt.

Die vielseitige Weingeschichte beginnt mit einem weinartigen Getränk der Kelten, jedoch die Weinkultur und die erste Blütezeit mit den Römern erst unter dem Weinkaiser Probus. Nach den Wirren der Völkerwanderung und den Verwüstungen durch die Awaren folgt die lange zweite Blütezeit mit Karl d. Gr. und Otto I. bis zum 16. Jahrhundert mit der zehnfachen Ausdehnung der Rebfläche von heute. Nach dem erneuten Niedergang im Dreißigjährigen Krieg und durch die Türkeneinfälle kommt dann der dritte Aufstieg im 18. Jahrhundert unter Maria Theresia und ihrem Sohn Joseph II. Nach weiterem Zusammenbruch durch die eingeschleppten Rebkrankheiten und die Reblaus in der zweiten Hälfte des vorigen Jahrhunderts beginnt der moderne Neuaufbau und die systematische Weinforschung mit der Gründung der Weinbauschule Klosterneuburg durch A. W. von Babo, der noch heute anhält.

Der Rebbau befindet sich zu einem wesentlichen Teil in Händen von 56000 kleinen Weingärtnern, die genossenschaftlich zusammengeschlossen sind.

Klima und Böden sind vielfältig und rebgünstig: kontinental in Niederösterreich, pannonisch mit langen, sonnenreichen Sommern und kalten Wintern im Burgenland und Wien, illyrisch warm und niederschlagsreich in der Steiermark; an Böden sind Sand, Kalk, Löß, Urgesteins- und Vulkan-Verwitterungsböden beteiligt. Die Weinpalette mit 25 Qualitätsrebsorten ist abgerundet und reichhaltig. Neben den vertrauten westeuropäischen verdienen die auf-

Österreich beschränkten Spezialitäten das besondere Interesse des Weinfreundes.

Die Weißweine überwiegen wie in Deutschland mit 85%. Das Angebot reicht vom einfachen Schank-, Tafel- und Landwein über ansprechende Qualitätsweine bis zum hohen Spitzengewächs mit Trockenbeerenauslese. Allgemein sind die österreichischen Weine frisch, spritzig und mit angenehm fruchtiger Säure, die trockenen bzw. halbtrockenen sprechen besser an.
Der *Grüne Veltliner,* die verbreitetste und typische Rebsorte Österreichs, hält mit mehr als ein Viertel Anteil die Spitze. Die Weine sind spritzig, fruchtig und würzig und mit unverkennbarem leicht pfeffrigem Geschmack.
Müller-Thurgau, Welschriesling, Neuburger, Weißer Burgunder, Muskat-Ottonel, Rheinriesling und Traminer reihen sich in abnehmender Folge an. Die roten Rebsorten stellen Blaufränkisch (Lemberger), Portugieser, Zweigelt, eine österreichische Kreuzung aus Lemberger x St. Laurent, ferner St. Laurent, eine Mutation des Blauen Spätburgunders, und abschließend der Blaue Spätburgunder. Als Weinspezialitäten gelten Neuburger, Bouvier, Zierfandler, Rotgipfler, Wildbacher (Schilcher) und Zweigelt; Näheres über sie beim jeweiligen Verbreitungsgebiet.
Das österreichische Weingesetz von 1961 mit zwei Novellen hat sich ganz dem deutschen und den EG-Bestimmungen mit strengen Vorschriften für Mostgewichte, Qualität, Verschnitt und Herkunft angeglichen. Auch das Weingütesiegel Österreichs, ein rot-weiß-rot gehaltener Römerkelch auf goldenem Untergrund, entspricht für den sog. Siegelwein den EG-Rechtsgrundlagen. Regionale Prämierungen, wie auf der Österreichischen Weinmesse in Krems, bieten zu Auszeichnungen mit »Großer Goldmedaille«, »Goldmedaille« und »Silbermedaille« reichlich Anreize.

Niederösterreich

ist mit etwa der Hälfte der gesamten Rebfläche die größte Weinbauregion des Landes. Seine 8 Anbaugebiete: Gumpoldskirchen, Vöslau, Krems, Langenlois, Klosterneuburg, Wachau, Falkenstein und Retz liegen zum Teil weit auseinander. Viele Deutsche kennen sie zumindest als schöne Ferienziele. In diesem vorwiegend Weißwein-Gebiet dominiert der Grüne Veltliner mit 40% und erreicht teilweise die 50%-Marke.

Karte: Österreich.

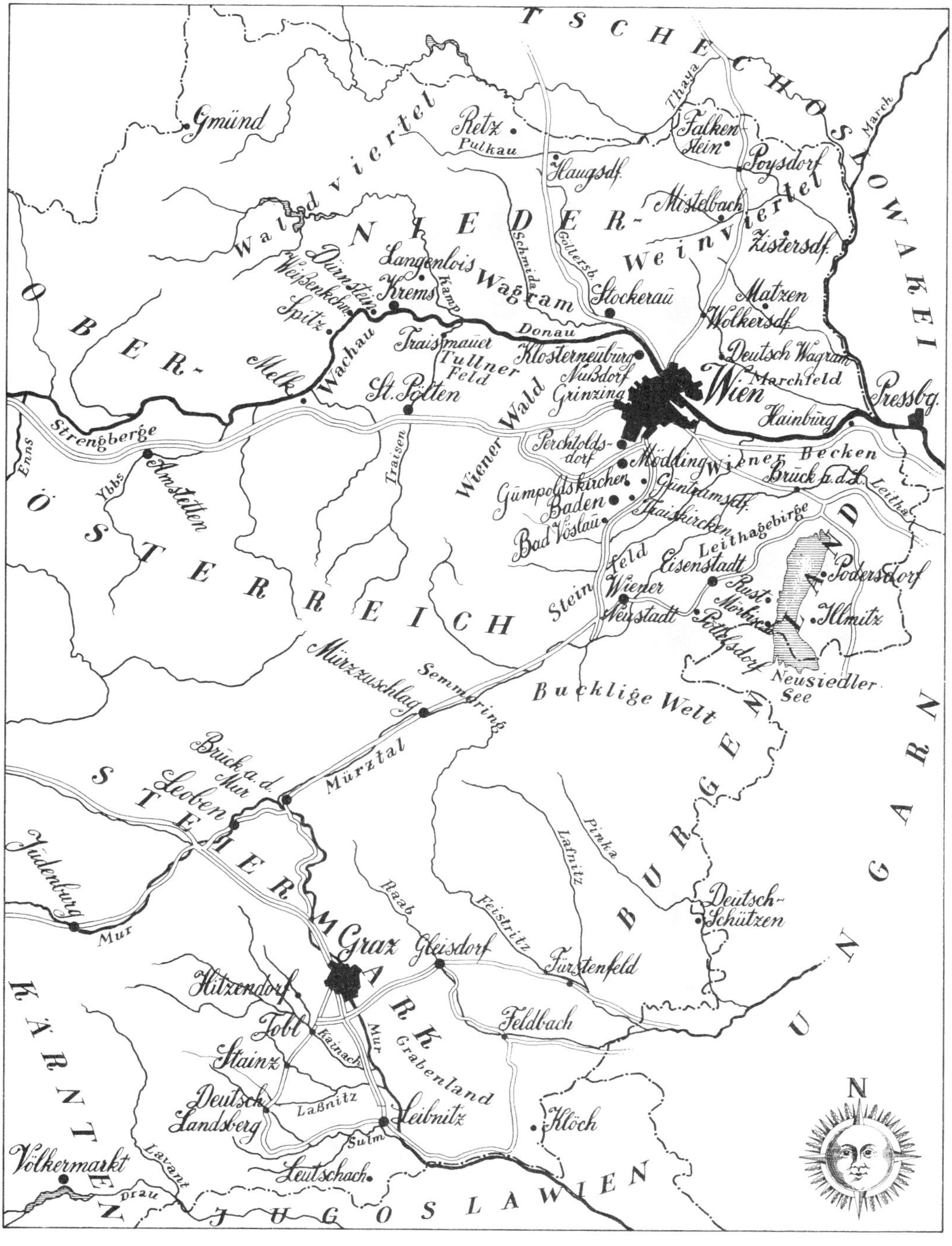
TSCHECHOSLOWAKEI
Gmünd
Waldviertel
Retz
Pulkau
Thaya
Falkenstein
Poysdorf
March
Haugsdf.
Mistelbach
NIEDER-
Weinviertel
Zistersdf.
Schmida
Göllersb.
Dürnstein
Weißenkchn.
Langenlois
Krems
Kamp
Wagram
Stockerau
Matzen
Wolkersdf.
Spitz
OBER-
Traismauer
Donau
Klosterneuburg
Deutsch Wagram
Tullner Feld
Nußdorf
Marchfeld
Melk
Wachau
St. Pölten
Wiener Wald
Grinzing
Wien
Pressbg.
Hainburg
Strengberge
Perchtoldsdorf
Mödling
Wiener Becken
Enns
Ybbs
Amstetten
Traisen
Gumpoldskirchen
Gumpramsdf.
Bruck a. d. L.
Leitha
Baden
Traiskirchen
Bad Vöslau
Leithagebirge
ÖSTERREICH
Steinfeld
Eisenstadt
Wiener Neustadt
Rust
Podersdorf
Mörbisch
Illmitz
Pottelsdorf
Mürzzuschlag
Semmering
Bucklige Welt
Neusiedler See
Bruck a. d. Mur
Leoben
Mürztal
STEIERMARK
BURGENLAND
UNGARN
Judenburg
Lafnitz
Pinka
Raab
Feistritz
Deutsch-Schützen
Mur
Graz
Gleisdorf
Fürstenfeld
KÄRNTEN
Hitzendorf
Tobl
Kainach
Feldbach
Stainz
Grabenland
Deutsch Landsberg
Laßnitz
Leibnitz
Klöch
Sulm
Völkermarkt
Lavant
Leutschach
Drau
JUGOSLAWIEN
N

Gumpoldskirchen und *Vöslau* an der warmen Thermenlinie am Ostabhang des Wienerwalds wartet mit einer Reihe von Spezialitäten auf. Der Blaue Portugieser, hier als Vöslauer bekannt, und in anderen Ländern meist nur Tischweine bringend, reift zu beachtlichen dunklen Kreszenzen von samtiger Milde. Der wohl berühmteste österreichische Wein, der Gumpoldskirchener aus zwei Spezialitäten des Landes, dem Zierfandler und dem Rotgipfler, gehört zu den hervorragenden – sofern echt –, daher auch teuren Tropfen, extraktreich, vollmundig, langsam ausbauend, elegant, feinbukettiert und angenehm in der Säure.
Die Bedeutung der Donau für die Anbaugebiete *Wachau, Krems* und *Klosterneuburg* entspricht der des Rheins für die deutschen. Die *Wachau,* das lange, felsige Donau-Engtal von Melk bis Krems, gehört zu den schönsten Wein- und Kulturlandschaften der Welt. Der Neuburger, vermutlich eine Naturkreuzung von Weißem Burgunder und Silvaner, mit deren Weinen er verwandte Züge zeigt, wurde hier zuerst angebaut.

Burgenland

Die sehr warme, östliche Landschaft um den Neusiedler See und die schweren Weine weisen schon nach dem benachbarten Ungarn. Um die große klimaregelnde Wasserfläche reihen sich zwei Dutzend Weinorte. Das Zentrum bildet *Rust,* der wärmste Ort Mitteleuropas, dessen besonders gehaltvollen Weine zu den besten Österreichs gehören. Berühmt sind die goldgelben, vollen, natursüßen, feinwürzigen Ausbruchweine aus edelfaulen, überreifen, eingetrockneten Beeren mit mindestens 138 Grad Öchsle oder 27 Grad KMW (KMW = **K**losterneuburger oder Babosche **M**ost**w**aage, die in Österreich gebräuchlich ist. Als Annäherungswert gilt: $\frac{\text{Ö}}{5} = \text{KMW}$).
Der *Seewinkel* am Ostufer des Sees bringt von wurzelechten Rebstöcken auf reblausimmunen Flugsandböden schöne, milde »Sandweine« aus Welschriesling, Rheinriesling und Muskat-Ottonel.
An den *Hängen des Leitha-Gebirges* gedeihen um Pöttelsdorf die besten, samtigen Blaufränkischen (Lemberger) Europas. Kaiser Joseph II., Goethe und Bismarck fungieren noch heute in der Weinwerbung als seine großen Verehrer und verdienstvollen Fürsprecher.

Steiermark

Die Hügellandschaft südöstlich von Graz trägt die herben bis lieblichen, zarten bis wuchtigen, vorwiegend im Lande getrunkenen und

außerhalb weniger bekannten steirischen Weißweine aus Welschriesling, Müller-Thurgau, Traminer, Weißem Burgunder, Morillon (Spielart des Weißen Burgunders) und Muskat-Sylvaner (Sauvignon blanc).
Als Rotweinspezialität erfreut sich der Schilcher aus dem Blauen Wildbacher im Lande großer Beliebtheit. Schon die Römer sollen hier die Rebe kultiviert haben. Die zwiebelschalenfarbenen bis hellroten Schilcher sind zartblumig und feinsäuerlich.

Wien

Die wachsende Großstadt drängt den seit der Römerzeit – Vindobona ist das heutige Wien – und besonders im späten Mittelalter sehr bedeutenden Weinbau immer weiter zurück. Trotzdem konnten noch 700 Hektar geschützt werden. Die zahlreichen Buschen- oder Heurigen-Schenken mit ihren spritzig-süffigen und fruchtigen Weinen aus Grünem Veltliner, aber auch Rheinriesling, Weißem Burgunder, Müller-Thurgau und Neuburger haben in Grinzing, Sievering, Nußdorf, Heiligenstadt, Neustift und Stammersdorf ihre Heimat. Sie gehören untrennbar zur heiteren österreichischen Weinatmosphäre und Wiener Geselligkeit.

Ungarn

Die mehr als 2000jährige Weinkultur des Landes geht auf Kelten, Daker und Römer zurück und wurde nach der Landnahme von den Magyaren um 900 zur hohen Blüte entwickelt. Tataren-Einfälle, Türkenherrschaft und später die Rebkrankheiten machten das meiste zunichte. Die starke staatliche Förderung von Weinbau und Kellertechnik hat in den letzten 75 Jahren in Ungarn vieles erneuert und verbessert. Heute umfaßt der Anbau 168000 Hektar, die zu 70% von LPGs, 10% in Staatsgütern und 20% in drei Viertel aller Betriebe von Kleinwinzern bewirtschaftet werden. Fast 5 Mill. hl Wein, die drittgrößte Menge im Comecon, und 700000 dz Tafeltrauben werden erzeugt. Die staatliche Monimpex exportiert über 2 Mill. hl Wein.
Über das ganze Land verteilen sich 14 Anbaugebiete; die bekannteren sind *Erlau, Tokaj, Balaton* (Plattensee), *Sopron* (Ödenburg), und der größte Anbau liegt im *Alföld,* der ungarischen Tiefebene, zwischen Donau und Theiß.
Das stark kontinental gestimmte, trockene Klima mit extremen

Temperaturunterschieden und nur 180 Tage Vegetationsdauer für Wachstum und Reife bedingen mit das Aroma, Bukett und Feuer der Weine. Etwa 75% entfallen auf Weiße, 20% auf Rote und der Rest auf schwere Dessertweine. Die Weißweine sind meist goldfarben, schlicht, klimabedingt stark und süß, die Rotweine fruchtig und üppiger als die entsprechenden aus westlichen Ländern. Die Weine aus Hanglagen besitzen mehr Extrakt und Säure, die aus der Ebene sind milder, jedoch gütemäßig kaum nachstehend. Ihre ganze Fülle entwickeln diese Weine erst als Partner zu kräftigen Speisen.
Der Welschriesling *(Olaszrizling)* ist, wie in Österreich, die am häufigsten angebaute Rebsorte. Dieser Massenträger bringt grünlich- bis goldgelbe, blumige, bittermandel-aromatische, extraktarme, säurereiche Weine, die jung am genußreichsten munden und zu Fischgerichten gut harmonieren.
Die kostbarste ungarische Rebe ist der *Gelbe Furmint,* der Hauptbestandteil des Tokajers. Die spätreifende Traube verleiht diesem berühmten ungarischen Wein den charakteristischen Geschmack, die hohe Finesse, die Rasse, das Feuer, das feine Bukett und das

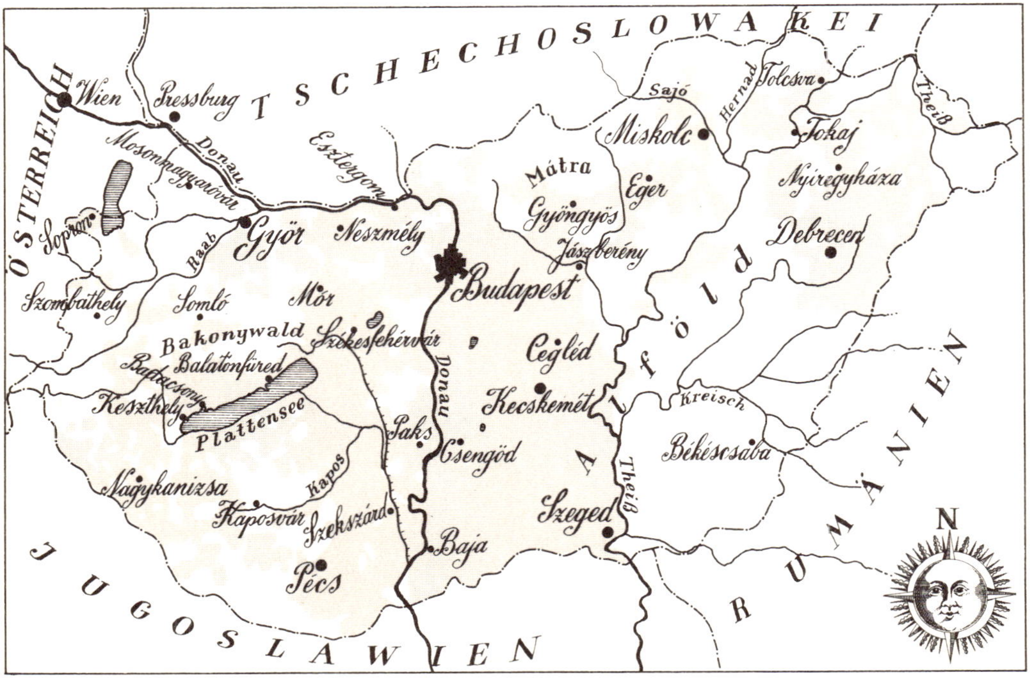

Karte: Ungarn.

intensive Aroma. Ihr Zentrum liegt im *Tokaj-Hegyalja,* dem Edelweingebiet Ungarns am Fuße der Karpaten-Ausläufer.

Die Lindenblättrige *(Hárslevelü),* benannt nach der Blattähnlichkeit mit der Linde, gehört gleichfalls zu den besten ungarischen Weißweintrauben. Im Tokaj-Hegyalja wird sie meist im Mischsatz mit dem Gelben Furmint angebaut und steigert sich mit ihm im Tokajer. Am *Plattensee* (Balaton) ergibt sie, allein vergoren, edle, duftige, würzig-aromatische, zart-süße Weine.

Der Blaustengler *(Kéknyelü)* verdankt seinen Namen dem blauen Blattstiel; er gilt als die älteste edle ungarische Weißweinrebe. Die grüngelben Weine duften herb, zeigen Feuer, Kraft (bis 13 Grad Alkohol) und Aroma, sind jedoch noch keine Dessertweine, werden als der ungarische »Bratenwein« (Pecsenyebor) zu fetten, scharfgewürzten Speisen geschätzt. Ausgezeichnete Qualitäten gedeihen am *Badacsony*-Berg am Plattensee auf vulkanischem Basalt.

Der Graue Mönch *(Szürkebarát,* Pinot gris) ist unser Ruländer, den Zisterzienser-Mönche vor sechs Jahrhunderten aus Burgund mitbrachten. Die goldgelben, extrakt- und alkoholreichen (bis 14 Grad) Weine übertreffen am Plattensee mit ihrem einzigartigen Aroma im »Badacsonyi Szürkebarát« an Feuer und Schwere noch den Blaustengler.

Andere helle Rebsorten haben nur lokale Bedeutung und sind Bestandteil in Mischweinen, wie der bukettreiche *Gelbe Muskateller* (Muscat Lunel) aus Südfrankreich im Tokajer, der einheimische säurereiche Tausendgut *(Ezerjó),* die im Osten weitverbreitete Mädchentraube *(Leányka),* die auch eigenständige, honigtonige, weiche, feine Qualitätsweine stellt, der Steinschiller *(Kövidinka)* mit leichtherbigen, fruchtigen Tischweinen.

Die wichtigste Rotweintraube ist die in ganz Südosteuropa verbreitete *Kadarka,* reichtragend und robust. Ihre Weine sind dunkelroséfarben, halbsüß, vanillearomatisch und alkoholreich. In Ungarn steuert sie den Hauptteil zum bekannten »Erlauer Stierblut« bei.

Der Blaufränkische *(Kékfrankos),* tiefdunkel und leicht herb, ist der nicht nur in Württemberg geschätzte Lemberger, und *Oporto* (Portugieser) der bekannte mitteleuropäische Massenträger.

Den weltweiten Ruf hat der *Tokajer* den ungarischen Weinen eingetragen. Ludwig XIV. von Frankreich und August der Starke von Sachsen und Polen haben seinen Ruf als »Wein der Könige und König der Weine« begründet.

Wie viele große Weine, Bordeaux, Sherry, Portwein, Chianti und Marsala, ist er ein Mischwein. Furmint (50–70%), Lindenblättriger (20–40%) und Gelber Muskateller (5–10%) ergeben den schweren Tokajer mit der herrlichen Blume und dem unnachahmlichen Aroma nach frischen Blüten und jungen Gräsern. Der normale Tokajer aus vollreifen, spätgelesenen Trauben liefert den dunkelgelben, kräftigen, leichtherben bis lieblichen Szamorodni (polnisch = wie gewachsen, d. h. Natur-Tokajer). Jedoch ist der berühmte der Tokaji Aszú (Ausbruch- oder Auslese-Tokajer). Für ihn werden dem Szamorodni im klassischen Tokajer-Kufefaß (Gönczer Faß mit 136 l Inhalt) 2 bis 6 Bottiche (Butte = puttony mit etwa 15 kg) edelfauler, rosinenartiger, mit der Hand »ausgebrochener» Beeren (Ausbruch) mit bis 60% Zuckergehalt hinzugesetzt. An den sehr langsam, in kühlen Kellern verlaufenen Gärprozeß schließt sich ein 5- bis 8jähriges Faßlager an. Als Faustregel gilt für die Lagerzeit: je Butte 1 Jahr und zwei zusätzliche. Der einzigartige Wein reift bernsteingelb zu feuriger, nicht aufgespritzter Kraft, würziger Natursüße und zarter Fruchtsäure (60–150 Gramm Zucker, 13–15 Grad Alkohol und 7–9 Gramm/l Säure). Die Tokajer Aszú in den langhalsigen, weißen Halbliterflaschen gehört zu den langlebigsten, Jahrzehnte haltbaren Weinen, die man brunnenkühl trinken und ausgiebig »kauen« sollte, um das herrliche Aroma voll wahrnehmen zu können.

Jugoslawien, Albanien und Griechenland

Jugoslawien

Die Weingeschichte des Vielvölkerstaates gleicht der dieser Mittelmeerregion; Kelten, Phönizier, Griechen und Römer prägten ihm ihre Eigenart auf. Zahlreiche Völker danach, Slawen, Tataren, Türken und zuletzt die Österreich-Ungarische Monarchie kamen über das Land und verschwanden wieder. Der Weinanbau war mehrmals zur Bedeutungslosigkeit verurteilt, entstand aber stets aufs neue wie das antike Fabeltier mit der ungebrochenen Lebenskraft aus der Asche.

Das 1918 begründete heutige Jugoslawien förderte den Neuaufbau von Rebanbau und Kellertechnik intensiv und betreibt ihn modern.

Reben werden heute auf fast 250 000 Hektar über alle Landesteile verteilt angebaut, in den Flußtälern, an der langen Adria-Küste und auf den zahlreichen dalmatinischen Inseln, meist genossenschaftlich und in kleinem nebenerwerblichem Privatbesitz. Über 6 Mill. hl Wein werden erzeugt und 1 Mill. dz Tafeltrauben geerntet. Die Weinausfuhr von fast 30% der Produktion, vorwiegend aus Dalmatien, ist beachtlich; ein Großteil geht in Comecon-Länder, aber auch die Bundesrepublik ist ein wichtiger Abnehmer.

Das sehr verschiedenartige Klima und die unterschiedlichen Böden bedingen die große Vielfalt an Weinen, der 3000jährige Anbau die Vielzahl der Rebsorten. Letztere hat man neuerdings auf etwa 80 Kelter- und Tafeltraubensorten verringert und den Anbau westeuropäischer Sorten vermehrt. Die Weine aus den bodenständigen einheimischen Rebsorten werden vorwiegend im Lande selbst getrunken. Das Weingesetz von 1971/76 unterscheidet vier Güteklassen: Konsumweine und Tafelweine, zu ihnen gehört die große Masse der Weine, Qualitätsweine und Große Weine, deren Moste nicht gezuckert werden dürfen.

Im Norden des Landes überwiegen den österreichischen ähnliche, spritzige und herzhafte Weißweine. Die besten Qualitäten stellt Nordslowenien an den Südost-Abhängen der Alpen in dem alten Weinbauzentrum von *Ljutomer* (Luttenberg) und *Maribor* (Marburg a. d. Drau) aus ungewöhnlich wuchtigem Rheinriesling *(Rajnski Rizling)* mit dezenter Säure, Welschriesling *(Graševina)* ohne das Bukett des österreichischen, sehr süffigen, goldgelben *Šipon* (Furmint-Varietät), Traminer und Muskateller. Zu den besten Weißen Jugoslawiens zählt auch der leichte, feinfruchtige, auf der Zunge süß und im Abgang trocken schmeckende, alkoholreiche *Žilavka* mit sortenspezifischem Geruch und Geschmack. Der beste gedeiht auf den Kalkhängen am Mostar in der *Herzegowina.* Nicht unerwähnt bleiben dürfen die vollsüßen, fast sirupartigen, ungespritzten Dessertweine.

Nach dem Süden nehmen die Weine beachtlich an Fülle zu, die körperreichsten stammen von den Inseln. Drei Viertel stellen die rubin- bis tiefdunkelroten, schweren, samtig-milden, säurearmen, alkohol- und gerbstoffreichen, sehr ausdrucksvollen Rotweine aus Cabernet, Pinot (Burgundac) und Merlot.

Für den Reisenden in dem reizvollen Ferienland lohnt es sich, auch die Weine aus den einheimischen Rebsorten zu verkosten: den

Salzburg
Wien
Pressburg
ÖSTERREICH
SOWJET UNION
Belzy
Dnjestr
Raab
Budapest
Graz
Klagenfurt
Plattensee
UNGARN
Theiß
Oradea
Kreisch
Moldau
Ostkarpaten
Sereth
Jassy
Kišinov
Prutk
Maribor
Ljubljana
Slowenien
Triest
Zagreb
Mur
Fünfkirchen
Donau
Szeged
Arad
Klausenburg
Siebenbürgen
Tirgu Mures
RUMÄNIEN
Bacău
Istrien
Rijeka
JUGOSLAWIEN
Kroatien
Batschka
Vojvodina
Temeschwar
Mures
Hermannstadt
Kronstadt
Galatz
Novi Sad
Südkarpaten
Braila
Save
Buzău
Banja Luka
Bosna
Olt
Pitești
Ploiești
Belgrad
Morava
Drăgășani
Argeș
Bukarest
Balta
Dobrudscha
Bosnien
Herzegowina
Craiova
Walachei
Constanza
Adriatisches Meer
Dalmatien
Split
Sarajevo
Serbien
Donau
Ruse
Mostar
Pleven
BULGARIEN
Warna
Montenegro
Nisch
Hoher Balkan
Kleiner Balkan
Kotor
Amselfeld
Sofia
Stara Sagora
Burgas
Schwarzes Meer
Skopje
Plowdiw
Maritza
ALBANIEN
Rhodopen
Mazedonien
Tirana
Vardar
Dráma
Xanthi
Thrakien
Makedonien
Kavalla
Saloniki
Véria
Chalkidike
Olymp
Lárissa
Limnos
Korfu
Epirus
Pindhos
Thessalien
Trikkala
GRIECHENLAND
TÜRKEI
Lamia
Euböa
Lesbos
Agrinian
Ägäisches Meer
Izmit
Theben
Patras
Korinth
Athen
Piräus
Südsporaden
Samos
Peloponnes
Kykladen
Kalama
Sparta
Ionisches Meer
Rhodos
Heraklion
KRETA
N

dicken, süßen *Dingač* von der Küste Dalmatiens, den beliebten, säurearmen *Plavac,* den portwein-ähnlichen *Prošek,* die braunen, herb, stark aromatischen *Grk* (gesprochen: Gurk) und *Pošip* von der Insel Korčula, den pflaumenfarbigen, beaujolaisartigen *Prokupac* aus Serbien und Makedonien sowie den hellen, roséartigen, angenehmen *Ružica.*
Der in Deutschland reich konsumierte »Amselfelder« aus Kosovo (Amselfeld) an der albanischen und montenegrinischen Grenze, ursprünglich ein ansprechender Spätburgunder, ist heute ein Markenwein aus verschiedenen Rebsorten.

Albanien

Die sehr alte albanische Weinkultur geht wie bei den meisten Mittelmeer-Anrainern auf die Phönizier, Griechen und Römer zurück. In der wechselvollen Geschichte brachte die Reblaus den Anbau endgültig zum Erliegen. Der langsame Wiederaufbau mit Pfropfreben begann erst nach dem Zweiten Weltkrieg; heute wird er auf 12000 Hektar und die Erzeugung der um moderne Kellertechnik bemühten Kellereien auf 210000 hl Wein geschätzt. Daneben werden fast 400000 dz Tafeltrauben geerntet.
In dem sehr günstigen Rebklima werden die Weinstöcke bis in 1000 m Höhe kultiviert, in den unteren Lagen Tafeltrauben und für Rosinen und Dessertweine geeignete Sorten, in den mittleren für Rote und in den oberen für Weiße. Die Weine haben den Charakter schlichter bis guter Tafelweine und ähneln den benachbarten jugoslawischen und griechischen.

Griechenland

In dem ältesten Weinland Europas mit Rebkulturen seit 1500 v. Chr. hat der Wein eine überragende Rolle gespielt. Er war Nahrungs- und Genußmittel für den Alltag und Festtag, Grundlage der Wirtschaft zusammen mit dem Weizen und Olivenöl und religiöser Inhalt des dem Weingott Dionysos geweihten Kults. Seine heutige Bedeutung entspricht nach der langen Türkenherrschaft bis zur Mitte des vorigen Jahrhunderts keineswegs der klassischen, strebt aber aufwärts und erhofft neue Impulse von der jungen EG-Mitgliedschaft. Seine Anbaufläche beträgt 185000 Hektar, von denen 5,5 Mill. hl Wein, 3 Mill. dz sehr lohnende Tafeltrauben und 1,6 Mill. dz Korinthen und Sultaninen erzeugt werden. Vielen Besuchern des Landes fallen zunächst bei den Weinen die seit altersher geharzten *Retsina*-Weine (Rezine = Harz) auf. Das terpentinartig aromati-

Karte: Balkanstaaten.

sierte, appetitanregende und sehr bekömmliche Getränk des Landes wird durch das während der Gärung zugesetzte Harz der Seestrandkiefer haltbar, altert langsam und wirkt darmbakterienfeindlich. Die weißen Retsina aus Savatiano-Trauben sind qualitätsmäßig besser als die hellroten aus den Kokkineli. Je zur Hälfte ergeben die geharzten Konsumweine zusammen mit den alkoholreichen Tafelweinen 90% der griechischen Weine. Die dunklen *Mavros* (griech. = schwarz) sind schwer und gerbstoffreich. Muskateller-Sorten liefern gefällige, süße Landweine; einige weiße Muskats von Samos können von überdurchschnittlicher Qualität sein.
Noch nicht ein Zehntel gehören den Appellations d'Origine (A. O.)-Weinen an und erfüllen die Bedingungen der EG-Klassifizierung. Die qualifizierten Weine stammen aus den kühleren Gebirgslagen im Norden oder aus dem ausgeglicheneren Klima der Ägäis-Inseln, wie Kreta, Samos und Kefallinia; sie sind denen aus der Tiefebene des Festlandes überlegen.
Die weit verbreitete *Maphrodaphne* (Schwarzlorbeer-Traube) liefert auf dem Peloponnes als Spitzenerzeugnisse dunkle, starke (auf 16% aufgespritet), portweinähnliche Weine. Der auf den Inseln nach Tokajer-Art unter Zugabe von Trockenbeeren aus lokalen Traubensorten bereitete »Vino santo« ist zur seltenen Spezialität geworden. Die frischen, spritzigen Weißweine aus der einheimischen *Debina* und der dunkle *Naoussa* aus dem kontinentalen Makedonien gehören zu den besten des Landes

Bulgarien, Rumänien und Sowjetunion

Bulgarien Auch in diesem Weinland mit alter Tradition begann erst nach dem 500jährigen türkischen Einfluß der moderne Rebanbau und Weinausbau vor vier Jahrzehnten. Heute werden von 166000 Hektar fast 5 Mill. hl Wein erzeugt. Mit der Ausfuhr von 2,7 Mill. hl steht Bulgarien an 4. Stelle der Weltrangliste.
Die Reben werden in voll mechanisierten genossenschaftlichen oder staatlichen Großbetrieben angebaut, die Weine in staatlichen Weinkellereien (Vinprom) ausgebaut. Lehre und Forschung liegen bei mehreren staatlichen Instituten.

Die einst sehr große Zahl von Rebsorten ist auf die Hälfte beschränkt, einige sind auf dem Balkan heimisch, wie Dimiat, Mĕlnik, Fetiaska, Pamid und Gamza, andere, wie Rkatzetelli, stammen aus dem Osten, die mitteleuropäischen, wie Welschriesling, Aligoté und Pinot-Sorten, nehmen zu.

Die Weißweine sind wie im benachbarten Rumänien den Roten überlegen. Die besten gedeihen an der Schwarzmeer-Küste um *Varna* und *Burgas. Dimiat* bringt frische, angenehm fruchtige, leicht würzige, alkohol- und säurereiche, mitunter an Riesling erinnernde Weißweine. Der milde, recht trockene *Misket* (Muskat) ist mit dem Elsässer Muscat vergleichbar, jedoch schwerer und erreicht dessen Eleganz nicht. Trockener Silvaner kann deutschem und Chardonnay französischem ebenbürtig sein.

Die Skala der Rotweine ist größer, sie variieren von hellrot bis fast schwarz, von nahezu trocken bis süßlich, von leicht bis alkoholreich. *Pamid,* die älteste und meist angebotene rote Rebsorte, liefert hellrote, leichte, fruchtige, schnell reifende Weine, jedoch nur von Konsumqualität. *Gamza,* gleichfalls eine alte, fast blauschwarze Kulturtraube, bringt dunkelgranatene, gefällige, blumige Weine, die in Spitzenqualitäten französischem Pinot noir gleichkommen können. Der bekannteste bulgarische Rotwein, der *Rosentaler Kadarka,* ist trotz seines hohen Restzuckers sehr beliebt. Aus *Mavrud* (Maphrodaphne in Griechenland) bereitet man einen halbsüßen, roten Dessertwein mit pflaumenartigem Geschmack. Viele Rotweine, wie *Trakia* und *Balkan,* sind angenehm milde und ausgeglichene Verschnittweine aus zwei einheimischen Rebsorten.

Rumänien

Schon die Griechen brachten die Muskateller-Rebe ins Land, und der bekannte Reiseschriftsteller des Altertums Herodot berichtet im 5. Jh. v. Chr. von den berühmten Weinbergen im Donau-Delta und von dem lebhaften Weinhandel am Schwarzen Meer. Die römische Weinkultur im Lande hat die Stürme der Völkerwanderung überstanden. Über 1500 Jahre haben dann Goten, Hunnen, Gepiden, Awaren und Türken das Land verwüstet. Die Reblaus und zwei Weltkriege mit anschließenden Wirtschaftskrisen zerstörten nahezu den Rest.

Deutsche Siedler von der Mosel haben im 12. Jahrhundert in Siebenbürgen und Schwaben im 18. Jahrhundert im Banat die Weinkultur neu begründet und bis auf den heutigen Tag geprägt.

Im letzten Vierteljahrhundert erfolgte in allen Landesteilen der tatkräftige Wiederaufbau und die langfristige staatliche Planung und Förderung. Der Anbau ist wieder auf über 300 000 Hektar angewachsen, die Hälfte davon im Besitz örtlicher Genossenschaften, ein Drittel im Privatbesitz, das letzte Sechstel gehört dem Staat. Fast 8 Mill. hl Wein werden geerntet, das ist, abgesehen von der UdSSR, der höchste Ertrag in einem Comecon-Land. Zusätzlich wird die Ernte von Tafeltrauben auf 2 Mill. dz geschätzt. Die erhebliche Weinausfuhr von 1,3 Mill. hl nimmt die staatliche Vinexport vor, sie geht überwiegend in Ostblockländer, in Westeuropa ist die Bundesrepublik der wichtigste Kunde.

Der staatlich geplante und gelenkte Anbau und die fortschrittliche Kellertechnik erfolgen weitgehend maschinell in Großbetrieben.

Die einst große Rebsortenzahl ist heute auf 40 beschränkt; 80% sind weiße, leicht bukettierte, herbe bis süße, mitunter körperreiche und natursüße Weine.

Die westeuropäischen Sorten nehmen im Anbau zu. Der Weinfreund sollte aber auch die interessanten Weine aus einheimischen Rebsorten verkosten – am besten im Lande –, wie die Weiße und Rote Mädchentraube *(Fetească albă* und *Fetească neagră* – rumänische Spezialität) und *Fetească regală* (Königsast), die natursüßen aus der Dick-Traube *(Grasă de Cotnari),* die Rumänische Weihrauch-Traube *(Tămîiosă românească)* und die Altweiber-Traube *(Băbească albă).*

Rumänien bringt die meisten Qualitätsweine aller Schwarzmeer-Anrainer. Die Spitzenweine sind meist goldgelbe, sehr fruchtige, ausgesprochen bukett- und körperreiche und nicht zuletzt preisgünstige Weißweine aus Welschriesling, Mädchentraube und ungarischem Furmint. Die Rotweine sind kräftig, trocken bis halb-

trocken. Die für den angeblich deutschen Geschmack in der Bundesrepublik verschnittenen Weine sind oft nicht mehr gebietstypisch.
Das rumänische Weingesetz von 1971 teilt die Weine in 5 *Qualitätsklassen* ein: Tischweine (Vin Superior – VS), hochwertige Qualitätsweine mit Herkunftsangabe (Vin Superior de Origine – VSD), hochwertige Qualitätsweine mit Angabe der Qualitätsstufe (Vin Superior ca Origina de calitate – VSOC): »Vollreiflese« (mind. 95 Grad Öchsle) etwa deutscher Spätlese entsprechend, »Edelreiflese« (mind. 100 Grad Öchsle) mit Auslesecharakter und »Ausbruch« (110 Grad Öchsle) einer Beerenauslese ähnelnd.
Die besten Weine aus den verstreut über das ganze Land liegenden 18 Anbaugebieten stammen aus den von volksdeutschen Winzern geprägten *Kokeltälern* Siebenbürgens mit einer für Rumänien ausgeprägten Säure in den ansprechenden Weinen und aus dem jungen Anbaugebiet dieses Jahrhunderts, der *Dobrudscha* (Dobrogea), zwischen Donau und Schwarzem Meer. Die verschiedenen Spitzenweine reifen hier im *Murfatlar* unweit Constanţa.

Sowjetunion

Der auf der Krim, in Georgien und Armenien auf griechische Kolonisatoren zurückgehende russische Weinanbau ist durch Kriege, Revolutionen und Seuchen sehr wechselhaft gewesen und erreichte 1921 nach der Zarenherrschaft seinen Tiefstand. Durch die intensive moderne Entwicklung in den letzten 60 Jahren ist die UdSSR mit über 1,3 Mill. Hektar Anbaufläche und fast 34,5 Mill. hl Wein aus 11 von den 15 Sowjetrepubliken heute zum drittgrößten Erzeuger der Welt geworden. Mit der Ernte von 10 Mill. dz Tafeltrauben steht sie sogar an zweiter Rangstelle nach Italien. Diese weinbauliche Entwicklung in diesem Jahrhundert ist die bedeutendste in der Welt. Das Unions-Weinbau-Institut Magaratsch in Jalta auf der Krim, bereits 1828 gegründet, und Fachinstitute in allen weinbautreibenden Republiken züchten, forschen und lenken Anbau und Kellerwirtschaft in der Sowjetunion. Mehr als die Hälfte der Rebflächen befindet sich im Besitz staatlicher Sowchosen, mehr als ein Drittel in dem örtlicher Genossenschaften (Kolchosen) und 15% gehören als Kleinareale Arbeitern und Angestellten.
Der Anbau der zahlreichen einheimischen Rebsorten und Hybriden wird zunehmend auf den bewährter europäischer Edelrebsorten umgestellt. Die Sowjetunion besitzt beispielsweise vom rheinischen

Weißen Riesling heute die größte Anbaufläche der Welt, allein in der Ukraine weit über 25000 Hektar oder mehr als den gesamten bundesdeutschen Riesling-Anbau. Jedoch bekommt man Riesling kaum als Wein zu trinken, er dient überwiegend als pikanter, säurereicher Grundwein für die körperreichen Schaumweine und noch mehr als Verschnittwein für die gewaltigen Mengen (41% der Erzeugung) der säurearmen, wuchtigen, sehr süßen Dessert- und Likörweine nach Tokajer-, Sherry-, Portwein- oder Madeira-Art, die vorwiegend für den asiatischen Raum bestimmt sind, aber nicht annähernd ihre südeuropäischen Vorbilder erreichen. Unter den Hunderten von einheimischen Rebsorten sind die bekanntesten die in Georgien schon vor 5000 Jahren durch Funde nachgewiesene *Rkazeteli* und die schwarzrote *Saperawi;* beide bringen ansprechende, farbkräftige, pikantherbe, feinbukettierte Weine mit Obstaroma.

Auf den Geschmack des Westeuropäers sprechen am meisten die gehaltvollen, feurigen, langsam alternden Rotweine, vorwiegend aus Cabernet Sauvignon, von der *Krim,* der *kaukasischen Schwarzmeer-Küste* und aus *Georgien* an.

Die weltbekannten Schaumweine von der Krim, der »Perle des sowjetischen Weinbaus«, wie Krimskoje aus verschiedenen Europäertrauben hergestellt, machen als Spitze der sowjetischen Schaumwein-Produktion nur 1% aus und werden zu 90% in die Bundesrepublik ausgeführt. Dagegen besitzt die große Masse der Schaumweine, die heute überwiegend nach einem eigenen, vom Most bis zum fertigen Erzeugnis kontinuierlichen Champagnisierungs-Verfahren innerhalb sechs Wochen hergestellt werden, meist für unseren Geschmack zu hohe Restsüße.

Auf den Weinfreund-Touristen wirkt die unüberschaubare Fülle der Weine aus den vielgesichtigen russischen Anbaugebieten überwältigend. Aber nur die Weine aus den westlichen, in Europa gelegenen sowjetischen Anbauregionen lassen Vergleiche mit unseren Weinen zu und ähneln am meisten den benachbarten rumänischen. Heute sowjetrussische, einst rumänische *Weinbaugebiete Bessarabiens* und der *Moldauischen SSR* verleugnen ihre uralte Weintradition nicht. Dagegen bleiben die zahlreichen Weine aus einheimischen Rebsorten geschmacklich dem Westeuropäer verschlossen.

Die besten Rotweine um das *Schwarze Meer* von der rumänischen bis zur türkischen Grenze zeigen in ihrer Spitze Burgunder- oder Bordeaux-Charakter. Ihnen gegenüber müssen die vielen, für den

Inlandbedarf bestimmten, schweren und körperreichen Markenweine enttäuschen; ihren Zweck, die Bevölkerung dem hochprozentigen Wodka zu entfremden, scheinen sie nicht befriedigend zu erfüllen.
Die erstklassigen Weinbrände aus Georgien, wie der aus Rkazeteli-Weinen gebrannte »Enisseli«, und aus Armenien sind mit den weltbesten wettbewerbsfähig.

Benelux-Staaten und England

Benelux-Staaten

Hier an der nördlichen Anbaugrenze des Weines klingt der Rebanbau aus, und die letzten Kulturen flüchten sich unter das Glas der Treibhäuser. Wirtschaftliche Bedeutung erreichen die Weingärten nur in Luxemburg, dem südlichen und kleinsten der drei Benelux-Staaten Luxemburg, Belgien und Niederlande.
In allen drei Ländern wurden von der gallo-römischen Zeit bis zum 19. Jahrhundert Reben im größeren Umfange kultiviert, danach wurde in Belgien und den Niederlanden der Anbau bei den billigen Einfuhren aus südlichen Ländern unwirtschaftlich. Überlebt hat er erfolgreich nur in Luxemburg.
An der oberen Mosel und der Sauer werden heute 1300 Hektar Reben angebaut. Die Ernte bringt 100 000 hl und die höchsten Hektarerträge der Welt mit 134 hl/ha. Fast die Hälfte des Anbaus entfallen auf *Rivaner* (Müller-Thurgau), ein reichliches Viertel auf *Elbling* (Räuschling), 15% auf die drei Burgundersorten *(Auxerrois, Weißer Burgunder* und *Ruländer)* und 10% auf *Riesling*.
Die Luxemburger Weine sind frisch, rassig, fruchtig, trocken, säurereich und alkoholarm. Sie ähneln mehr den elsässischen als den deutschen Moselanern. Die Qualitätsweine mit der »Marque nationale« machen etwa die Hälfte aus und stellen recht bedeutende Gewächse. Als säurereiche Weine eignen sie sich auch vorzüglich zur Herstellung von Schaumweinen und tragen zu einer beachtlichen Produktion bei.
In Belgien und in den Niederlanden spielt der Freilandanbau keine Rolle mehr, wenn auch der Versuchsanbau von zahlreichen Hobbywinzern liebevoll betrieben wird. Dagegen erfreuen sich die Kulturen unter Glas auf 300 Hektar bzw. 200 Hektar, wie die der *Brüsseler Kurtraube* (Blauer Trollinger), großer Beliebtheit.

England

Die Weingeschichte Englands geht bis auf die keltischen Briten zurück, ist unter dem römischen Kaiser Probus belegt, und die Mönche betrieben bis ins späte Mittelalter den Rebbau für ihren Meßwein. Die dreihundertjährige Zugehörigkeit des Bordelais zur englischen Krone bis 1453, die Abschaffung der Klöster und der erfolglose Versuch des Wiederaufbaus der Rebkulturen unter der Königin Viktoria im 19. Jahrhundert markieren den langen Weg des Niedergangs. Erst vor drei Jahrzehnten beginnt im Süden der Insel (East Anglia und Wales, Insel Wight und Kanal-Inseln) der bescheidene Neuaufbau. Die nördlichen Rebflächen erreichen nahezu den 53° n. Br.

Der Anbau von 400 Hektar mit 70% *Müller-Thurgau,* der französischen Hybride *Seyval blanc* und einigen frühreifenden deutschen Neuzüchtungen bestätigt sich erfolgreich.

Die aus 25000 hl Ertrag gekelterten Weine sind leichte, frische, spritzige, leicht säurebetonte, schön bukettierte Weißweine nach Elsässer Art. Das neue englische Weingütesiegel (EVA) der Englischen Winzervereinigung entspricht der französischen A. C.

Deutsche Demokratische Republik, Polen und Tschechoslowakei

Deutsche Demokratische Republik

Der Weinbau in Sachsen und Thüringen blickt auf eine mehr als 1000jährige Vergangenheit zurück. Im späten Mittelalter waren Erfurt, Jena, Naumburg und Meißen bedeutende Weinorte. Sogar Berlin zählte im 16. Jahrhundert 99 Weinberge. Zur Blütezeit vor dem Dreißigjährigen Krieg wird die mitteldeutsche Anbaufläche auf 10000 Hektar geschätzt. Der danach überall einsetzende Rückgang war hier an der Nordgrenze des Weinbaus besonders einschneidend. Der Tiefstand wurde 1922 mit 220 Hektar erreicht. Seitdem ist die Anbaufläche wieder auf etwa 600 Hektar mit rd. 20000 hl Weinertrag angestiegen. Der Rebanbau hat sich auf die klimatisch begünstigten Südhänge des Saale- und Unstrut-Tals um Naumburg und Freyburg und des Elbe-Tals um Meißen zurückgezogen.

Die nördliche Grenzzone der Rebe am 51. Grad n. Br. läßt nur den Anbau früh- bis mittelfrüh-reifender Sorten zu, v. a. *Müller-Thurgau* und etwas *Weißen Burgunder, Silvaner, Gutedel* und *Portugieser.*

Die überwiegend Standard-Markenweine sind Verschnitte verschiedener Rebsorten. Die besseren Qualitäten ähneln mitunter Frankenweinen. Allgemein sind die Weine leicht und mild, oft mit leicht oxidativem Ton. In Freyburg wird schon seit 1856 Sekt, »Rotköpfchen« und »Schloß Freyburg«, hergestellt.

Polen

Im Mittelalter reichte der ostdeutsche Weinbau bis Pommern und Westpreußen, und ausgedehnten Anbau pflegten die Klöster in Schlesien. Heute ist er auf noch nicht 200 Hektar, vor allem um Grünberg (Zilona Góra) mit 900jährigem Anbau, zusammengeschrumpft. Die Weine sind herb-rassig, die Moste müssen stark gezuckert werden.

Tschechoslowakei

Die als Land des Bieres bekannten Böhmen, Mähren und Slowakei besitzen, den meisten unbekannt, einen mit 45000 Hektar dreimal so großen Weinanbau wie die Schweiz mit einer durchschnittlichen Ernte von 1 Mill. hl, kaum größer als die der Schweiz. Der Rebanbau hatte wie überall seine Blütezeit im Mittelalter und blieb umfangreich bis zum Reblauseinfall Ende des 19. Jahrhunderts. Bis 1920 ging er bis auf ein Drittel des heutigen zurück. Seitdem ist die staatliche Förderung und Forschung wie in allen Ostblockländern groß. Der Anbau liegt in Händen staatlicher Weingüter und Landwirtschaftlicher Produktionsgenossenschaften, die Weinbereitung in staatlichen Kellereien.

Die überwiegende Menge der Weine sind weiße und nur ein Zehntel rote, 85% gehören zur Klasse der Markenweine mit meist Phantasienamen, den Rest stellen gehobene Qualitäten mit Sortenangabe. Unter den Rebsorten herrschen *Welschriesling, Veltliner, Mädchentraube* und *Müller-Thurgau* vor. Die übrigen mit kleineren Anteilen weisen nach dem benachbarten »Weinviertel« Niederösterreichs und dem Tokajer-Gebiet Ungarns und erinnern an die ehemalige Zugehörigkeit zur einstigen Donaumonarchie.

Die Weine sind allgemein kräftig, kernig und gehaltvoll; interessante für unsere Weinansprüche findet man unter den Sortenweinen, wie den *Neuburger* und *Silvaner*.

Weine im südlichen und östlichen Mittelmeerraum

In Erzeugung und Verbrauch ist Asien der weinärmste Kontinent. Seine Rebfläche mit fast 1,5 Mill. Hektar ist zwar über dreimal so groß wie die der Nachbarn Afrika, aber die Weinerzeugung beträgt mit 2,7 Mill. hl noch nicht ein Viertel der afrikanischen; denn die Trauben werden überwiegend frisch, getrocknet oder als Sirup eingedickt verzehrt.
Wenn auch eine größere Anzahl von Ländern, wie Libanon, Jordanien, Syrien, Irak, Iran, Afghanistan, China, Indien (bereits mit fast 100000 Hektar), Pakistan, Thailand, Südkorea, Taiwan und Japan (von 30000 Hektar bereits 180000 hl Wein), sich neuerdings erfolgversprechend um den Rebanbau bemühen, haben sich bislang nur die Türkei und Israel wieder zu nicht unbedeutenden Anbauern entwickelt.

Zypern Die Insel steht mit 1,3 Mill. hl Weinerzeugung weit an der Spitze der Weinländer am östlichen Mittelmeer. Bereits in der Antike wurden die leicht-herben Cypro-Weine von den Phöniziern, Griechen und Römern und im Mittelalter von den Tempelrittern und Johannitern geschätzt.
Der von den Kreuzrittern schon im 12. Jahrhundert aus getrockneten roten und weißen Trauben nach Sherry-Art bereitete Wein ist auch heute noch der bekannteste, fast likörartige, dunkelbraune, intensiv süße, gespritete, malaga-ähnliche und sehr langsam reifende »Vino della Commandaria«, der Komturwein Zyperns, ein Markenwein von gleichbleibender Art und Qualität. Wegen seines billigen Preises gilt er auf den britischen Inseln als »der Sherry des kleinen Mannes«.
Klimatisch bedingt, beträgt der Anteil der Roten drei Viertel aller Cypern-Vinos. Über die vielen einfachen Tafelweine ragt der etwas herbe, oft wie griechische Weine geharzte rote *Aphrodite* angenehm heraus.

Türkei

Schon in der Antike waren die Gebiete am Mittelmeer und Schwarzen Meer berühmte Weinländer. Zahlreiche Funde zeugen von mehr als 5000 Jahren alter Weinkultur. In den ständigen Kriegswirren während des osmanischen Reiches ging danach der Weinbau laufend zurück. Heute besitzt die Türkei zwar wieder 800 000 Hektar Rebfläche (fünftgrößte der Welt); aber nur von einem kleinen Teil der Trauben werden 630 000 hl Wein bereitet. Der Hauptanteil wird als Tafeltrauben und Rosinen im Lande verzehrt oder ausgeführt, und große Mengen des Traubensaftes werden zu einem honigartigen Sirup (Pekmes) eingedickt, welcher der meist armen Bevölkerung als Brotaufstrich, Zucker- oder Honig-Ersatz dient. Die besseren, für den Export bestimmten Weine stammen überwiegend aus Staatsgütern. Gute Weißweine stellt das europäische Thrazien und die Marmara- und Schwarzmeerküste, tiefdunkle, schwere Rotweine Anatolien.

Israel

Im Altertum war auch Israel ein Land des Weines. Noah mit dem Weinstock und »erster Winzer« kündet davon, die Späher des Moses berichten von den Riesentrauben im Gelobten Land Kanaan, und das Hohelied Salomons besingt es. 10 000 Jahre alte Rebkerne der vermutlich ältesten Kulturrebsorte, unserem Gutedel, sind bei Jericho, der ältesten Stadt der westlichen Welt, gefunden worden. 3000 Jahre alte, große Weinkeller beim biblischen Gibeon unweit Jerusalem werden noch heute genutzt. Nachdem dann Mohammed im Koran den Weingenuß für unerwünscht erklärte, folgte das trockene Jahrtausend bis zum Ende der türkischen Herrschaft. Mit dem Beginn der jüdischen Wiederbesiedlung 1882 beginnt die Entwicklung zum jungen erfolgreichen Weinbauland, besonders nach der Gründung des Staates Israel im Jahre 1948.
Die großen Erfolge als Weinland im letzten Jahrhundert verdankt Israel dem französischen *Baron Edmond de Rothschild,* der hier französische Rebsorten und europäische Anbau- und Ausbaumethoden heimisch machte. Heute bringen 9000 Hektar Rebfläche 370 000 hl Wein. Die älteste (1888) und bedeutendste Genossenschaft »Carmel Oriental« erzeugt vier Fünftel aller Weine und betreibt nahezu den gesamten Export. Besonders die zahlreichen Juden in den USA schätzen den »koscheren« Wein.
Die israelischen Weine der *drei Güteklassen:* Tafelweine, Qualitätsweine (Grand Reserve) und Varietal Wines aus einer Rebsorte und

meist auch mit Jahrgangsangabe sind durchweg gut und preiswürdig. Zahlreiche Süßweine, Vermouths, Sherrys, Ports, Schaumweine und Brandys (»Jubiläums-Brandy« zählt zu den weltbesten) erfreuen sich gleichfalls in In- und Ausland verdienter Wertschätzung.

Ägypten

Das Niltal gilt neben dem Zweistromland von Euphrat und Tigris und dem Jordantal Palästinas als ältestes Weinland der Menschheit. Eine der verbreitetsten Rebfamilien, der Muskateller, soll aus der großen Flußoase El Fayoum, südlich Kairo, stammen. Der Anbau der Rebe ist sechstausend Jahre alt und genoß bis zur islamischen Zeit Mittelmeer-Weltruf.

Die gegenwärtige Erzeugung ist noch gering, sie wird auf 60 000 hl von 21 000 Hektar geschätzt, fast die Hälfte der Traubenernte wird frisch oder getrocknet genutzt.

Von den Weinen (4 rote, 1 rosé und 6 weiße) gilt der tiefrubinrote, bordeauxähnliche *Omar Khayyam* aus Cabernet, Grenache und Rotem Muskateller als ein feiner Grand vin rouge mit edlem Bukett, der hellrote *Rubis Egypte* aus der einheimischen Roten Kleopatra zeichnet sich durch delikate Säure aus, und der weiße *Clos Mariout* aus der uralten heimischen Belledi wirkt zart, trocken und besitzt eine auffallend feine Säure.

Algerien

Die Phönizier kultivierten und selektionierten in ihren Handelsniederlassungen als erste Reben, die Römer und nach ihnen die Berber entwickelten den Weinbau; während der Islamzeit ist er nur wegen der Tafeltrauben unterhalten worden. Mit der Einverleibung Algeriens als Teil des französischen Mutterlandes Mitte des 19. Jahrhunderts wuchs der Rebanbau bis zur Unabhängigkeit des Landes 1963 zum viertgrößten Erzeugergebiet der Welt mit über 18 Mill. hl an. Die nationale Wirtschaft danach fiel stark zurück und erholte sich in den zwei Jahrzehnten auf 3 Mill. hl nebst reichlich Tafeltrauben von 200 000 Hektar.

Da die Algerier als Moslems kaum Wein trinken und die meisten Franzosen das Land verlassen haben, geht die Weinproduktion fast ausschließlich in den Export. Für die besseren und Spitzenqualitäten hat die nationale Weinwirtschaft die »Appellation d'origine« nach französischem Vorbild eingeführt.

Von den farbintensiven, alkoholreichen und säurearmen Rotwei-

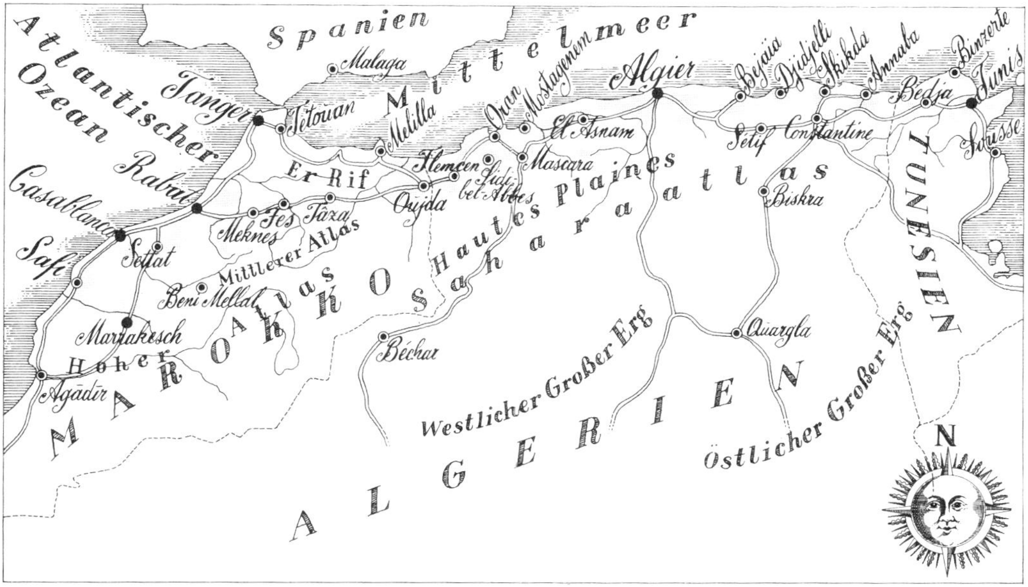

Karten: Nordafrika (oben) und Südafrika (unten).

nen, das sind vier Fünftel der Erzeugung, gehen die meisten nach Frankreich zum Verschneiden und Verbessern (coupage) leichter Weine und schwacher Jahrgänge des Midi; sie ergeben den alltäglichen Vin ordinaire des Franzosen.

Je weiter im Westen auf dem 1200 km langen Küstenstreifen am Mittelmeer die Weine wachsen, desto stärker und ausdrucksvoller sind sie. Die besseren kräftigen Rotweine stammen indessen aus dem sonnigen Bergland bis 900 m Höhe; die besten stellen die Hügelweine von *Medea, Haut Dahra* und *Mascara.*

Tunesien Seit dem 4. Jh. v. Chr. sind die großen Quantitäten und guten Qualitäten der Weine Karthagos berühmt. Die Römer machten dann das Land zu ihrer Kornkammer, die arabische Herrschaft mit dem islamischen Alkoholverbot ließ einen Neuanbau nicht zu, und die Reblaus vernichtete Ende des vorigen Jahrhunderts die Neuanlagen der französischen Kolonisten und italienischen Siedler nahezu vollständig. Erst im vierten Jahrzehnt dieses Jahrhunderts beginnt der Wiederaufbau, der um *Bizerta, Tunis* und an der *Mittelmeerküste* bei Kap Bon heute 620 000 hl Wein von 35 000 Hektar erbringt.

Die Rotweine aus Pinot noir stellen die Spitzenqualitäten, die Rosés, wie *Arianer* und *Carthagener,* sind körperreich und überraschen durch nachhaltigen Abgang, fruchtig-aromatische Muskateller-Dessertweine, wie Gralsbecher, gelten als interessante Spezialitäten des Landes.

Marokko Das jüngste der drei nordafrikanischen Weinbauländer. Fast zwei Jahrtausende nach der Vernichtung der Reben durch die konkurrenzfürchtenden Römer begann die Anlage moderner Kulturen erst mit der Errichtung des französischen Protektorats 1912 durch Siedler aus Frankreich. Der seit 1962 selbständige Staat bemüht sich erfolgreich um die Ausweitung von Anbau und Ausfuhr. Von 515 000 hl von 50 000 Hektar werden drei Viertel ausgeführt, den Rest verzehren die zahlreichen Europäer im Lande.

Die meisten Rotweine um *Casablanca* und *Marrakesch* sind geschickt verschnittene, bekömmliche Markenweine, bessere Rote um die Hauptstadt *Rabat* erinnern an einfache Beaujolais oder Bordeaux. Graugetönte lachsfarbige Rosés in der Ebene um *Meknès* und *Fès* sind frisch und herb und Muskateller-Dessertweine recht ansprechend.

Weine in Übersee

Während die Weine in den klassischen Anbauländern um das Mittelmeer im weiteren Sinne Landschaft, Menschen und Kultur nachhaltig jahrtausendelang formten, trägt der Rebanbau in Übersee vorwiegend merkantile Züge.
Auf den Eroberungszügen und in den Etappengarnisonen brauchte man Verpflegungswein für die Soldaten, Meßwein für die Missionare und Mönche, Tafelwein die Gouverneure für ihre Hofhaltungen.
Die europäischen Reben gelangten um 1520 nach Mexiko, 1560 weiter mit Missionaren nach Argentinien, und wenig später brachten sie Mönche nach Peru und um 1700 nach Kalifornien.
Die holländischen Gründer der Kap-Provinz pflanzten 1655 die ersten Weinreben an der Südspitze Afrikas bei Kapstadt, die sich bald zu gewaltigen Kulturen entwickelten.
Mit der letzten Inbesitznahme durch die Europäer in Übersee gelangte der Weinstock 1788 nach Australien. Der planmäßige Rebanbau begann aber erst in der Mitte des vorigen Jahrhunderts in Kalifornien, Argentinien und Australien. Allerorts ist heute noch die Herkunft der jeweiligen Weinbauern und Rebsorten deutlich: französische Hugenotten und Deutsche im Kapland, Spanier und Deutsche in Kalifornien, Portugieser, Italiener und Deutsche in Argentinien, Deutsche in Australien.
Die Entwicklung modernster Anbau- und Ausbaumethoden ist überall heute im vollen Gang und verspricht weitere unübersehbare Erfolge in Qualität und Quantität. Der Wein erscheint in vielen dieser Länder auf dem Wege zum Volksgetränk.

Südafrika

Der Rebanbau im Süden Afrikas ist also erst 325 Jahre alt. Die Holländer betrieben ihn auf ihrer Proviantstation am Kap der Guten Hoffnung für ihre nach Ostasien und den Südseeinseln segelnden Schiffsmannschaften. Bald jedoch wuchs der Weinüberschuß rascher als der Eigenverbrauch im Lande. Von Kapstadt bis zum Drakensteingebirge werden heute auf 114 000 Hektar 9 Mill. hl Wein und große Mengen Tafeltrauben und Rosinen mit hohem Exportanteil erzeugt. Das Klima ist mit dem der südlichen Mittelmeerländer vergleichbar und ermöglicht Weinernten von meist gleichbleibender Qualität.

Im 19. Jahrhundert waren Dessertweine, wie der von Cap Constantia unweit Kapstadt, sehr begehrt und weltberühmt. Die südafrikanischen Sherrys, nach dem spanischen Solera-Verfahren bereitet, sind von den zahllosen Imitationen in aller Welt die einzigen, die den Ursprungssherrys nahekommen, zudem sind sie wesentlich billiger. Ihre Ausfuhr wie die der meisten Weine Südafrikas geht vor allem in die Länder des British Commonwealth.

Der Weinbau ist heute bedeutendster landwirtschaftlicher Wirtschaftszweig des südwestlichen Kaplandes, überwiegend im Halbkreis 200 km um Kapstadt, ebensoweit südlich des Äquators wie die nordafrikanischen Anbaugebiete nördlich.

Die Qualität der Weine hat sich in den beiden letzten Jahrzehnten enorm gebessert, die Spitzenweine sind französischen ebenbürtig. Das Sortenangebot mit drei Viertel Weißweinen ist sehr vielfältig. Unter den Weißen gilt als bester der helle *Steen,* eine mit fast ein Viertel aller Weine weitverbreitete Spezialität des Kaplandes, die von der französischen Chenin blanc aus dem Loiretal abstammt. Die Weine sind frisch, rassig, fein, trocken, frühreif und erinnern an den Sancerre im oberen Loiretal. Allgemein sind die zahlreichen Weißweine kräftig, kernig in der Säure, erreichen aber nicht die Frucht und Rasse deutscher Weißweine. Gleiches gilt für die südfranzösische Clairette blanche und White french aus der südspanischen Palomino. Andere Herkünfte sind schwerer auszumachen: *Greengrape* und *Groendruif* gehen auf Sémillon aus Bordeaux zurück, *Mataró* auf südfranzösische Mourvèdre, *Fransdruif* auf Palomino-Variante, *Hanepoot* auf Muscat d'Alexandrie. Die Roten stellen *Hermitage* (Cinsaut aus dem Rhône-Tal) und *Shiraz* (Syrah von ebendort), *Cabernet Sauvignon, Gamay* und *Pinot noir.*

Die Spitze unter den Rotweinen hält *Pinotage,* eine südafrikanische Kreuzung aus Pinot noir mit Hermitage (syn. Cinsaut von der Rhône). Die sehr gefragten Weine wirken sanft, rund und blumig, sind mitunter sogar den klassischen Spätburgundern überlegen und länger als sie lagerfähig.

Allgemein sind die südafrikanischen Rotweine früher trinkreif und geschmeidiger als die vergleichbaren französischen. Ihr Ausbau erfolgt streng reduktiv, der Gehalt an Tannin und Alkohol ist geringer, die Anreicherung verboten.
Nur die knappe Hälfte der Jungweine wird zu Trinkwein (Good Wines) ausgebaut, die andere als Brennwein destilliert und als Weinbrand und als Weinalkohol für Liköre verwendet.
Fast alle Weinbauern gehören einer der 70 örtlichen Genossenschaften an, die 85% der Weine erzeugen. Alle Betriebe sind gleichzeitig Mitglied der halbstaatlichen KWG (Kooperatie Wijnbouwers Vereniging), die den Weinmarkt dirigiert und stabilisiert.
Mehrere deutsche Importeure bieten eine reiche Palette empfehlenswerter und preisgünstiger südafrikanischer Weine an.

Vereinigte Staaten von Amerika

Die weinbringende Edelrebe (Vitis vinifera) des weiteren Mittelmeerraumes kommt in Amerika nicht vor, jedoch eine Reihe für die Weinbereitung wenig geeigneter anderer Rebarten in Nordamerika. Die bekanntesten sind die wegen ihres typischen Fox-Geruchs und -Geschmacks Fuchs-Rebe genannte *Vitis labrusca* und die Muscadine-Rebe *(Vitis rotundifolia)*. Kreuzungen von ihnen mit der echten Weinrebe, sog. interspezifische Sorten (Hybriden), zeigen diese Eigenschaften geringer, ihr Anbau geht aber wegen der unzureichenden Weinqualität überall in Übersee zurück.
Als Unterlagen für die Pfropfreben zum Schutze gegen den Befall durch die Reblaus haben andere amerikanische Wildreben, wie die Felsenrebe *(Vitis rupestris)*, die Uferrebe *(Vitis riparia)* und die Kalkrebe *(Vitis Berlandieri)* große Bedeutung erlangt.
Die stürmische Entwicklung zum modernen Weinbauland nach Aufhebung der Prohibition im Jahre 1933 und verstärkt nach dem Zweiten Weltkrieg hat amerikanische Ausmaße angenommen und sich auf 30 Bundesstaaten ausgedehnt. Dabei erscheint die Entwicklung noch keineswegs abgeschlossen. Die Anbaufläche beträgt gegenwärtig 325000 Hektar, von denen über 15 Mill. hl Wein (sechstgrößter Erzeuger der Welt) neben großen Mengen Tafeltrauben und Rosinen gewonnen werden.
Zwei voneinander völlig verschiedene Anbauregionen haben internationale Bedeutung erlangt:
Kalifornien an der pazifischen Westküste mit 88% der Produktion und der *Staat New York* an der atlantischen Ostküste.

Klamath
Cascade Range
Goose Lake
Black Rock Desert
Eureka
Redding
COAST
Sacramento Valley
Sacramento
Pyramid Lake
Nevada
Sierra
Reno
Ukiah
Lake Tahoe
Cloverdale
Clear Lake
Walker Lake
Healdsburg
Napa V.
St. Helena
Sacramento
Santa Rosa
Sonoma
Napa
Yosemite Nationalpark
Golden Gate
Stockton
Mono L.
San Francisco
Modesto
Oakland
Merced
Nevada
San Jose
San Joaquin R.
San Joaquin Valley
Owens
Death Valley
Santa Cruz
Montereybucht
RANGES
Fresno
Salinas
Monterey
Sequoia Nat'l Park
Las Vegas
King City
Visalia
Salinas R.
Pazifischer Ozean
Mojave Desert
Kern R.
Bakersfield
San Louis Obispo
Santa Maria
Barstow
Santa Barbara
San Bernardino
Hollywood
Sta. Monica
Riverside
Los Angeles
Long Beach
Santa Barbara Islands
Colorado Desert
Salton Sea
N
San Diego
Mexico

Kalifornien ist nicht nur das mengenmäßig führende Weinland der USA, sondern auch das gütemäßig weit überlegene. Das Klima ist meist ideal für den Weinanbau geeignet, die Wärmeunterschiede aber so groß, daß das Land in fünf Wärmezonen von kühl bis heiß, von Norden nach Süden und von der Küste zum Landesinneren hin eingeteilt wird.
Die besten Weine reifen in dem nördlich von San Franzisko gelegenen *Napa-Tal*. Der sortentypische Charakter der Weine aus 20 französischen, deutschen und anderen europäischen Rebsorten ist in den kalifornischen Weinen erstaunlich gut zu erkennen. Allgemein sind sie blumiger und alkoholreicher als ihre europäischen Geschwister. Den ursprünglichen Mangel an Ausgeglichenheit in Süße und Säure und die genußreiche Rasse und Eleganz verlieren sie durch die Ausbaufortschritte zunehmend. Die Varietals, die obere Klasse der meist aus einer Rebsorte gekelterten Jahrgangsweine, besitzt heute europäisches Format, ist aber bei dem dortigen Preisstandard mit den unsrigen nicht wettbewerbsfähig. Das gilt sowohl für die interessanten weißen Chablis, White Riesling, Sauvignon und Chenin blanc, aber noch mehr für die europäischen ebenbürtigen Cabernet, Zinfandel (wahrscheinlich von italienischer Barbera abstammend) und Pinot, nicht zuletzt für die bemerkenswert fruchtigen Rosés aus Grenache und Gamay. Kalifornien gilt daher mit Recht als das große Qualitätsweingebiet der Zukunft.

Staat New York, das aufstrebende Anbaugebiet der Ostküste mit fast 8% der Weinproduktion der USA an den Fünf-Finger-Seen, Erie- und Ontario-See unweit der kanadischen Grenze mit kontinentalem Klima war ursprünglich das einzige »Nicht-Vinifera-Anbaugebiet« der Welt mit ausschließlich einheimischen amerikanischen Rebarten. Im Anbau weichen sie aus Gründen der minderen Weingüte immer mehr den eingebürgerten europäischen Edelrebsorten und dienen heute vorwiegend zur Herstellung von Traubensäften, Schaumweinen und Sherrys.

Kanada

Seit 100 Jahren werden auf der Halbinsel Niagara der Provinz Ontario und neuerdings auch in anderen Provinzen Kanadas auf 12000 Hektar Reben angebaut und über 500000 hl Wein, dazu größere Mengen Tafeltrauben, erzeugt.
Der kurze »Indianersommer« und der kalte Winter bedingen den

Karte: Kalifornien.

Anbau kälteresistenter Hybriden (90% *Concord* aus Labrusca-Herkunft). Der Anteil frühreifender Europäerrebsorten steigt jedoch ständig und verspricht Erfolg.
Von den beiden bedeutenderen Anbaugebieten liegt entsprechend den beiden in den USA das *Okanagan Valley* der Provinz British Columbia an der Westküste, *Niagara Peninsula* der Provinz Ontario an der Ostküste und am 50. Grad n. Br., wie der Rheingau.
Die kanadischen Weine sind überwiegend Tafelweine. Verschiedene internationale Auszeichnungen beweisen die zunehmende Qualität.

Argentinien Zahlreiche Länder Mittel- und Südamerikas, wie Mexiko, Paraguay, Uruguay, Bolivien, Peru und Brasilien, haben den Weinanbau aufgenommen, jedoch kommt überregionale Bedeutung seit längerem nur Argentinien und Chile zu.
Die moderne Entwicklung des Weinbaus begann erst Ende des 19. Jahrhunderts mit der verkehrsmäßigen Erschließung des Landes und der starken Einwanderung aus Südeuropa.
Mit 324 000 Hektar und fast 22 Mill. hl ist Argentinien heute fünftgrößter Weinerzeuger der Welt nach Italien, Frankreich, Sowjetunion und Spanien. Der hohe, wenn auch sinkende Eigenverzehr von 75 l pro Kopf und Jahr (vierthöchster in der Welt) läßt große Möglichkeiten für den Export. Jedoch wirken der weite Frachtweg und die hohen Zölle als Land außerhalb der EG absatzerschwerend, zumal die Qualitäten schwanken und meist nicht an die des benachbarten Chile heranreichen. Die argentinische Weinausfuhr, v. a. nach Europa, ist daher rückläufig und nur halb so groß wie die jenseits der Anden. Trotzdem ist die Weinwirtschaft, weitgehend um die Hauptstadt Buenos Aires ansässig, in Größe und Vielfalt imponierend. Weinanbau und Weinausbau stehen an dritter Stelle in der Wirtschaft des Landes. Die Anbaugebiete liegen an den Ostabhängen der Anden bis in die Höhe von 1700 m, geballt in den Provinzen *Mendoza* und *San Juan*. Das Staatliche Weininstitut in Mendoza koordiniert und überwacht streng die Weinerzeugung.
Die Weine aus den europäischen Rebsorten sind zu 90% saubere und preisgünstige Tafel- und Typenweine, die Mehrzahl angenehm im Lande zu trinken. Die sehr beachtlichen Finos (noch nicht 10%) werden auch bei uns vereinzelt angeboten.
Die argentinischen Weine sind ausgesprochen gebietstypisch und

gleichen nicht den aus den gleichen Rebsorten in anderen Ländern hergestellten Weinen, sind frisch und fruchtig, extrakt- und alkoholreich sowie klimabedingt säurearm. Die Roten sind, wie häufig der Fall, den Weißen und Rosados – die aus weißen und roten Trauben stammen können – überlegen, angenehm mild und geschmeidig, in den Spitzenqualitäten französischen ebenbürtig.

Chile

Der Einfluß der ab Mitte des vorigen Jahrhunderts eingewanderten französischen und deutschen Winzer ist unverkennbar. Der Weinanbau nimmt nach dem des Getreides den zweiten Platz in der landwirtschaftlichen Produktion ein. Auf 125 000 Hektar werden 5,4 Mill. hl Wein neben reichlich Tafeltrauben gewonnen.
Der Weinanbau und die Weine Chiles sind die besten Südamerikas, wenn auch in jüngster Zeit Argentinien stark nachdrängt.
Die besten Weine stammen aus der mittleren, mediterran gemäßigten Region des Landes um die Hauptstadt Santiago de Chile. Mehr als die Hälfte der Erzeugung sind ausgeglichene, fruchtige, langlebige Rotweine aus *Cabernet, Pinot noir* und *Merlot* mit Burgunder- oder Bordeaux-Charakter. *Sauvignon blanc* bringt trockene, körperreiche, weißburgunderähnliche, ausdrucksvolle Weine, *Riesling* in bocksbeutelförmigen Flaschen gerät bukettreicher, jedoch ohne die Eleganz deutscher vom Rhein zu erreichen. Port, Sherry und gute Dessertweine aus dem Süden des Landes sowie meist süße Schaumweine dienen dem Eigenverzehr.

Australien

Reben und Weine im 5. Kontinent sind jung. Europäische Kolonisten brachten sie bald nach der ersten Besiedlung Ende des 18. Jahrhunderts mit und bauten sie nördlich von Sydney an. Deutsche Winzer ernteten 1850 den Jungfernwein im *Barossa-Valley* in South-Australia, dem bekanntesten Anbaugebiet. Wein-, Orts- und Familiennamen und Warenzeichen künden noch heute von der deutschen Pionierzeit.
Der australische Weinbau beschränkt sich auf die vier Bundesstaaten im südlichen Drittel des Erdteils und hat sich nach mancherlei Rückschlägen zur beachtlichen Höhe entwickelt (1981 über 4 Mill. hl Wein von 81 000 Hektar). Neben der Ausfuhr hauptsächlich in die Länder des British Commonwealth und in die USA gelangen neuerdings vor allem Rotweine auch auf den deutschen Markt.
Die im Lande bis vor kurzem bevorzugten schweren und süßen,

gespriteten Aperitif-, Dessert- und Likör-Weine, sog. *fortified wines,* werden zunehmend von leichteren, trockenen Tischweinen abgelöst. Die Rotweine aus *Cabernet Sauvignon, Shiraz* und *Pinot noir* sind im allgemeinen von besserer Qualität als die Weißen. Die australischen Weine weisen, durch das heiße und trockene Klima im Landesinneren bedingt, mehr Fülle und weniger Sortenunterschiede und elegante Säure auf als die entsprechenden in Europa.

Neuseeland

Auf der 2000 km südöstlich von Australien im Pazifik gelegenen Doppelinsel beginnt der Weinanbau auch erst Anfang des 19. Jahrhunderts. Rebkrankheiten, wie der Mehltau, und Rebschädlinge, wie die Reblaus, aber auch die Prohibition und mehrfacher Regierungswechsel mit veränderter Einstellung zum Wein haben mehrfache Rückschläge gebracht.

Die klimatischen und bodenmäßigen Voraussetzungen für den kleinen aufstrebenden Weinbau (4000 Hektar mit 420 000 hl Wein) sind günstig. Die europäische *Müller-Thurgau*-Rebe hat die Hybridreben stark zurückgedrängt und stellt mit fast der Hälfte der Weine heute die verbreitetste Rebsorte.

Register

Belgien
Luxemburg
Luxemburg
Bonn
Ahrweiler
Ahr
AHR
MITTEL-RHEIN
Koblenz
Lahn
MOSEL
Mosel
St. Goar
Wiesbaden
Frankfurt
Kinzig
RHEINGAU
Main
Aschaffenburg
Bingen
Mainz
Darmstadt
FR
NAHE
Bad Kreuznach
Nahe
Glan
Alsenz
Trier
SAAR-RUWER
Saar
RHEINHESSEN
Worms
HESSISCHE BERGSTRASSE
Miltenberg
Mannheim
Heidelberg
Neckar
Neustadt
RHEINPFALZ
WÜRTTEMB
Heilb
Karlsruhe
Murg
Pforzheim
Enz
Nagold
Rhein
Baden-Baden
Stuttgart
Nancy
Mosel
Frankreich
ELSASS
Strasburg
Ill
Tübingen
Reutl
Offenburg
Neckar
BADEN
Elz
Kinzig
Donau
Breisach
Freiburg
Mülhouse
Erzingen
Rhein
Meersb
Bodensee
Basel
Schweiz

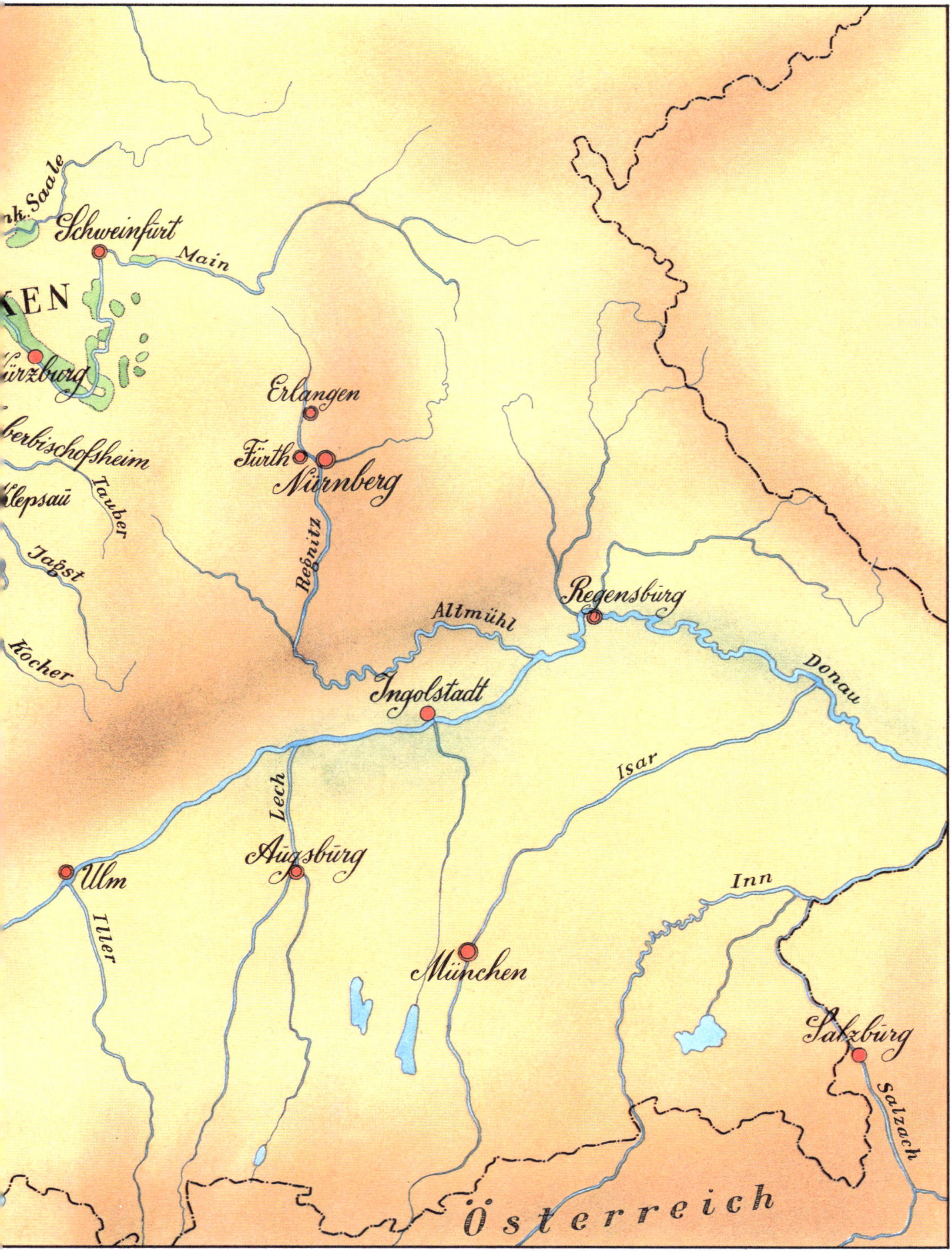

nk. Saale
Schweinfurt
Main
KEN
ürzburg
berbischofsheim
Tauber
Klepsau
Jagst
Kocher
Erlangen
Fürth
Nürnberg
Regnitz
Altmühl
Regensburg
Donau
Ingolstadt
Lech
Isar
Ulm
Iller
Augsburg
Inn
München
Salzburg
Salzach
Österreich